工程制图基础

（第三版）

徐小军　张　湘　徐海军　主编

U0213415

国防科技大学出版社

·长沙·

内容提要

本书是以《普通高等学校工程图学课程教学基本要求》（2019 修订版）和国家标准化管理委员会批准发布的新标准为依据，吸取了工程制图教学改革发展的新成果，并根据军队院校的特点，在国防科技大学编的《画法几何及工程制图》（第一版）和《工程制图基础》（第二版）的基础上修订而成。本书共十章，主要内容有：工程制图的基础知识和技能；点、直线和平面的投影；立体的投影；组合体；轴测投影；机件常用表达方法；标准件与常用件；零件图；装配图；AutoCAD 绘图；等。另有《工程制图基础习题集》与本书配套出版。

本书可作为高等工科院校、军队院校 40～60 学时工程制图课程教材，也可用于继续教育同类专业的教材及有关工程技术人员参考。

图书在版编目（CIP）数据

工程制图基础/徐小军，张湘，徐海军主编．—3 版．—长沙：国防科技大学出版社，2021.10（2022.7 重印）

ISBN 978－7－5673－0579－3

Ⅰ．①工…　Ⅱ．①徐…　②张…　③徐…　Ⅲ．①工程制图—高等学校—教材
Ⅳ．①TB23

中国版本图书馆 CIP 数据核字（2021）第 101278 号

国防科技大学出版社出版发行
电话：（0731）87027729　邮政编码：410073
责任编辑：周伊冬　责任校对：梁 慧
新华书店总店北京发行所经销
国防科技大学印刷厂印装

*

开本：787×1092　1/16　印张：18.75　字数：445 千字
2021 年 10 月第 3 版 2022 年 7 月第 2 次印刷　印数：1501－3000 册
ISBN 978－7－5673－0579－3
定价：48.00 元

前　　言

本书是以《普通高等学校工程图学课程教学基本要求》（2019 修订版）和国家标准化管理委员会批准发布的新标准为依据，吸取了工程制图教学改革发展的新成果，并根据军队院校的特点，在国防科技大学编的《画法几何及工程制图》（第一版）和《工程制图基础》（第二版）的基础上修订而成。

本教材有以下四个特点：

第一，着重手工绘图、仪器绘图和计算机绘图三种绘图能力的综合培养，有利于培养学员综合的图形表达能力与动手能力。

第二，在注重形象思维的基础上，突出了图学知识与工程应用特点，加强想象构型和设计能力的训练，有利于创造性思维能力培养。

第三，删减了图解法的内容，突出了投影的基本理论、立体的表达方法和工程图样的绘制与阅读。基础理论部分通过大量例题突出了分析和解决问题的思路与方法。

第四，贯彻了最新颁布的机械制图和技术制图的国家标准。

本教材由徐小军、张湘、徐海军主编，参加编写工作的有徐小军（绪论、第四章、第九章），卫静（武警海警学院）（第一章、第二章），张湘（第三章、第五章），徐海军（第六章、第八章），张雷（第七章、第九章），易声耀（第八章、附录），邹腾安（第十章），常雨康和王晓聪参加附录的编写和整理。

本教材由国防科技大学尚建忠教授主审，参加审阅的还有范大鹏教授、夏宏玉副教授，他们对书稿提出了宝贵的建议。本书的出版工作得到了国防科技大学智能科学学院以及国防科技大学出版社的支持与帮助，在此一并表示衷心的感谢！

由于我们水平有限，对本书中存在的缺点以及错误，恳请读者批评指正。

编　者
2021 年 5 月

目 录

绪　论

一、图学发展简史

图形与文字一样，都是人类创造的用以表达、交流思想的基本工具。文字源于图画，象形文字和字母文字都一样，最早的文字被称为图画文字，图形的历史比文字更加悠久。

图样是人类文化知识的重要载体，是信息传播的重要工具。在人类社会和科学技术的发展历程中，图样发挥了语言文字所不能替代的巨大作用。以图解法和图示法为基础的工程制图是科技思维的主要表达形式之一，也是指导工程技术活动的一种重要技术文件。

中国工程图学史源远流长，图学成就斐然可观。古代典籍《周易·系辞》中有"制器者尚其像"的名言，意即在制造器物时须按一定的图或图样制作。春秋时期的技术著作《周礼·考工记》中已记载了规矩、绳墨、悬垂等绘图测量工具的运用情况。魏晋时期的刘徽在《九章算术》中提出了"析理以辞，解体用图"的研究方法，强调要文字和图形并用。古代数学名著《周髀算经》中，对直角三角形的三条边的内在性质已有较深刻的认识。及至宋代，从李诫的《营造法式》可以看出，当时的建筑制图已相当规范。英国科学史学家李约瑟在《中国科学技术史》中对中国图学成就也作出了高度评价。

西方近代工业革命推动了图学的发展，1795 年法国科学家加斯帕尔·蒙日系统地提出了以投影几何为主线的画法几何学，为准确和规范的表达提供了理论依据。若把工程图比作工程技术界的"语言"，画法几何就是这门语言的"语法"。

近几十年来，计算机技术的迅猛发展极大地促进了图形学的发展，计算机图形学的兴起谱写了图形学应用与发展的新篇章，以计算机图形学为基础的计算机辅助设计（CAD）技术给设计领域带来了重大变革，CAD 发展、应用水平已成为衡量一个国家工业现代化水平的重要标志之一。CAD 技术完全改变了过去手工绘图、描图、发送图纸，凭图纸组织整个产品开发过程的传统模式，代之以在图形工作站上进行协同设计、用数据文件发送产品设计信息、在统一的产品设计模式下进行分析计算、工艺规划、工艺装备设计、数控加工、质量控制、产品维护手册编制等工作的新模式。

但是，计算机在设计领域的广泛应用并不意味着可以忽视图学基本理论的学习和基本绘图技能训练。计算机性能再高也只是一种工具，必须有掌握了相关理论基础和技能的具有创造性的人，才能充分发挥出计算机的作用，为社会创造出更多物质和精神财富。

二、本课程的研究对象

工程制图以工程图样为研究对象。工程设计中以投影理论为基础、按照国家颁布的制图标准而绘制的、包含物体形状尺寸材料加工等信息的图形文件，称为工程图样。工程图样中一般注有必要的生产、检验、安装、使用、维护技术说明与要求，是机械制造、土木建筑等各种工程技术活动中的重要技术文件，是进行技术交流所必不可少的工具。

本课程主要研究绘制和阅读各种工程图样的基本原理和方法，主要内容包括制图基础知识、正投影原理、组合体的表达、机件的表达、工程图样的绘制和阅读、建筑制图基础、筑城工事与军用桥梁图、计算机绘图基础等方面。

三、本课程的任务

工程制图是一门既有一定的理论深度，又有很强的实践性的技术基础课，完成本课程的学习之后，读者应能掌握图学基本理论和绘制、阅读工程图样的基本技能，本课程的任务可概括为以下六点：

（1）学习正投影法的基本理论及其应用；

（2）培养尺规绘图、徒手绘图、计算机绘图及阅读各种工程图样的综合能力；

（3）培养空间构思表达能力和空间思维能力；

（4）培养自学能力及分析问题和解决问题的能力；

（5）培养查阅有关设计资料和工程图样国家标准的能力；

（6）培养耐心细致、严谨的工作作风和认真负责的工作态度。

四、本课程的学习方法

本课程的学习方法可概括为以下五点：

（1）工程制图是一门实践性很强的课程，必须注重理论联系实际，细观察、多思考、勤动手，掌握正确的读图、画图方法和步骤，以逐步提高相关技能。

（2）牢固掌握基本投影规律、弄清几何元素的空间关系、明晰作图步骤。

（3）注意将尺规绘图、徒手绘图、计算机绘图等技能与投影理论密切结合。

（4）在学习过程中有意识地培养自身自学能力、独立解决问题的能力和创新能力。

（5）要有明确的学习目的、严谨的态度、耐心细致的作风。

由于工程图样在国防和国民经济建设中起着非常重要的作用，绘图和读图时出现的小差错都可能导致很大的经济损失或安全事故，从做本课程的第一道作业题起，就应该特别注重严谨细致的好习惯、好作风的培养。

学好本课程可为多门后续课程及生产实习、课程设计和毕业设计打下良好的基础，绘图和读图的技能也将在上述环节中得到进一步的巩固和提高。

第1章 工程制图的基础知识和技能

工程图样是现代工业生产中的重要技术文件，是表达设计思想、交流技术经验的必不可少的工具之一，是工程界共同的技术语言。为了便于指导生产和进行技术交流，必须对图样作出统一规定。设计和生产部门必须严格遵守国家标准《技术制图》与《机械制图》的统一规定，认真执行国家标准。

我国国家标准简称"国标"，代号为"GB"。本章摘录了国家技术监督部门发布，中国标准出版社出版的机械制图与技术制图的部分内容，其余内容将在以后有关章节中介绍。

1.1 制图基础知识

一、图纸幅面与格式（依据 GB/T 14689—2008 整理）

1. 图纸幅面

为了便于图纸的绘制、使用和管理，国家标准中规定了五种基本幅面，其幅面尺寸如表 1-1 所示。

表 1-1 图纸基本幅面尺寸

mm

幅面代号	A0	A1	A2	A3	A4
$B \times L$	$841 \times 1\ 189$	594×841	420×594	297×420	210×297
a	25				
c	10			5	
e	20		10		

表中：B 和 L 分别表示图幅短边和长边的尺寸；a，c，e 表示图框的周边尺寸。

2. 图框格式

图框线必须用粗实线绘制，分为留有装订边和不留装订边两种格式，但同一产品的图样只能采用一种格式。

不留装订边的图框格式，如图 1-1 所示。

留有装订边的图框格式，如图 1-2 所示。

为便于图样的复制和缩微摄影，可采用对中符号。对中符号是从纸边界画入图框内约 5 mm 长的一段粗实线，如图 1-3 所示。

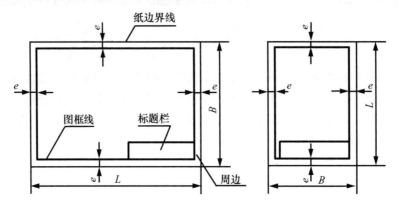

图 1-1　不留装订边的图框格式

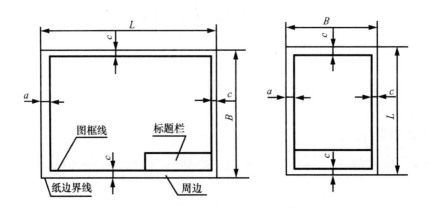

图 1-2　留有装订边的图框格式

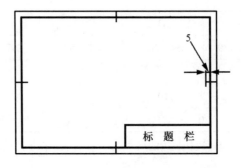

图 1-3　有对中符号的图框格式

4

3. 标题栏（依据 GB/T 10609.1—2008 整理）

标题栏由图样的名称、代号区、签字区、更改区、其他区等栏目组成，如图 1-4 所示。标题栏应画在图样的右下角，如图 1-3 所示。学生作业可采用图 1-5 的格式。标题栏中的文字方向与看图方向一致。

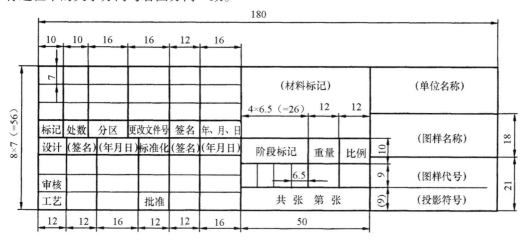

图 1-4　国家标准规定的标题栏格式与尺寸

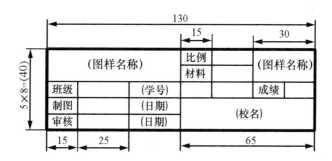

图 1-5　学校采用的标题栏格式与尺寸

二、比例（依据 GB/T 14690—1993 整理）

图样中机件要素的线性尺寸与实际机件相应要素的线性尺寸之比称为比例。国标规定的比例见表 1-2，表中不加括号的为优先采用的比例。

绘图时，应尽量按 1∶1 的比例绘制图样，以使图样反映机件实际大小；必要时也可将图样以放大或缩小的比例绘制，但图样的尺寸应标注机件的实际尺寸。

三、字体（依据 GB/T 14691—1993 整理）

图样中除了表示机件形状的图形外，还需要文字、数字和字母等进行标注或说明。GB/T 14691—1993《技术制图 字体》规定了汉字、数字和字母的书写形式。

表 1－2　国标规定的绘图比例

种　类	比　例		
原值比例	1:1		
放大比例	2:1　（2.5:1）　（4:1）　5:1　$1 \times 10^n:1$ $2 \times 10^n:1$　（$2.5 \times 10^n:1$）　（$4 \times 10^n:1$）　$5 \times 10^n:1$		
缩小比例	（1:1.5）　1:2　（1:2.5）　（1:3）　（1:4）　1:5　（1:6）　1:10　$1:1 \times 10^n$　（$1:1.5 \times 10^n$） $1:2 \times 10^n$　（$1:2.5 \times 10^n$）　（$1:3 \times 10^n$）　（$1:4 \times 10^n$）　$1:5 \times 10^n$　（$1:6 \times 10^n$）		

注：n 为正整数。

　　图样中书写的字体必须做到：字体工整、笔画清楚、间隔均匀、排列整齐。

　　字体的号数即字体的高度 h（单位为 mm），由大到小分别为 20，14，10，7，5，3.5，2.5，1.8 八种。汉字的高度 h 不应小于 3.5 mm。如字体的高度大于 20 mm，则字体高度应按 $\sqrt{2}$ 的比率递增。字体的宽度一般为 $h/\sqrt{2}$。

　　汉字要用长仿宋体书写，且采用国家公布的简化字。长仿宋体的特点是字形端正、结构匀称、笔画粗细一致、清楚美观、便于书写。书写长仿宋体的要领为：横平竖直、注意起落、结构匀称、填满方格。字母和数字分 A 型和 B 型。在同一图样上，只允许选用一种型式的字体。

　　长仿宋体字示例：

　　10 号字

字体工整笔画清楚间隔均匀排列整齐

　　7 号字

横平竖直注意起落结构均匀填满方格

　　5 号字

技术制图机械电子汽车航空船舶土木建筑矿山井坑港口纺织服装

　　A 型斜体拉丁字母示例：

ABCDEFGHIJKLMNO

PQRSTUVWXYZ

abcdefghijklmnopq

rstuvwxyz

A 型斜体数字示例：

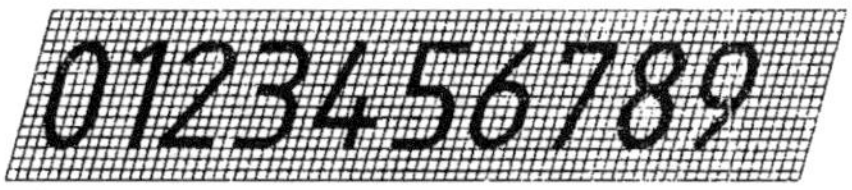

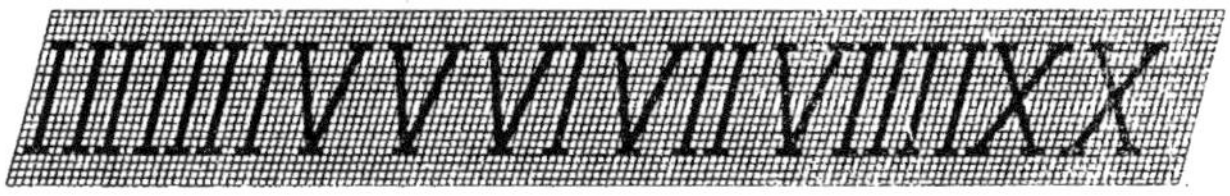

四、图线（依据 GB/T 17450—1998 和 GB/T 4457.4—2002 整理）

为了使图样统一、清晰、便于阅读，绘制图样时，应遵循国家标准 GB/T 17450—1998《技术制图　图线》的规定。该规定制定了 15 种基本线型，以及多种基本线型的变形和图线的组合。表 1-3 列出了 GB/T 4457.4—2002《机械制图　图样画法图线》规定的机械制图常用的线型及其变形和组合。

表 1-3　机械制图的图线型式及应用（节选）

mm

名　称		线　型	一般应用
实　线	粗实线		可见轮廓线、可见棱边线等
	细实线		尺寸线、尺寸界线、剖面线、重复要素表示线（如齿轮的齿根线、辅助线等）
虚　线	细虚线		不可见轮廓线、不可见棱边线
	粗虚线		允许表面处理的表示线
点画线	细点画线	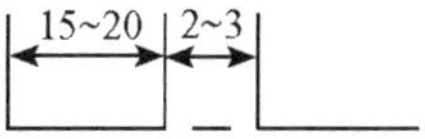	轴线、对称中心线、分度圆（线）等
	粗点画线		限定范围表示线
细双点画线		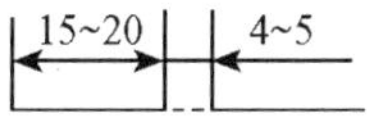	相邻辅助零件的轮廓线、可动零件的极限位置的轮廓线、成形前轮廓线等
波浪线			断裂处边界线、视图与剖视图的分界线
双折线		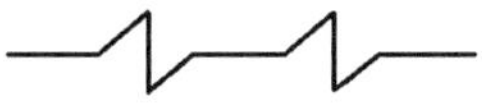	断裂处边界线、视图与剖视图的分界线

《技术制图　图线》规定，图线的线宽 d 应根据图的类型、尺寸大小及复杂程度，在下列数系中选择（单位为 mm）：0.13，0.18，0.25，0.35，0.5，0.7，1，1.4，2。

粗线、中粗线和细线的宽度比率为 4:2:1。在同一图样中，同类图线的宽度应一致。在建筑图样中采用三种线宽，其比例关系为 4:2:1；在机械图样中采用两种线宽，其比例关系为 2:1。

绘制图样时，应遵守以下四点规定：

（1）同一图样中，同类图线的线宽基本一致。虚线、点画线和双点画线的线段长度及间隔应各自大致相等，如表 1－3 中所示。

（2）两条平行线（包括剖面线）之间距离应不小于粗实线的两倍宽度，其最小距离不得小于 0.7 mm。

（3）轴线、对称中心线、双点画线应超出轮廓线 2～5 mm。点画线和双点画线的首尾两端应是长画，而不是短画。在较小的图形上画点画线有困难时，可用细实线代替。

（4）当虚线、点画线与其他图线相交时，必须是线段相交。虚线是实线的延长线时，则在连接处要留空隙。

各种图线的应用如图 1－6 所示。

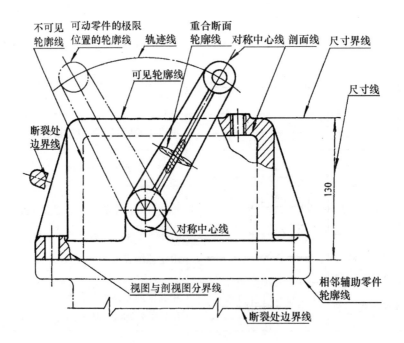

图 1－6　各种图线的应用

五、尺寸标注（依据 GB/T 16675.2—2012 整理）

图样中图形仅仅表示了机件的形状，而机件的真实大小是靠尺寸确定的，因此，尺寸标注是图样中一项重要内容。标注尺寸必须认真细致、一丝不苟，严格遵守国家标准中规定的原则和标注方法。

1. 尺寸标注的基本规定

（1）机件的真实大小应以图样中所标注的尺寸数值为依据，与图形的大小及绘图的准确度无关。

（2）机械图样中的尺寸，以毫米为单位时，不须标注计量单位的代号或名称，如采用其他单位，则必须注明计量单位的代号或名称。

（3）图样中所标注的尺寸，为该图样所示机件的最后完工尺寸，否则应另加说明。

（4）机件的每一尺寸，一般只标注一次，且应标注在反映该结构最清晰的图形上。

2. 尺寸组成

一个完整的尺寸标注，由尺寸界线、尺寸线、尺寸数字组成，如图 1－7 所示。

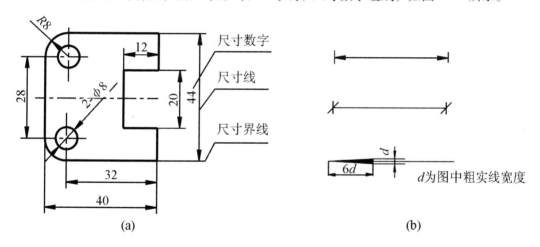

图 1－7　尺寸的组成及注法

（1）尺寸界线

尺寸界线表示尺寸的起止。一般用细实线画出并垂直于尺寸线，尺寸界线的一端应与轮廓线接触，另一端应伸出尺寸线 2~3 mm。有时也可借用轮廓线、中心线等作为尺寸界线。

（2）尺寸线

尺寸线用细实线单独绘制，不能借用其他图线代替，也不能画在图线的延长线上。

尺寸线的终端为箭头或细斜线，箭头的画法如图 1－7（b）所示。细斜线的方向和画法如图 1－7（b）所示。当尺寸线终端采用斜线形式时，尺寸线与尺寸界线必须相互垂直，并且同一图样中只能采用一种尺寸线终端形式。

标注线性尺寸时，尺寸线必须与所标注的线段平行，当有几条相互平行的尺寸线时，大尺寸要注在小尺寸外面，以免尺寸线与尺寸界线相交。

（3）尺寸数字

线性尺寸的尺寸数字一般要标注在尺寸线的上方或中断处。注写方向如图 1－8（a）所示，应避免在 30°角范围内标注尺寸。无法避免时，可以采用引出标注，如图 1－8（b）所示。

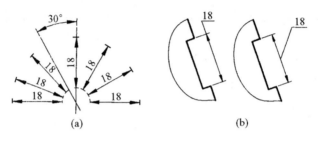

图 1－8　线性尺寸数字的标注

3. 各种尺寸标注示例

（1）圆及圆弧的标注方法

1）标注圆的直径时，应在尺寸数字前加注符号"φ"；标注圆弧半径时，应在尺寸数字前加注符号"R"，如图 1－9 所示。

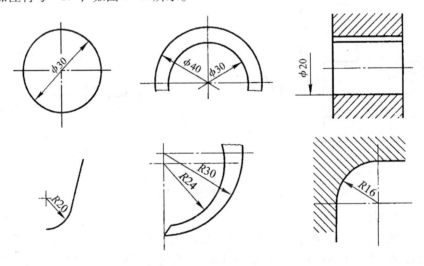

图 1－9　圆及圆弧尺寸注法

2）标注大圆弧尺寸时，由于半径过大，无法在图纸中标出圆心位置时，可以采用图 1－10（a）所示的形式标注；若不需要标出圆心位置时，可采用图 1－10（b）所示的形式标注。

3）标注球面的直径或半径时，尺寸数字前应加"Sφ"或"SR"，如图 1－11所示。

10

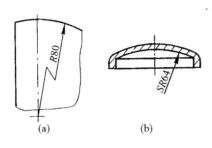

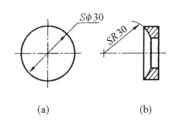

图 1-10　大圆弧尺寸注法　　　　　　图 1-11　球面尺寸注法

（2）角度标注方法

标注角度时，尺寸界线沿径向引出，尺寸线为以角度顶点为圆心的圆弧，尺寸数字一律水平书写，一般写在尺寸线的中断处，如图 1-12（a）、（b）所示，也可注在外面或引出标注，如图 1-12（c）所示。

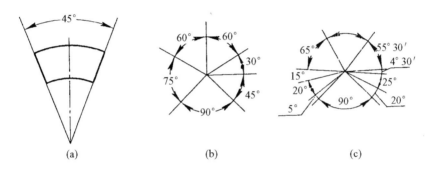

图 1-12　角度尺寸注法

（3）小尺寸标注方法

若尺寸界线之间没有足够位置画箭头及写数字时，箭头可画在外面，允许用小圆点代替两个连续尺寸间的箭头，如图 1-13 所示。

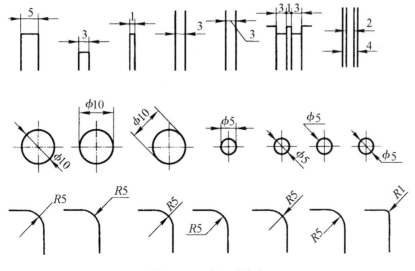

图 1-13　小尺寸注法

1.2 绘图工具和仪器的使用

常用的绘图工具和仪器有图板、丁字尺、铅笔、绘图仪器、比例尺等。正确而熟练地使用绘图工具和仪器，不但能保证图样质量，而且能提高绘图速度。下面介绍最常用的绘图工具和仪器的使用方法。

一、图板与丁字尺

图板用于铺放图纸，其表面必须平坦、光滑，左右导边必须平直。丁字尺用于画水平线，由尺头和尺身构成，两者必须结合牢固，尺头内侧边及尺身工作边必须平直，如图 1–14 所示。

图 1–14 图板与丁字尺的用法

二、三角板

一幅三角板有两块，一块是 45°三角板，另一块是 30°和 60°三角板。三角板常与丁字尺配合画铅垂线或斜线，如图 1–15 所示。

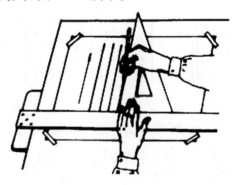

图 1–15 三角板的用法

三、绘图铅笔

铅笔主要用于绘图和写字。常采用 2B、B、HB、H、2H 等绘图用铅笔，字母 B 和

H 分别表示其软、硬程度，B 前的数字越大，代表铅芯越软，H 前的数字越大，代表铅芯越硬，HB 表示软硬适中。

一般应备有 2B、B、HB、H 等几种铅笔。画粗实线的铅笔芯磨成楔形，其余可磨成锥形，如图 1-16 所示。

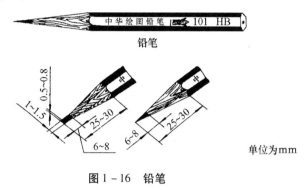

图 1-16　铅笔

四、圆规

圆规是用于画圆或圆弧的工具，如图 1-17 所示。成套的圆规有三只插脚和一只延伸杆，如图 1-17（a）所示；圆规自身的针有两个尖端，如图 1-17（b）所示；图 1-17（c）表示画圆时，针尖插入图板的情况；图 1-17（d）表示画不同直径圆时，针尖、插脚与纸面应尽量垂直的情况；图 1-17（e）表示用延伸杆画大圆的情况。

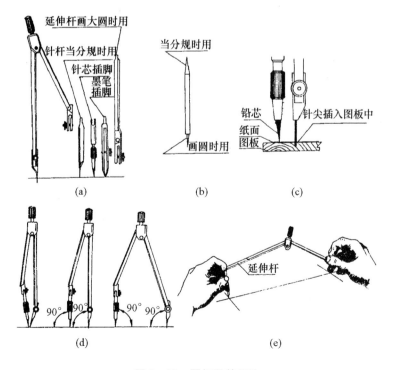

图 1-17　圆规及其用法

五、分规

分规用于截取尺寸，如图1-18所示。先用分规在三棱尺上量取所需尺寸，如图1-18（a）所示；然后再量到图纸上去，如图1-18（b）所示。

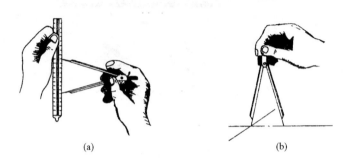

（a）　　　　　　　　　　（b）

图1-18　分规的用法

1.3　几何作图

一、正六边形的画法

1. 方法一：用圆规直接等分

以已知圆直径的两端点A、D为圆心，以已知圆半径R为半径画弧与圆周相交，即得等分点B、F和C、E，依次连接各点，即得正六边形，见图1-19（a）。

2. 方法二：用30°、60°三角板等分

将30°、60°三角板的短直角边紧贴丁字尺，并使其斜边过圆直径上的两端点A、D，做直线AF和DC；翻转三角板以同样的方法做直线AB和DE；连接BC和FE，即得正六边形，见图1-19（b）。

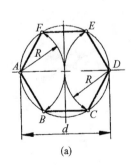
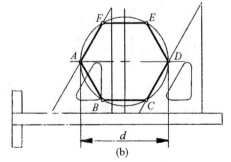

（a）　　　　　　　　　　（b）

图1-19　正六边形作图

二、斜度与锥度

1. 斜度

斜度是指一直线（或平面）对另一直线（或平面）的倾斜程度。斜度的大小通常以二者夹角的正切来表示，并将比值化为 $1:n$ 的形式。在图样中，标注斜度时在 $1:n$ 之前加注斜度符号"∠"，符号的方向应与斜度方向一致。

图 1 - 20 说明了斜度 $1:6$ 的作图法：由点 A 在水平线 AB 上取六个单位长度得点 D，过点 D 作 AB 的垂线 DE，取 DE 为一个单位长，连 AE 即得斜度为 $1:6$ 的直线。

2. 锥度

锥度是正圆锥的底圆直径 D 与锥高 L 之比。正圆台的锥度是两端底圆直径之差 $D-d$ 与两底圆间距离 l 之比，即 $(D-d):l$，图上标注时一般写成 $1:n$ 的形式，如图 1 - 21 所示。

图 1 - 21 说明了锥度 $1:6$ 的作画法：由 S 点在水平线上取六个单位长度得点 O，由 O 作 SO 的垂线，分别向上和向下量取半个单位长度，得 A、B 两点；连接 SA、SB，即得锥度为 $1:6$ 的直线。

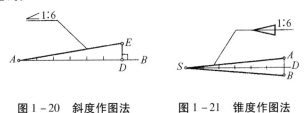

图 1 - 20　斜度作图法　　　图 1 - 21　锥度作图法

三、圆弧连接

用已知半径的圆弧光滑连接已知直线或圆弧，称为圆弧连接，光滑连接也就是在连接点处相切。

圆弧连接有三种情况：用已知半径为 R 的圆弧连接两已知直线；用已知半径为 R 的圆弧连接两已知圆弧，其中有外连接和内连接之分；用已知半径为 R 的圆弧连接一已知直线和一已知圆弧。

1. 圆弧连接两已知直线

用半径为 R 的圆弧光滑连接两已知直线。作图过程见图 1 - 22。

（1）求连接弧的圆心：作两已知直线的平行线且与之距离为 R，交点 O 即为连接弧圆心。

（2）求连接弧的切点：从圆心 O 分别向两直线作垂线，垂足 M、N 即为切点。

（3）以 O 为圆心，R 为半径在两切点 M、N 之间作圆弧，即为所求连接弧。

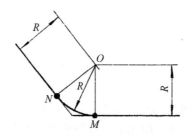

图 1-22　圆弧连接两直线的画法

2. 圆弧外连接两已知圆弧

已知圆弧 R_1、R_2，用半径为 R 的圆弧外连接。作图过程如图 1-23（a）所示。

（1）求连接弧的圆心：以 O_1 为圆心，$R+R_1$ 为半径画弧，以 O_2 为圆心，$R+R_2$ 为半径画弧，两圆弧的交点 O 即为连接弧的圆心。

（2）求连接弧的切点：连接 OO_1 得点 T_1，连接 OO_2 得点 T_2，点 T_1、T_2 即为切点。

（3）以 O 为圆心，R 为半径在两切点 T_1、T_2 之间作圆弧，即为所求连接弧。

3. 圆弧内连接两已知圆弧

已知圆弧 R_1、R_2，用半径为 R 的圆弧内连接。作图过程如图 1-23（b）所示。

（1）求连接弧的圆心：以 O_1 为圆心，$R-R_1$ 为半径画弧，以 O_2 为圆心，$R-R_2$ 为半径画弧，两圆弧的交点 O 即为连接弧的圆心。

（2）求连接弧的切点：连接 OO_1 并延长得点 T_1，连接 OO_2 并延长得点 T_2，点 T_1、T_2 即为切点。

（3）以 O 为圆心，R 为半径在两切点 T_1、T_2 之间作圆弧，即为所求连接弧。

圆弧分别内外连接两已知圆弧的作图过程请参考图 1-23（c）。

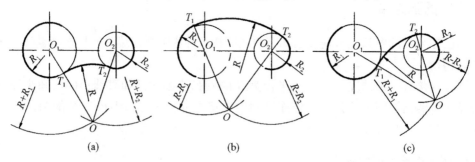

| (a) | (b) | (c) |

图 1-23　圆弧连接的画法

4. 圆弧连接一直线和一圆弧

用半径为 R 的圆弧连接一已知直线 l_1 和圆弧 R_1。作图过程如图 1-24 所示。

（1）求连接弧的圆心：以 O_1 为圆心，R_1+R 为半径画弧，作直线 l_1 的平行线 l_2，两平行线之间的距离为 R，直线 l_2 与圆弧的交点 O 即为连接弧的圆心。

（2）求连接弧的切点：连接 OO_1 得点 M，过点 O 作直线 l_1 的垂线得垂足 N，点 M、N 即为切点。

（3）以 O 为圆心，R 为半径在两切点 M、N 之间作圆弧，即为所求连接弧。

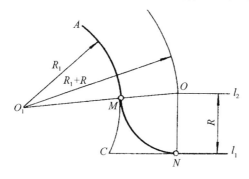

图 1-24　圆弧与圆弧、直线连接的画法

四、椭圆的近似画法

已知椭圆的长短轴画椭圆的方法有很多，这里介绍一种近似画法——四心扁圆法，作图步骤如下：

（1）画长、短轴 AB、CD；

（2）连接 AC，以 O 为圆心，OA 为半径画圆弧；以 C 为圆心，CA_1 为半径画圆弧交 AC 于 M；

（3）作 AM 的中垂线，并与长、短轴交于 O_3、O_1 点；

（4）以 O_1C 为半径画大圆弧，以 O_3A 为半径画小圆弧，且切点在有关圆心的连线上。各段圆弧光滑连接即可。

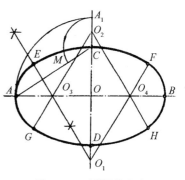

图 1-25　椭圆的画法

1.4　徒手绘图

徒手图也称草图，它是不借助绘图工具和仪器，仅用铅笔以目测估计徒手画出的图样。由于绘制草图迅速简便，在创意设计、测绘机件和技术交流中得到广泛使用。徒手图不要求严格按照国标规定的比例绘制，但要求正确目测物体的形状和大小，基本把握物体各部分间的比例关系和相对位置。绘制草图时边绘制边目测形体，尽量保持形体长、宽、高的尺寸比例。

草图不是潦草的图，除比例之外，其余必须遵守国标规定，要求做到图线清晰、粗细分明、字体工整等。为便于控制尺寸大小，常在网格纸上画徒手图。

下面介绍徒手图的绘制方法。

一、直线的画法

画直线的方法如图1-26所示。画线时，笔杆略向画线方向倾斜，执笔的手腕或小指轻靠纸面，眼睛注视直线终点以控制画线方向。画短线时用手腕运笔，画长线可移动手臂画出。画水平线自左至右运笔，画垂直线自上至下运笔，画倾斜线时可转动图纸，使斜线方向处于比较顺手的位置。

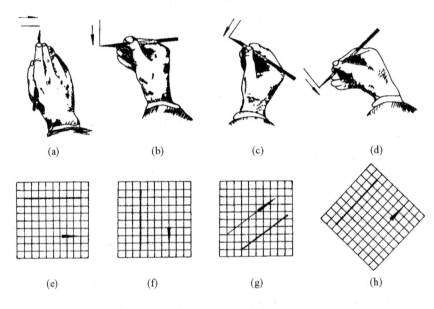

图1-26　草图画线

二、圆的画法

画小圆时，先画中心线，按半径大小用目测的方法，在中心线上取两直径的四个端点，然后分两半徒手连接成圆，如图1-27（a）所示。画较大圆时，可通过圆心多做几条直径，然后在上面找点再依次连接成圆，如图1-27（b）所示。

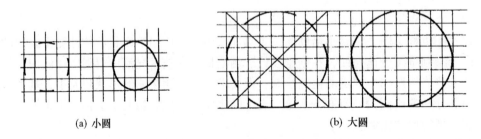

图1-27　草图圆的画法

图 1-28 为徒手绘制的机件草图。

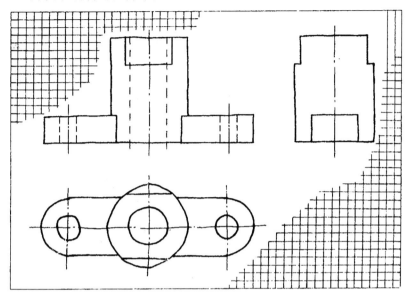

图 1-28　草图示例

第2章　点、直线、平面的投影

从几何的观点来看，自然界中一切有形的物体都可看作由点、线、面等基本几何元素构成。本章主要研究点、直线和平面在三投影面体系中的投影及其投影特性，这是研究图示和图解问题重要的理论基础。

2.1　投影法

一、投影法的基本概念

空间物体在灯光或太阳光照射下，墙壁上或地面上会出现物体的影子，这是一种自然现象。投影法就是根据这一现象，经过科学的总结和抽象而创造出来的。如图 2 - 1 所示，S 为不在平面 P 内的一点，平面 P 称为投影面，点 S 称为投射中心；$\triangle ABC$ 上任一点与 S 的连线称为投射线，如 SA；SA 与平面 P 的交点 a 称为点 A 在平面 P 上的投影。同理，可作出 $\triangle ABC$ 在平面 P 上的投影 $\triangle abc$。这种确定空间几何元素和物体投影的方法，称为投影法。

二、投影法的分类

根据投射线的类型（平行或相交），投影法可分为中心投影法和平行投影法两类。

1. 中心投影法

投射线都相交于投射中心的投影法称为中心投影法（图 2 - 1）。

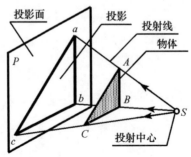

图 2 - 1　中心投影法

20

用中心投影法得到的物体投影的大小与物体的位置有关，当三角形靠近或远离投影面时，它的投影 △abc 就会变小或变大，且一般不能反映物体的实际大小，度量性差。但用中心投影法得到的投影图形立体感较好，多用于绘制建筑物的直观图（透视图）。

2. 平行投影法

投射线互相平行的投影法称为平行投影法（图 2 - 2）。在平行投影法中，当平行移动空间物体时，它的投影的形状和大小都不会改变。平行投影法按投射方向与投影面是否垂直，可分为斜投影法和正投影法两种：当投射线倾斜于投影面时称为斜投影法，如图 2 - 2（a）所示；当投射线垂直于投影面时称为正投影法，如图 2 - 2（b）所示。用正投影法得到的物体的投影图称为正投影（正投影图）。正投影图能正确地表达空间物体的形状和大小，作图也比较方便，因此，在工程实际中得到广泛的应用。

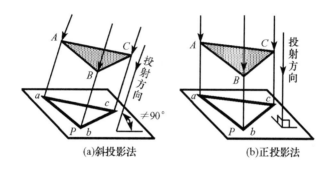

(a)斜投影法　　(b)正投影法

图 2 - 2　平行投影法

在本书的后续章节中，如无特别说明，用的都是正投影。

2.2　点的投影

任何物体都是由几何元素点、线、面组成。其中点是最基本的几何元素，因此，它是研究其他几何元素和空间形体的基础。

如图 2 - 3（a）所示，过空间点 A 的投射线与投影面 P 的交点 a 称为点 A 在投影面 P 上的投影。

点的空间位置确定后，它在一个投影面上的投影是唯一确定的。但只有点的一个投影，则不能唯一确定点的空间位置，如图 2 - 3（b）所示。因此工程上常采用多面投影。

一、点在两投影面体系中的投影

设有两个相互垂直的投影面 V 和 H，组成两投影面体系，它们的交线称为投影轴 OX，如图 2 - 4（a）所示；空间有一点 A，分别向正面 V、水平面 H 作投影，则获得空间点 A 在投影面 V 和 H 上的正投影，其中 a′ 称为空间点 A 的正面投影，a 称为空间点 A

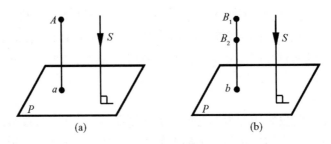

图 2-3　点的单面投影

的水平投影。

　　将 H 面按图 2-4（a）中箭头所指的方向绕 OX 轴旋转至与 V 面处于同一平面，即得 A 点的两面投影图，如图 2-4（b）所示。在图 2-4（a）中，因为 Aa 垂直于 H 面，Aa' 垂直于 V 面，所以由 Aa 和 Aa' 所决定的平面 Aaa_xa' 必然同时垂直于 H 面和 V 面，也就垂直于它们的交线 OX 轴。故该平面与 H 面的交线 aa_x 及其与 V 面的交线 $a'a_x$ 都垂直于 OX 轴，且均与 OX 轴相交于 a_x 点。当 H 面绕 OX 轴旋转至与 V 面重合时，aa_x 和 $a'a_x$ 成为垂直于 OX 轴的一条直线。又因 Aaa_xa' 为矩形，所以 $aa_x = Aa'$，$a'a_x = Aa$。由此可得出点在两投影面体系中的投影规律。

　　（1）点的正面投影和水平投影的连线垂直于 OX 轴，即 $a'a \perp OX$。

　　（2）投影到投影轴的距离反映了空间点到投影面的距离。点的正面投影到 OX 轴的距离等于空间点到 H 面的距离，即 $a'a_x = Aa$。点的水平投影到 OX 轴的距离等于空间点到 V 面的距离，即 $aa_x = Aa'$。

　　由于点的两个投影与投影面大小无关，可去掉投影面边框，如图 2-4（c）所示。

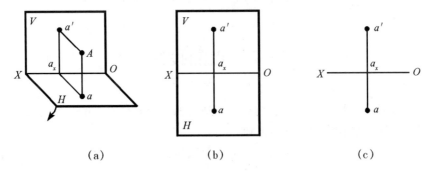

图 2-4　点在两面体系中的投影

二、点在三投影面体系中的投影

　　由点的两个投影便能确定该点的空间位置，但在表达几何体时，经常需要采用三面投影，如图 2-5（a）所示。在两投影面体系的基础上，再增加一个与 V、H 均垂直的侧立投影面（简称侧面，用 W 表示）。这样三个互相垂直相交的投影面 H、V、W 就组成一个三投影面体系。投影面两两相交的交线，称为投影轴。其中，H、W 面的交线称为 OY 轴；V、W 面的交线称为 OZ 轴；三投影轴的交点 O 称为原点。

设有一空间点 A，分别向 H、V、W 面作垂线，得三个投影 a、a'、a''（通常规定：水平投影用小写字母表示，正面投影用小写字母加一撇表示，侧面投影用小写字母加两撇表示）。将 H、W 面分别按图 2－5（a）所示箭头方向旋转，使之与 V 面处于同一平面内，即得点 A 的三面投影图，如图 2－5（b）所示。

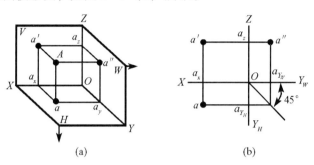

图 2－5 点在三面体系中的投影

三、点在三投影面体系中的投影规律

（1）点 A 的正面投影 a' 和水平投影 a 的连线 $a'a$ 垂直于 OX 轴，即 $a'a \perp OX$。点 A 的正面投影 a' 和侧面投影 a'' 的连线垂直于 OZ 轴，即 $a'a'' \perp OZ$。

（2）点的水平投影到 OX 轴的距离等于点的侧面投影到 OZ 轴的距离，即 $aa_x = a''a_z$，均反映了点 A 到面 V 的距离；在投影图中采用作 45° 斜线的方法实现，如图 2－5（b）所示。

另外注意：

$a'a_x = a''a_{y_W}$，即点 A 到 H 面的距离；$aa_{y_H} = a'a_z$，即点 A 到 W 面的距离。

四、点的投影与直角坐标

如图 2－6 所示，在三投影面体系中，三投影轴可以构成一个空间直角坐标系，空间点 A 的位置可以用三个坐标值（x_A，y_A，z_A）表示，则点的投影与坐标之间的关系为：

$$aa_{Y_H} = a'a_z = x_A \quad aa_x = a''a_z = y_A \quad a'a_x = a''a_{Y_W} = z_A$$

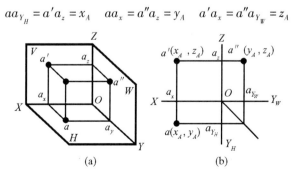

图 2－6 点的三面投影与直角坐标

例 1 已知点 A（16，14，15），求作 A 点的三面投影图，并画出其直观图。

解： A 点的三面投影图的作图步骤如下。

（1）画投影轴。

（2）在 OX 轴上自 O 点向左量取 16 mm（即 X 坐标），确定 a_x；根据点的投影规律，过 a_x 作 OX 轴垂直线，沿着该垂线自 a_x 向下量取 14 mm（即 Y 坐标）确定 a；再自 a_x 向上量取 15 mm（即 Z 坐标）确定 a'。这样就完成了点 A 的两面（V、H）投影图，如图 2-7（a）所示。

（3）过 a' 作 OZ 轴的垂直线，从 a 作 OY_H 轴垂直线，再用 45°分角线求得 a''，即完成 A 点的三面投影图，如图 2-7（b）所示。

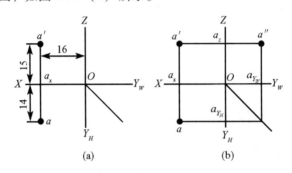

图 2-7　根据点的坐标画点的三面投影图

A 点直观图的作图步骤，如图 2-8 所示。

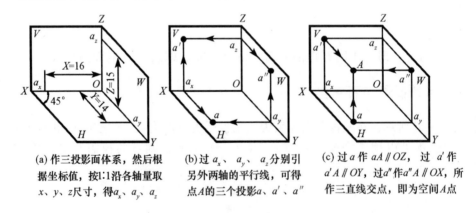

(a) 作三投影面体系，然后根据坐标值，按1:1沿各轴量取 x、y、z 尺寸，得 a_x、a_y、a_z

(b) 过 a_x、a_y、a_z 分别引另外两轴的平行线，可得点 A 的三个投影 a、a'、a''

(c) 过 a 作 $aA \parallel OZ$，过 a' 作 $a'A \parallel OY$，过 a'' 作 $a''A \parallel OX$，所作三直线交点，即为空间 A 点

图 2-8　根据点的坐标画直观图

例 2 已知点 B 的两个投影 b' 和 b''，如图 2-9（a）所示，求其水平投影 b。

解： 由于点 B 的正面投影 b' 反映了该点 X 和 Z 坐标，侧面投影 b'' 反映了该点 Y 及 Z 坐标，因此点 B 的空间位置是唯一确定的。按点的投影规律可求得点 B 的水平投影 b。

作图步骤如下：

（1）过 b' 作 OX 轴的垂直线；

（2）过 b'' 作 OY_W 轴的垂直线与 45°分角线相交，并过交点作 OY_H 轴垂线与 $b'b_x$ 的

延长线相交于 b，则点 b 即为所求，如图 2-9（b）所示。

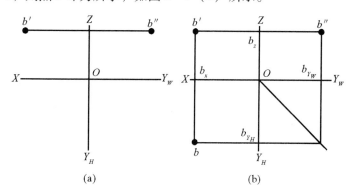

（a） （b）

图 2-9 已知点的两个投影求第三投影

例 3 已知 B（25，15，0）、C（15，0，0），求作 B、C 两点的三面投影图。

解： 因 $Z_B = 0$，即 B 点到 H 面的距离等于 0，所以 B 点位于 H 面上，且距离 V 面 15 mm，距离 W 面 25 mm。又因 $Y_C = 0$，$Z_C = 0$，即 C 点到 V 面、H 面的距离为 0，所以 C 点位于 OX 轴上，距离原点为 15 mm。

作图步骤如下：

（1）画投影轴；

（2）在 OX 轴上量取 $Ob_x = 25$ mm；过 b_x 作 $bb_x \perp OX$，量取 $bb_x = 15$ mm，确定 b。因 $Z_B = 0$，所以 b' 与 b_x 重合，再根据 b'、b 作出 b''；

（3）在 OX 轴上量取 $Oc_x = 15$ mm，因 $Y_C = 0$，$Z_C = 0$，所以 c' 和 c 均位于 OX 轴上，即与 c_x 重合；C 点的侧面投影 c'' 与原点 O 重合，如图 2-10 所示。

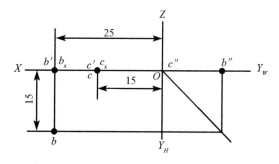

图 2-10 由点的坐标作投影图

由例 3 可知，当点的投影与该点本身重合时，则点位于该投影面上；该点的另外两个投影则分别位于相应的两个投影轴上。当点位于投影轴上时，则该点的两个投影与该点本身重合，其另一个投影必与原点 O 重合。

五、两点的相对位置与重影点

1. 两点的相对位置

两点的相对位置是指空间两点的上下、前后、左右位置关系。这种位置关系可以通过两点的同名投影（在同一个投影面上的投影）的坐标大小来判断，即：x 坐标大的在左；y 坐标大的在前；z 坐标大的在上。

如图 2-11 所示，由于 $x_A > x_B$，点 A 在点 B 的左方；由于 $y_A > y_B$，点 A 在点 B 的前方；由于 $z_A < z_B$，点 A 在点 B 的下方。

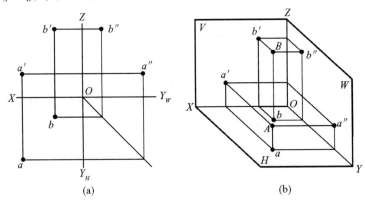

图 2-11　两点的相对位置

2. 重影点

当空间两点位于一个投影面的同一条投射线上时，它们在该投影面上的投影重合，则称此空间两点为该投影面的重影点。

如图 2-12 所示，由于 $X_C = X_D$，$Z_C = Z_D$，即 C、D 两点位于垂直 V 面的同一条投射线上，它们的正面投影 c' 和 d' 重合。当两点重影时需要判别它们的可见性。由于 $Y_C > Y_D$，从前向后看时，C 点是可见的，D 点被 C 点遮住为不可见。为了在图上表示可见性，对不可见点的投影可加括号表示，写成 $c'(d')$。

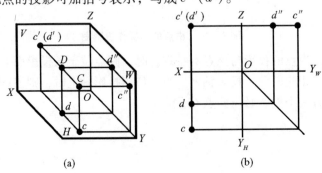

图 2-12　重影点的投影

　　同理，若空间两点的水平投影重合，则比较两点 Z 坐标的大小；若它们的侧面投影重合，则比较两点 X 坐标的大小。总之，重影点的可见性判别是根据不重影的投影图来确定的，凡坐标值大的点为可见，坐标值小的点为不可见。

2.3　直线的投影

一、直线的投影

　　两点决定一直线，将空间直线上任意两点的同名投影连接起来，就得到直线的投影图。如已知直线 AB 上 A 和 B 两点的三面投影图，连接两点的各同名投影，即连 ab、$a'b'$、$a''b''$，就得到直线 AB 的三面投影图，如图 2 – 13（a）所示。图 2 – 13（b）是它的直观图。

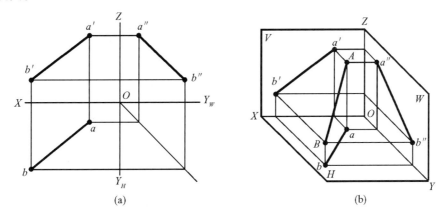

(a)　　　　　　　　　　　　　　(b)

图 2 – 13　直线的投影

二、各种位置直线的投影特性

　　在三投影面体系中，按直线与投影面的相对位置，可分为三类：投影面平行线、投影面垂直线和一般位置直线。其中投影面平行线和投影面垂直线统称为特殊位置直线。

1. 投影面平行线

　　平行于一个投影面，而与另外两个投影面倾斜的直线，称为投影面平行线。平行于正面的直线称为正平线；平行于水平面的直线称为水平线；平行于侧面的直线称为侧平线。它们的投影特性列于表 2 – 1。

表 2 - 1　投影面平行线的投影特性

名称	水平线	正平线	侧平线
直观图	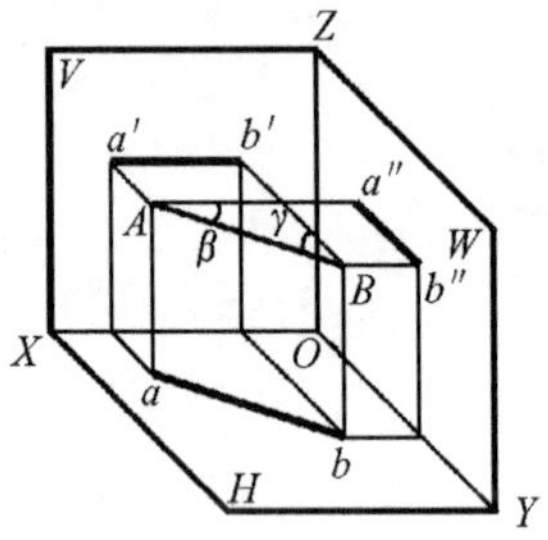	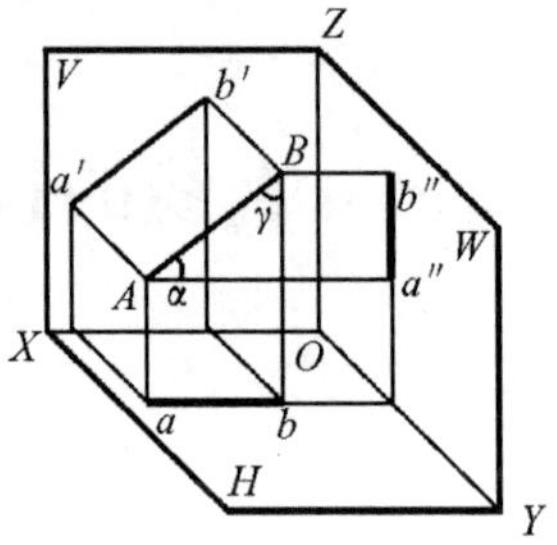	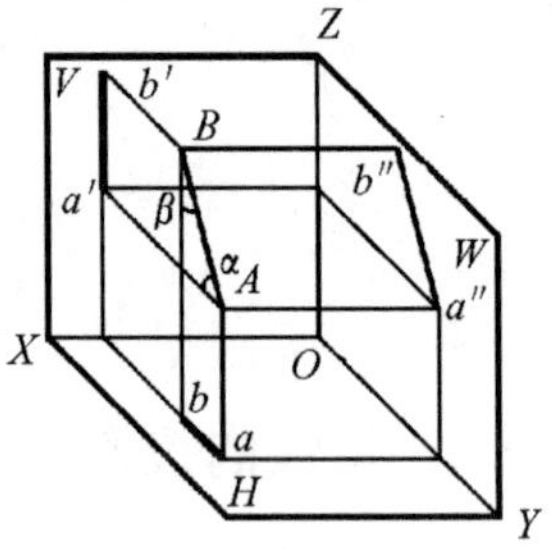
投影图	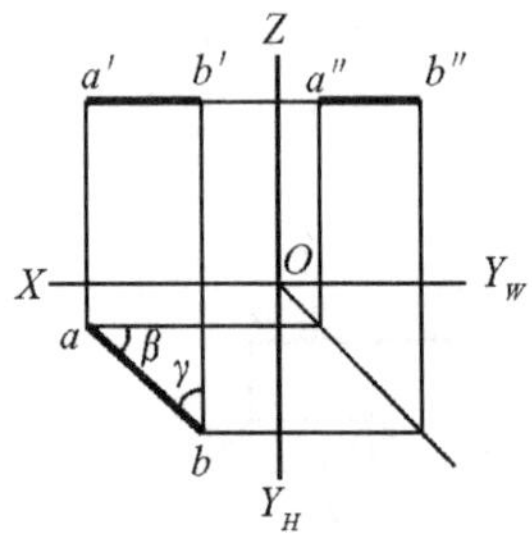	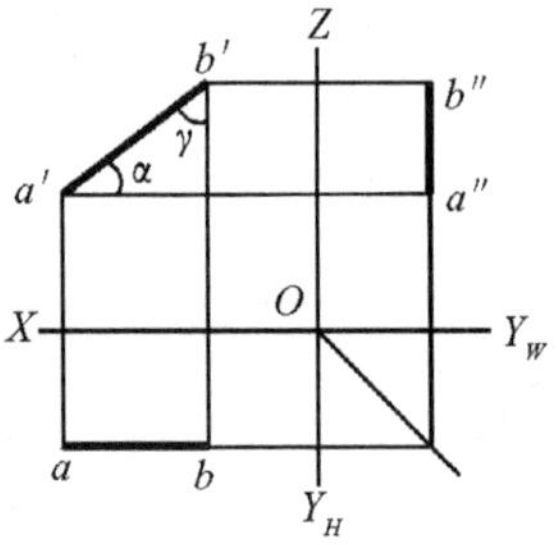	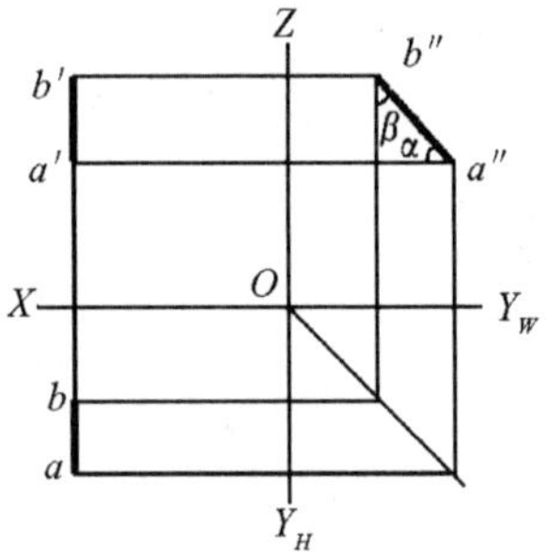
投影特性	(1) $ab = AB$，反映实长 (2) ab 与 OX 轴的夹角反映 AB 对 V 面的倾角 β；ab 与 OY_H 轴的夹角反映 AB 对 W 面的倾角 γ (3) $a'b' /\!/ OX$，$a''b'' /\!/ OY_W$	(1) $a'b' = AB$，反映实长 (2) $a'b'$ 与 OX 轴的夹角反映 AB 对 H 面的倾角 α；$a'b'$ 与 OZ 轴的夹角反映 AB 对 W 面的倾角 γ (3) $ab /\!/ OX$，$a''b'' /\!/ OZ$	(1) $a''b'' = AB$，反映实长 (2) $a''b''$ 与 OY_W 轴的夹角反映 AB 对 H 面的倾角 α；$a''b''$ 与 OZ 轴的夹角反映 AB 对 V 面的倾角 β (3) $ab /\!/ OY_H$，$a'b' /\!/ OZ$

归纳表 2 - 1 的内容，投影面平行线的投影特性有以下两点：

（1）在其平行的投影面上的投影反映实长，且投影与投影轴的夹角分别反映直线对另外两个投影面的倾角的实际大小；

（2）另外两个投影面上的投影分别平行于不同的投影轴，且长度比空间线段短。

2. 投影面垂直线

垂直于投影面的直线，称为投影面的垂直线。垂直于水平面的直线称为铅垂线；垂直于正面的直线称为正垂线；垂直于侧面的直线称为侧垂线。它们的投影特性列于表 2 - 2。

表 2 - 2 投影面垂直线的投影特性

名称	铅垂线	正垂线	侧垂线
直观图	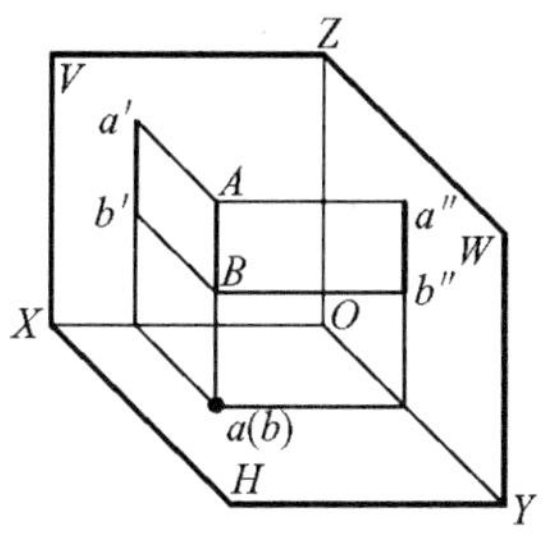	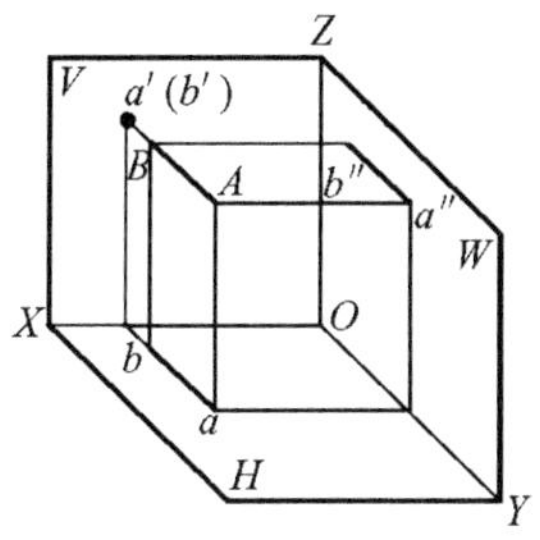	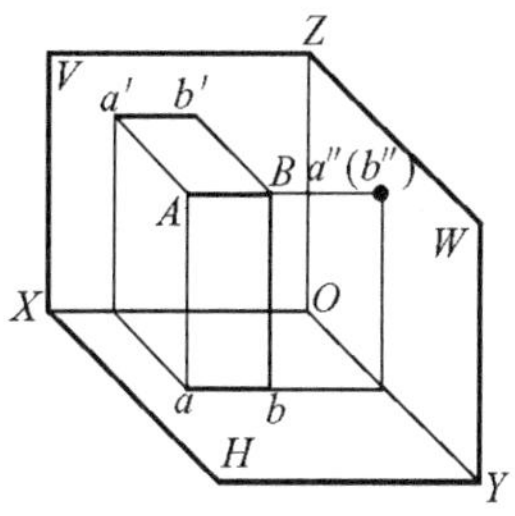
投影图	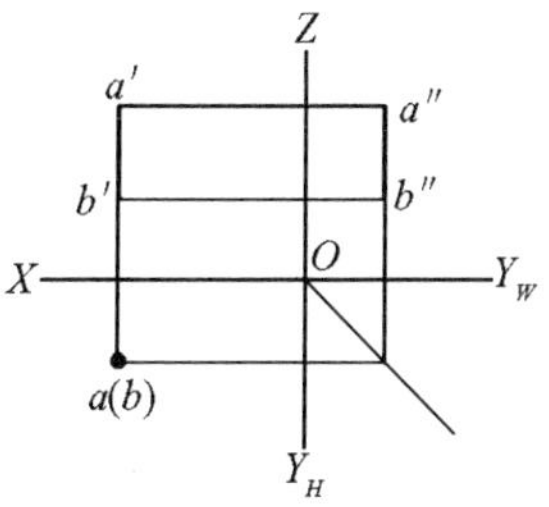	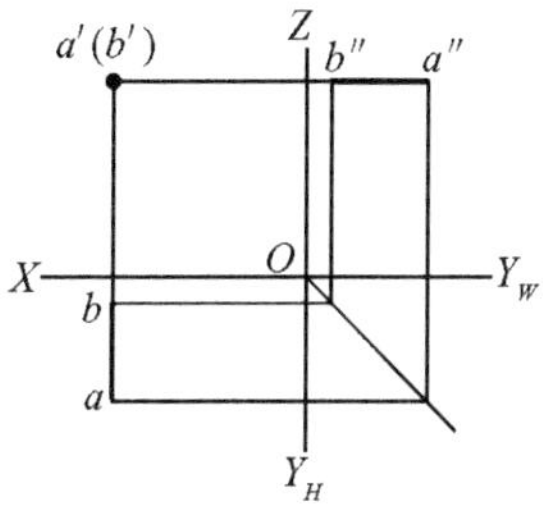	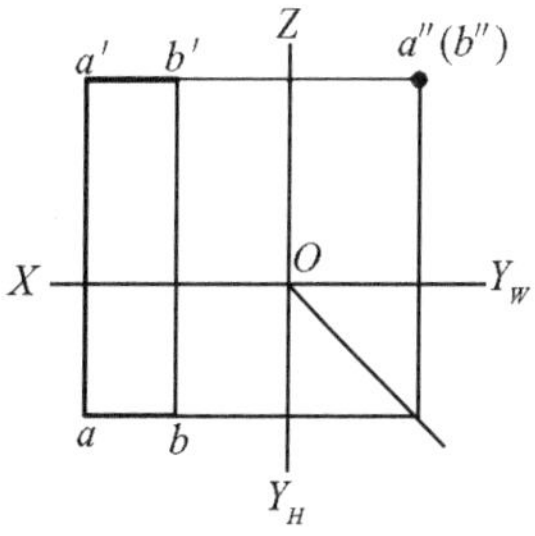
投影特性	（1）水平投影积聚为一点 （2）$a'b' = a''b'' = AB$，反映实长 （3）$a'b' \perp OX$，$a''b'' \perp OY_W$	（1）正面投影积聚为一点 （2）$ab = a''b'' = AB$，反映实长 （3）$ab \perp OX$，$a''b'' \perp OZ$	（1）侧面投影积聚为一点 （2）$ab = a'b' = AB$，反映实长 （3）$ab \perp OY_H$，$a'b' \perp OZ$

归纳表 2 - 2 的内容，投影面垂直线的投影特性有以下两点：

（1）在其垂直的投影面上的投影积聚为一点；

（2）另外两个投影面上的投影反映空间线段的实长，且分别垂直于不同的投影轴。

3．一般位置直线

与三个投影面都倾斜的直线，称为一般位置直线。如图 2 - 14 所示，直线 AB 为一般位置直线，它与 H 面、V 面、W 面的夹角分别为 α、β、γ，故得：$ab = AB\cos\alpha$，$a'b' = AB\cos\beta$，$a''b'' = AB\cos\gamma$。其投影特性有以下两点：

（1）直线的三个投影都倾斜于投影轴，其与投影轴的夹角，均不反映空间直线对投影面的夹角；

（2）三个投影长度均比空间线段短。

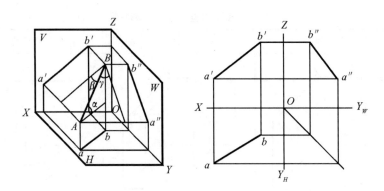

图 2-14　一般位置直线的投影

三、一般位置直线的实长及其对投影面的夹角

由于一般位置直线对各投影面的投影均不反映实长，直线的各投影与投影轴的夹角均不反映空间直线对投影面的夹角，所以需要求出它的实长和对投影面的夹角，解决这类问题的方法有多种，这里仅介绍直角三角形法。

1. 求直线实长及其对 H 面的夹角 α

在图 2-15（a）中，过 B 点作 $BA_0 /\!/ ab$ 得直角三角形 AA_0B，其斜边 AB 就是线段的实长，$\angle ABA_0$ 即 AB 线段对 H 面的倾角 α。直角边 $BA_0 = ab$，即线段水平投影的长度。另一直角边 $AA_0 = z_A - z_B$，即线段的两个端点 A 和 B 的 z 坐标差。两直角边均可从 AB 的投影图中量得，于是就可作出直角三角形 AA_0B。

具体作图过程如图 2-15（b）所示，过 b' 作 $b'a_0' /\!/ OX$，交 $a'a$ 于 a_0'，则 $a'a_0' = z_A - z_B$。再以水平投影 ab 为直角边，aA_1 为另一直角边所构成的直角三角形 baA_1 中，斜边 bA_1 即为 AB 线段的实长，而 $\angle abA_1$ 即为 AB 对 H 面的夹角 α。

图 2-15（c）表示在同样条件下用正面投影 Z 坐标差的作图方法。

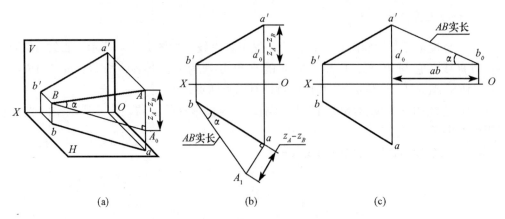

(a)　　　　　　　　　　(b)　　　　　　　　　　(c)

图 2-15　直角三角形法求线段实长及夹角 α

2. 求直线实长及其对 V 面的夹角 β

如图 2－16（a）所示，以 AB 的正面投影 $a'b'$ 为一直角边，以 A、B 两点的 y 坐标差（即 $y_A - y_B$）为另一直角边构成直角三角形 $a'b'B_1$，则斜边 $a'B_1$ 就是线段 AB 的实长。此时实长与 $a'b'$ 的夹角为 AB 线段对 V 面的夹角 β。

图 2－16（b）示出在同样条件下用水平投影 y 坐标差的作图方法。

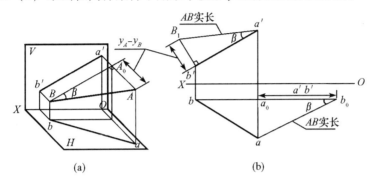

图 2－16　直角三角形法求线段实长及夹角 β

以上图解应注意，在所作直角三角形中，斜边（直线的实长）与直角边（直线投影长）之间的夹角，为空间直线对该投影面的夹角。

四、直线上点的投影

点在直线上，则点的投影必在该直线的同名投影上。反之，点的各个投影分别位于直线的同名投影上，则该点一定在直线上。

如图 2－17 所示，点 K 在 AB 直线上，则 k 必在 ab 上，k' 必在 $a'b'$ 上，k'' 必在 $a''b''$ 上（侧面投影在图中没有示出）。

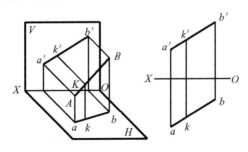

图 2－17　直线上的点

根据直线上的点分割线段成定比的性质，可得 $\dfrac{AK}{KB} = \dfrac{ak}{kb} = \dfrac{a'k'}{k'b'} = \dfrac{a''k''}{k''b''}$，即点的投影与分割线段的同名投影成相同之比。

例4　已知直线 AB 的两面投影 $a'b'$、ab，C 点在直线 AB 上，且 $AC:CB = 1:2$，求作 C 点的投影。

解：因为 C 点在 AB 直线上，因此必定符合 $a'c': c'b' = ac: cb = 1: 2$ 的比例关系。

作图步骤如下：

（1）将 ab 三等分，求得 c 点；

（2）过 c 作 OX 轴垂线与 $a'b'$ 相交于 c'，c' 和 c 即为所求，如图 2－18 所示。

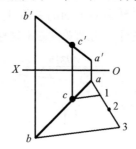

图 2－18　求直线上点的投影

例 5　已知侧平线 EF 的两投影和该直线上点 M 的水平投影 m，求正面投影 m'。

解：

方法一　由于 EF 是侧平线，不能由 m 直接求出 m'，可通过求作第三投影的方法求得 m'。

作图步骤如下：

（1）求出 EF 的侧面投影 $e''f''$，由 m 可求出 M 点的侧面投影 m''，如图 2－19（a）所示；

（2）根据点的投影规律，再由 m、m'' 求出 m'。

方法二　因为 M 点在 EF 直线上，可根据 $em: mf = e'm': m'f'$ 的比例关系作图，从而求出 m'。

作图步骤如下：

（1）过 e' 作任意辅助直线，在该线上量取 $e'M_0 = em$，$M_0F_0 = mf$，如图 2－19（b）所示；

（2）连接 $f'F_0$，并过 M_0 作 F_0f' 的平行线交 $e'f'$ 于 m'，m' 即为所求点的正面投影。

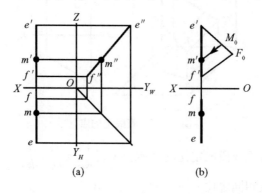

(a)　　　　　　　(b)

图 2－19　求侧平线 EF 上 M 点的投影

五、两直线的相对位置

空间两直线的相对位置有三种：平行、相交和交叉（异面）。

1. 平行两直线

若空间两直线相互平行，则它们的同名投影也必相互平行。如图 2 – 20（a）所示，若 $AB /\!/ CD$，则 $ab /\!/ cd$，$a'b' /\!/ c'd'$，图 2 – 20（b）示出了它们的投影图。

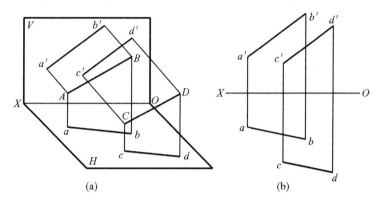

图 2 – 20　平行两直线的投影

反之，若两直线的三个同名投影均互相平行，则空间两直线也必定互相平行。

判断一般位置的两条直线是否平行，只需判断两直线的任意两对同名投影是否分别平行即可。但当两直线均平行于某投影面时，则需根据其在该投影面上的投影是否平行才能判定。AB、CD 均为侧平线，虽然 $a'b' /\!/ c'd'$，$ab /\!/ cd$，但它们的侧面投影 $a''b''$ 不平行 $c''d''$，如图 2 – 21 所示，所以 AB 和 CD 两直线空间并不平行。

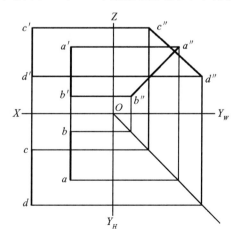

图 2 – 21　判别两侧平线是否平行

2. 相交两直线

若空间两直线相交，则它们的同名投影必然相交，且其交点必符合空间一个点的投影规律。如图 2-22（a）中 AB 和 CD 为相交直线，其交点 K 为两直线的共有点。因此，K 点的正面投影 k′ 应在 a′b′ 上，同时又在 c′d′ 上，所以 a′b′ 和 c′d′ 的交点 k′ 就是共有点 K 的正面投影，而且 kk′ 连线必垂直于 OX 轴，如图 2-22（b）所示。

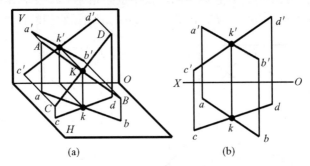

图 2-22　相交两直线的投影

反之，若两直线的同名投影都相交，且交点的投影符合点的投影规律，则此两直线在空间一定相交。当空间两直线中有一条为某一投影面的平行线时，通常要检查两直线在该投影面上投影是否相交。如果相交，还要根据交点的投影关系才能判定它们在空间是否相交。图 2-23 示出 AB、CD 两直线在空间不相交。

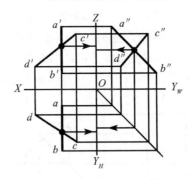

图 2-23　判别两直线是否相交

3. 交叉两直线

既不平行又不相交的两直线称为交叉两直线。交叉的两直线在空间不存在交点。有时它们的同名投影可能相交，但各投影的交点不符合点的投影规律，如图 2-24（a）所示；也可能有一对或两对同名投影平行，如图 2-24（b）、图 2-21 所示。

交叉两直线的同名投影的交点实际上是对该投影面的一对重影点的投影，可以利用它来判断两直线的相对位置，如图 2-25 所示，CD、EF 为交叉两直线，它们的水平投

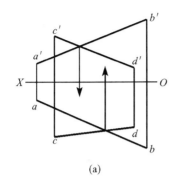 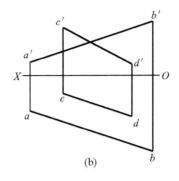

图 2 - 24　交叉两直线的投影

影 cd 和 ef 交于一点 a（b），即为交叉两直线上点 A、B 对 H 面的一对重影点。CD 上的点为 A，EF 上的点为 B。$Z_A > Z_B$，A 点在上，B 点在下，B 点的水平投影不可见。

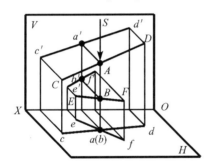 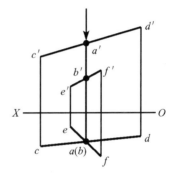

图 2 - 25　交叉直线上的重影点

　　同理，可用交叉两直线在正面和侧面的重影点来判断两直线上点的前后、左右位置关系。

　　例 6　已知一点和两直线投影如图 2 - 26（a）所示，过 A 点作直线 AD，使 AD 与直线 BC、EF 都相交。

　　解： 因 BC 直线为铅垂线，其水平投影积聚为一点，故所作直线 AD 与 BC 交点的水平投影必在 BC 直线的水平投影 b（c）上。因此，AD 的水平投影必然通过 b（c）。延长 ab 与 ef 相交，可得 d。

　　作图步骤如下：

　　（1）过 a、b（c）作直线与 ef 相交于 d；

　　（2）过 d 作 OX 轴垂线与 $e'f'$ 相交于 d'；

　　（3）连 $a'd'$ 并与 $b'c'$ 相交于 k' 点，并在 b（c）处标出 k，则 $a'd'$ 和 ad 即为所求，如图 2 - 26（b）所示。

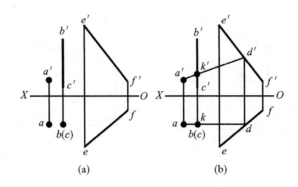

(a)　　　　　　　　(b)

图 2-26　过一点作直线与另两直线相交

2.4　平面的投影

一、平面的表示法

1. 几何元素表示法

平面的空间位置可由下列形式的几何元素确定：

（1）不在同一直线上的三点；

（2）一直线和直线外的一点；

（3）相交两直线；

（4）平行两直线；

（5）任意平面图形（如三角形、圆等）。

在投影图上，可用上述五组几何元素中的任意一组来表示一个平面的投影，如图 2-27 所示。这些几何元素表示平面的五种形式彼此之间是可以互相转化的，但所确定的平面的空间位置不变。

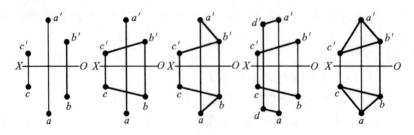

图 2-27　用几何元素表示平面

2. 迹线表示法

空间平面与投影面的交线称为迹线。用迹线表示平面，同样可以确定该平面在空间的位置。在图 2－28（a）中，$\triangle ABC$ 所确定的平面用 P 表示，P 平面与 V 面的交线称为正面迹线，用 P_V 表示。P 平面与 H 面的交线称为水平迹线，用 P_H 表示。P_V 和 P_H 相交于 P_X 点，P_X 称为迹线集合点（它也是 P 平面与 OX 轴的交点）。因 P_V、P_H 迹线是投影面上的直线，故 P_V 在 V 面上的投影与其本身重合，在 H 面上的投影重合在 OX 轴上，P_H 在 H 面上的投影与其本身重合，在 V 面上投影也重合在 OX 轴上。为了简化起见，通常只标注迹线本身，它的另一投影不注出，如图 2－28（b）所示。由于 P_V 与 P_H 是平面 P 上的两条相交直线，确定了平面 P。因此，用迹线表示平面和用两相交直线表示平面，实质是一样的。

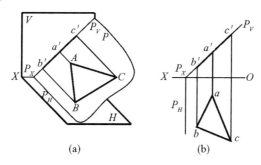

（a）　　　　　　　　　　（b）

图 2－28　用迹线表示平面

二、平面的投影特性

空间平面对投影面的相对位置有三种：投影面平行面（平行于某一个投影面的平面）、投影面垂直面（只垂直于某一个投影面的平面）和一般位置平面（对三个投影面都倾斜的平面）。投影面平行面和投影面垂直面又称为特殊位置平面。各种位置平面的投影特性如下。

1. 投影面垂直面

投影面垂直面可分为正垂面（垂直 V 面）、铅垂面（垂直 H 面）、侧垂面（垂直 W 面）。它们的投影特性见表 2－3。

表 2 - 3　投影面垂直面的投影特性

名称	正垂面	铅垂面	侧垂面
立体图	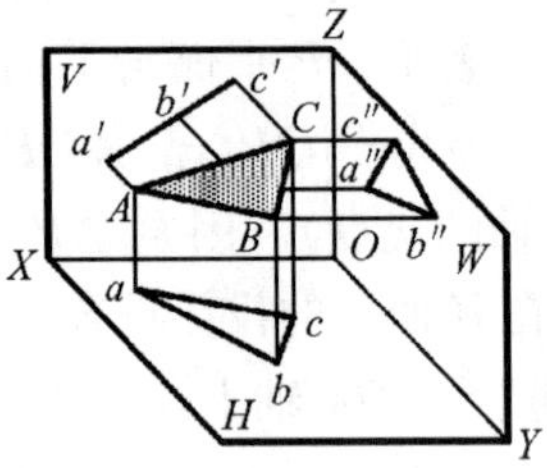	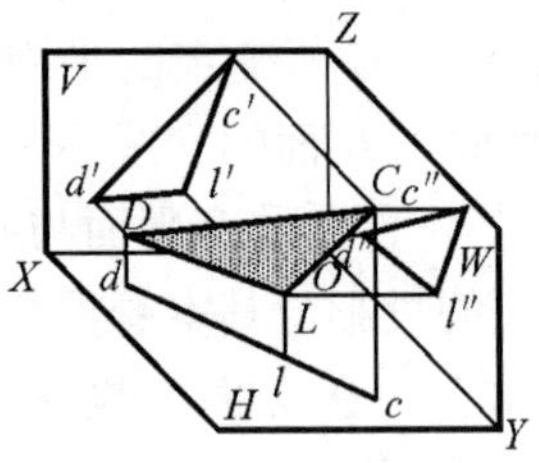	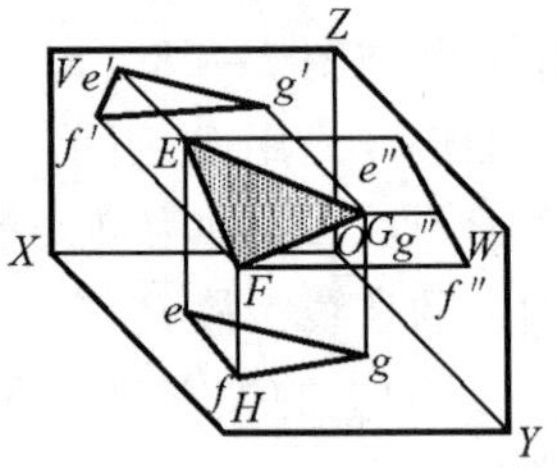
投影图	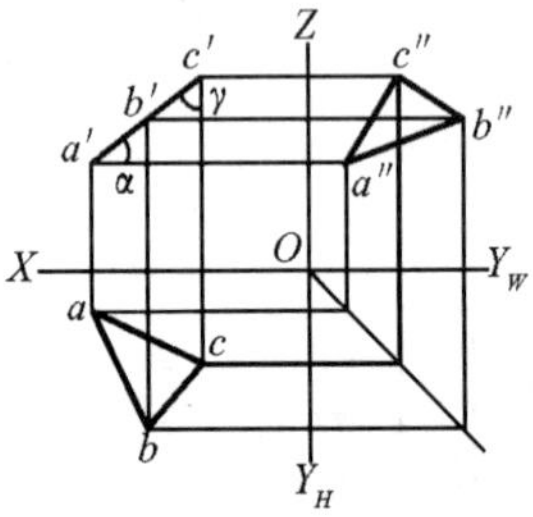	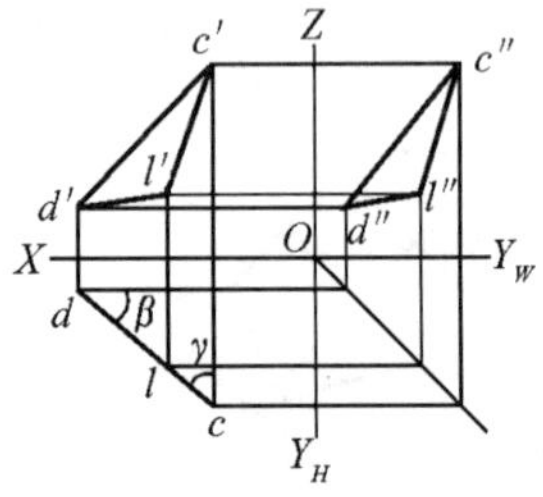	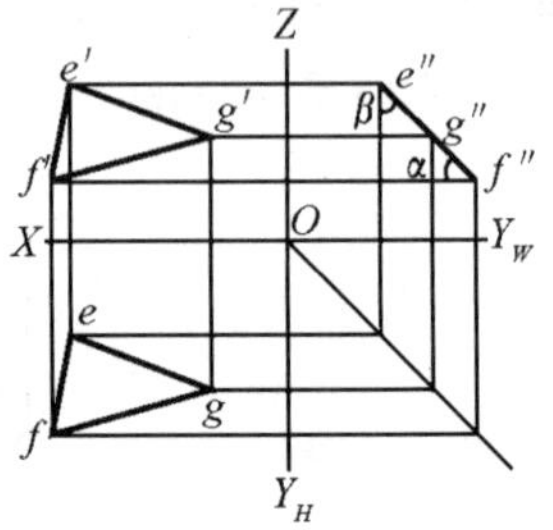
迹线表示	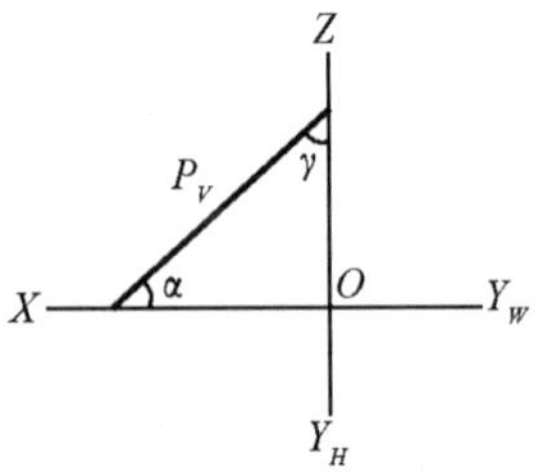	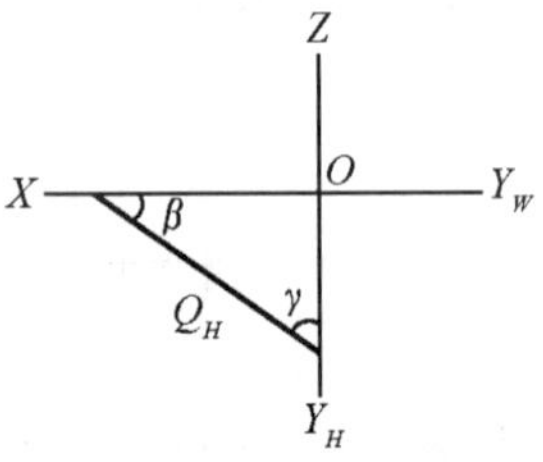	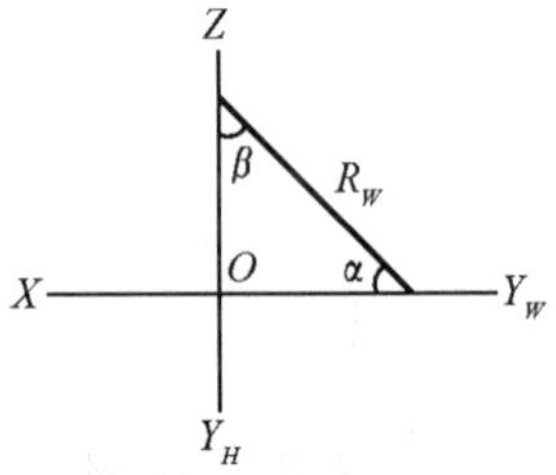
投影特性	（1）正面投影积聚成一直线，它与 OX、OZ 轴的夹角反映平面对 H 面、W 面的夹角 α、γ （2）水平投影和侧面投影为类似形 （3）P_V 有积聚性	（1）水平投影积聚成一直线，它与 OX、OY_H 轴的夹角反映平面对 V 面、W 面的夹角 β、γ （2）正面投影和侧面投影为类似形 （3）Q_H 有积聚性	（1）侧面投影积聚成一直线，它与 OY_W、OZ 轴的夹角反映平面对 H 面、V 面的夹角 α、β （2）正面投影和水平投影为类似形 （3）R_W 有积聚性

由表 2 - 3 可概括出投影面垂直面的投影特性有以下两点：

（1）在其垂直的投影面上的投影积聚成与该投影面内的两根投影轴都倾斜的直线，该直线与投影轴的夹角反映空间平面与另两个投影面的夹角的实际大小；

（2）在另外两个投影面上的投影形状均为该平面的类似形。

2. 投影面平行面

投影面平行面可分为正平面（平行 V 面）、水平面（平行 H 面）、侧平面（平行 W

面）。它们的投影特性见表 2－4。

表 2－4　投影面平行面的投影特性

名称	正平面	水平面	侧平面
立体图			
投影图			
迹线表示			
投影特性	（1）正面投影反映实形 （2）水平投影和侧面投影均积聚成直线 （3）水平投影平行于 OX 轴，侧面投影平行于 OZ 轴 （4）Q_H、Q_W 有积聚性，且 $Q_H /\!/ OX$，$Q_W /\!/ OZ$	（1）水平投影反映实形 （2）正面投影和侧面投影均积聚成直线 （3）正面投影平行于 OX 轴，侧面投影平行于 OY_W 轴 （4）P_V、P_W 有积聚性，且 $P_V /\!/ OX$，$P_W /\!/ OY_W$	（1）侧面投影反映实形 （2）正面投影和水平投影均积聚成直线 （3）正面投影平行于 OZ 轴，水平投影平行于 OY_H 轴 （4）T_V、T_H 有积聚性，且 $T_V /\!/ OZ$，$T_H /\!/ OY_H$

由表 2－4 可概括出投影面平行面的投影特性有以下两点：

（1）在其平行的投影面上的投影反映平面的实形；

（2）另外两个投影面上的投影均积聚成直线，且平行于不同的投影轴。

3. 一般位置平面

与三个投影面都倾斜的平面称为一般位置平面。由于它对三个投影面都处于倾斜位置，它的三个投影都是小于实形的类似形，如图 2 - 29 所示。

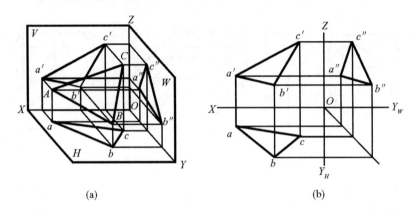

(a)　　　　　　　　　　　　　(b)

图 2 - 29　一般位置平面的投影

三、平面上作点、作直线

绘图中经常遇到在已知平面上根据需要作点、作线和作平面图形的问题，以及由平面上的点或直线的一个投影求作该点或该直线的其余投影的问题。

在平面上作点、作直线的基本原理和方法如下。

（1）点在平面内某一条直线上，点就必定在该平面上。因此，要在平面上作点，必须在平面上作包含该点的直线。如图 2 - 30 所示，要在平面上作点 A，必须在平面内作直线，如 FL，a′在 f′l′上，a 在 f l 上，所以点 A 在平面上。

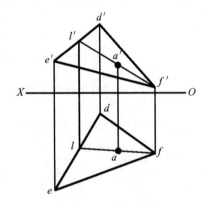

图 2 - 30　平面上作点

（2）直线通过平面上两点或通过一点且平行于该平面上另一直线，则直线必在该平面上。因此，要在平面上作直线 KE，必须首先在平面内确定点。如图 2 - 31 中的直线 KE，因为它通过了平面上的两点如图 2 - 31（a）所示，或过一点且平行平面上的已

知直线 AC，如图 2 – 31 （b）所示，则所作直线 KE 必在该平面上。

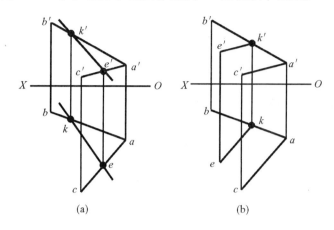

图 2 – 31 平面上作直线

例 7 如图 2 – 32 （a），已知 △ABC 平面上 K 点的水平投影 k 和 E 点的正面投影 e'，求作 k' 和 e。

解： 作图步骤如下：

（1）过 k 在平面上作辅助线 1、2，求出其正面投影 $1'$、$2'$，由此即可求得 K 点的正面投影 k'，如图 2 – 32 （b）所示；

（2）过 e' 在平面上作一辅助直线 $a'e'$ 交 $b'c'$ 于 $3'$，并求出水平投影 $a3$，由 e' 即可求得 e，如图 2 – 32 （b）所示。

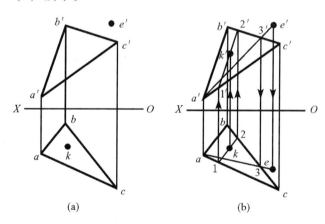

图 2 – 32 求作平面上点的另一投影

例 8 如图 2 – 33 （a）所示，已知平面 $ABCD$ 为一四边形，试完成其正面投影。

解： 四边形 $ABCD$ 属于平面图形，其中 A、B、C 三个点的两个投影已知，平面已经确定。因此，完成四边形正面投影的问题，实际上就是在已知 ABC 平面内确定点 D 的正面投影的问题。

作图步骤如下：

（1）连接 ac 和 $a'c'$ 即画出平面上辅助线 AC 的投影；

（2）连接 bd 交 ac 于 k，由 k 求得 k'；

（3）连接 $b'k'$ 并延长即得 d'；

（4）连接 $a'd'$ 及 $c'd'$，即完成四边形 $ABCD$ 的正面投影，如图 $2-33$（b）所示。

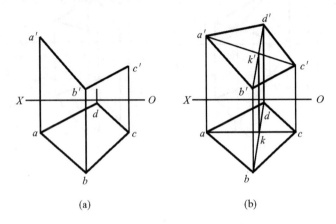

图 $2-33$　四边形的正面投影

在实际应用中，除在平面上作出一般位置线外，有时为作图方便起见，常常要用到平面上的投影面平行线。

平面上的投影面平行线一般有三种，即正平线、水平线和侧平线。它们既具有平面上直线的投影特性，又具有投影面平行线的投影特性。

在 $\triangle ABC$ 平面上任作一正平线 EF，所求的 EF 应通过平面上的两点，而且它的水平投影必须平行于 OX 轴。因此，作图时先从水平投影着手，由水平投影 ef 求出正面投影 $e'f'$，如图 $2-34$ 所示，这样的正平线可作无数条。

同理，也可在 $\triangle ABC$ 平面上作出水平线，其作图过程如图 $2-35$ 所示。

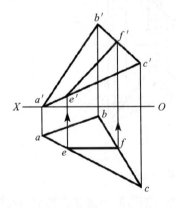

图 $2-34$　作平面上的正平线

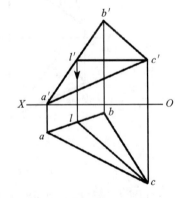

图 $2-35$　作平面上的水平线

例 9　已知 $\triangle BCD$ 的两面投影，如图 $2-36$（a）所示，在 $\triangle BCD$ 内取一点 A，并使其到 H 面和 V 面的距离均为 13 mm。

解：平面内的水平线是平面内与 H 面等距离的点的轨迹，故点 A 位于平面内距 H 面为 13 mm 的水平线上。点 A 的水平投影到 OX 轴的距离反映点 A 到 V 面的距离。

作图步骤如下:

如图 2 – 36(b)所示,在 △BCD 内取距 H 面 13 mm 的水平线 EF,在水平投影上作与 OX 轴相距为 13 mm 的直线与 ef 交于 a,即得点 A 的水平投影,按投影关系在 e'f' 上确定点 A 的正面投影 a'。

注意:此题还可通过作正平线的方法解题。

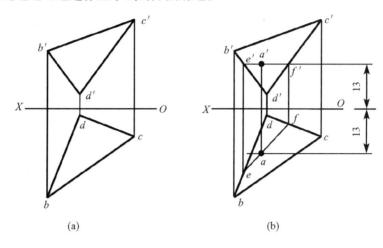

图 2 – 36　平面内取点

第 3 章　立体的投影

立体由围成该立体的各个表面确定其范围和形状。若立体的表面都是平面，称为平面立体，如棱柱、棱锥等。若立体的表面是曲面，或曲面和平面，称为曲面立体，如圆柱、圆锥、圆球和圆环等。本章研究以上几种基本立体的投影特性和在其表面上取点、取线的作图问题，以及立体表面交线问题。

3.1　平面立体

一、棱锥

图 3-1（a）所示为三棱锥。棱锥的棱线交于一点 S，称为锥顶，SA、SB、SC 是棱线，SAB、SBC、SCA 平面称为棱面，AB、BC、CA 称为底边，平面 ABC 称为底面。其三面投影如图 3-1（b）所示。三个棱面均为一般位置平面，它们的三个投影都是类似形。底面 ABC 为一水平面，其水平投影反映实形，正面投影 $a'b'c'$ 和侧面投影 $a''b''c''$ 均积聚成一水平直线。棱线 SC 的侧面投影是不可见的。

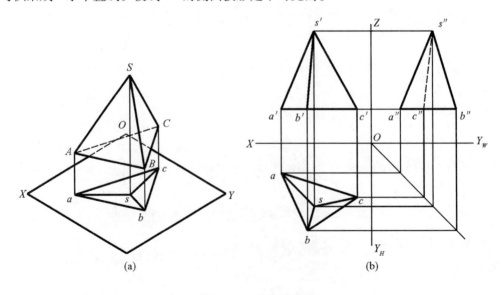

(a)　　　　　　　　　　　(b)

图 3-1　三棱锥的投影

　　平面立体是由平面围成的,作一平面立体的投影可归结为作出其各个表面的投影。由于各个表面系由直线段组成,而每条线段皆可由其两端点确定,所以求平面立体的投影,其实就是绘制其各表面的交线及各顶点的投影,并确定其可见或不可见部分,不可见的用虚线表示。

　　在三投影面体系中,形体与各投影面的距离不同,只影响各投影之间的距离,对投影形状无影响。因此,投影图中的投影轴不影响形体的投影表达。为了作图简便起见,从本节开始,投影轴省略不画。必须注意,省略投影轴后,仍要保持各个投影之间"长对正,高平齐,宽相等"的投影关系。求立体表面各点的位置,可用其相对坐标来确定。

　　例 1　如图 3 – 2 (a)、(b) 所示,已知正三棱锥的底面 ABC 及锥顶 S 的两个投影,试作出它的三面投影图。

　　解: 先按点的投影规律作出三棱锥底面 ΔABC 及锥顶 S 的侧面投影,然后连接各棱线 SA、SB、SC 的同面投影,即得各棱面的投影。三条棱线的水平和正面投影均为可见,棱线 SC 和 SA 的侧面投影重合,见图 3 – 2 (c)。

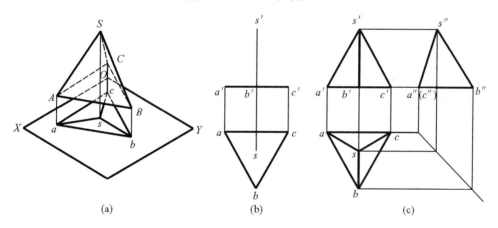

图 3 – 2　正三棱锥的投影

二、棱柱

　　棱柱和棱锥的不同之处在于棱锥的棱线交于一点,而棱柱的棱线相互平行。正棱柱的棱线垂直于底面。图 3 – 3 (a) 所示为正三棱柱。作图时,先画出两个底面的投影,然后连接各棱线即可。棱线 BE 的正面投影是不可见的,见图 3 – 3 (b)。

　　图 3 – 4 所示为正六棱柱的三面投影图。

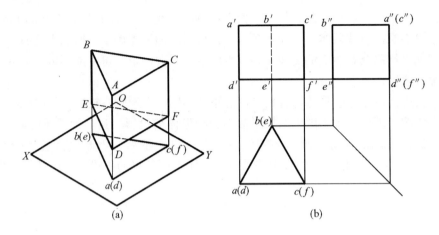

图 3 – 3　正三棱柱的投影

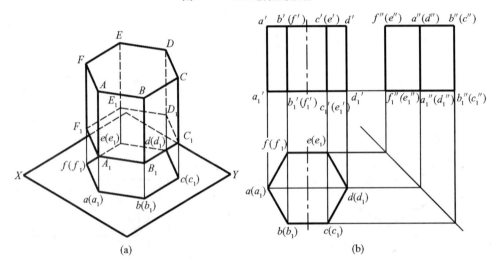

图 3 – 4　正六棱柱的投影

三、平面立体表面上取点、取线

根据属于平面上的点和直线的作图原理，可以在平面立体的表面上求点和直线的投影。

例2　如图 3 – 5（a）所示，已知 K 点的水平投影 k，求 K 点的另外两个投影；已知其的正面投影 m'n'，求直线 MN 另外两个投影。

解：先求 K 点的另外两个投影。如图 3 – 5（b）所示，连接 sk 并延长交 ab 于 1 点，作出 1 点的正面投影 1' 和侧面投影 1"，连 s'1'，k' 必在 s'1' 上；连 s"1"，k" 必在 s"1" 上。棱面 SAB 三个投影都是可见的，所以 K 点的三个投影均可见。

再求 MN 的另外两个投影。M 点在棱线 SC 上，可直接求出 m 和 m"。N 点在棱面 SBC 上，可用辅助直线法求出 n 和 n"，再连接点 M、N 的同名投影。由于棱面 SBC 的正面和水平投影可见，侧面投影不可见，所以 mn、m'n' 可见，m"n" 不可见。

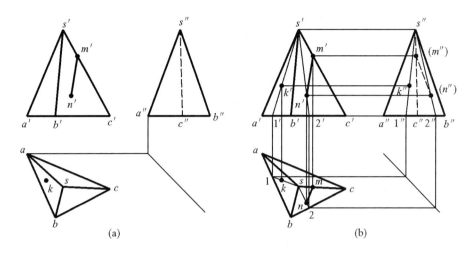

图 3-5 棱锥表面上取点取线

3.2 回转体

母线绕一固定轴作回转运动所形成的曲面称为回转曲面（简称回转面），如图 3-6 所示。该固定轴称为回转轴。回转面的母线可以是直线或曲线。在回转过程中，属于母线各点的运动轨迹为一系列垂直于回转轴的圆，这些圆称为纬圆，其圆心在回转轴上，半径等于各点到轴线的距离。

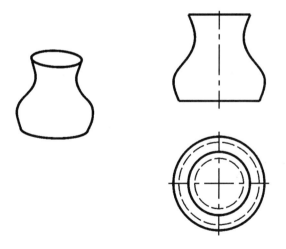

图 3-6 回转曲面

由回转面，或回转面与平面围成的立体称为回转体。常见的回转体很多，如圆柱、圆锥、圆球、圆环等。

一、回转体的投影

在投影图上，回转体是用它的回转面或回转面和平面的投影来表示的。

1. 圆柱

图 3-7 所示为轴线垂直于水平投影面的正圆柱。由于圆柱面垂直于水平投影面，其水平投影积聚为一圆，此圆也是圆柱的上、下底面的投影。两底面在正面和侧面上的投影都积聚为直线。圆柱面在正面和侧面上的投影范围是由相应的转向轮廓线决定的。正面投影的转向轮廓线是最左、最右两条素线 AA_1、BB_1 的投影 $a'a_1'$、$b'b_1'$；侧面投影的转向轮廓线是最前、最后两条素线 CC_1、DD_1 的投影 $c''c_1''$、$d''d_1''$，还必须用细点画线画出轴线的投影和圆的中心线。此外，最左、最右两条素线的侧面投影与轴线的投影重合，最前、最后两条素线的正面投影也与轴线的投影重合，图中不需画出。关于可见性的判别，相对于正面投影面，转向轮廓线 AA_1 和 BB_1 之前的半圆柱面可见，后半圆柱面不可见；相对于侧面投影面，转向轮廓线 CC_1、DD_1 之左的半圆柱面可见，其右的半圆柱面不可见。

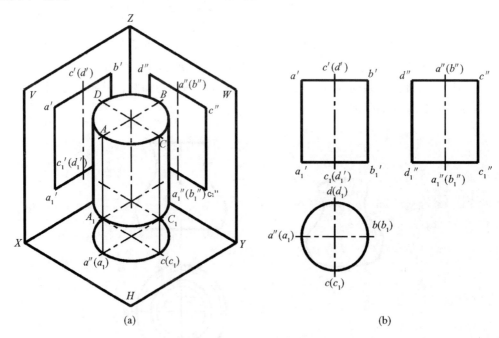

图 3-7　圆柱的三面投影

2. 圆锥

图 3-8 所示为轴线垂直于水平投影面的正圆锥，底面是一个水平面，水平投影圆反映实形，该圆也是圆锥面的水平投影。底面的正面和侧面投影积聚为一直线，圆锥面的正面和侧面投影由相应的转向轮廓线决定。正面投影的转向轮廓线是最左、最右两条

素线 SA、SB 的投影 $s'a'$、$s'b'$；在侧面投影上，其转向轮廓线是最前、最后两条素线 SC、SD 的投影 $s''c''$、$s''d''$。还必须用点划线画出轴线和圆的中心线。此外，最左、最右两条素线的侧面投影与轴线的投影重合，最前、最后两条素线的正面投影也与轴线的投影重合，不需画出。关于可见性的判别，相对于正面，转向轮廓线 SA 和 SB 之前的半圆锥面可见，后半圆锥面不可见；相对于侧面，转向轮廓线 SC、SD 之左的半圆锥面可见，右半圆锥面不可见。

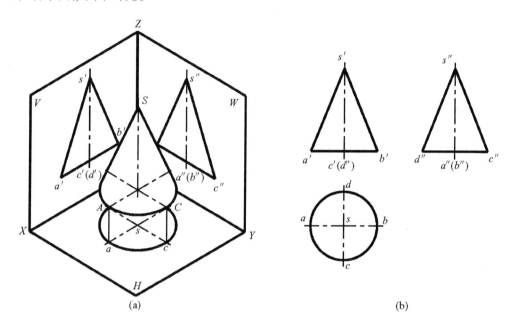

图 3 - 8　圆锥的三面投影

3. 圆球

图 3 - 9 所示为圆球及其三面投影。球的三个投影均是圆，直径等于球径。需画出圆的中心线。这三个圆分别是球面相对于 H、V、W 面的三条转向轮廓线 L_1、L_2、L_3 的投影。L_1 的正面投影与球正面投影圆的水平中心线重合，侧面投影与球侧面投影圆的水平中心线重合，均不画出。同样，L_2 和 L_3 在其他投影面上的投影也不画出。关于可见性的判别，相对于水平面，转向轮廓线 L_1 之上的半球表面可见，之下的半球表面不可见；相对于正面，转向轮廓线 L_2 之前的半球表面可见，之后的半球表面不可见；相对于侧面，转向轮廓线 L_3 之左的半球表面可见，右半球表面不可见。

4. 圆环

如图 3 - 10 所示，圆环的轴线垂直于水平投影面。它的水平投影是两个同心圆，小圆为圆环面的内轮廓线投影，大圆为圆环面的外轮廓线投影；正面投影和侧面投影是两个平行于相应投影面的素线圆和内、外环面分界圆的投影（上、下两条直线）。因内环面不可见，所以素线圆靠近轴线的一半画成虚线。此外，还需用点划线画出素线圆心轨

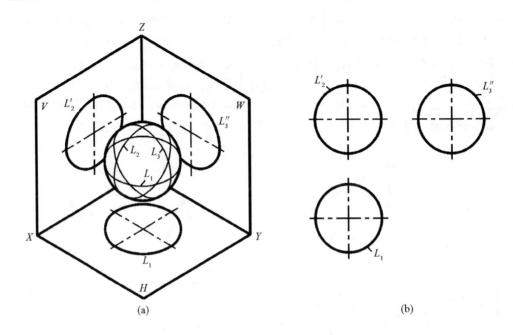

图 3 - 9　圆球的三面投影

迹的水平投影、轴线、中心线。关于可见性的判别，相对于水平面，内、外环面的上半部都可见，下半部不可见；相对于正面，外环面的前半部可见，后半部及内环面都不可见；相对于侧面，外环面的左半部可见，右半部和内环面都不可见。

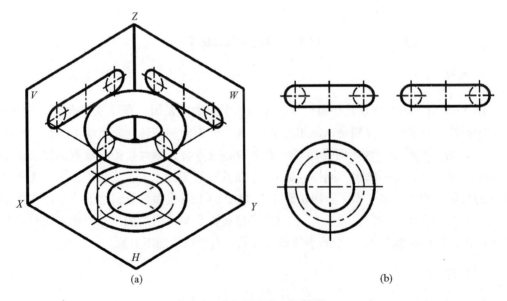

图 3 - 10　圆环的三面投影

二、回转体表面上取点、取线

在回转体表面上求点和线的投影，要根据回转面的特性作图，基本方法有素线法和纬圆法。

例 3　如图 3-11（a）所示，已知圆柱表面上点 A 的正面投影 a′，求 A 点的另两个投影。

解：A 点是圆柱面上的点，由于圆柱面的水平投影具有积聚性，A 点的水平投影在圆柱面的水平投影圆上。据此可直接求得水平投影 a，再由 a、a′ 求出 a″。因为 A 点在右半圆柱面上，故其侧面投影 a″ 不可见。

例 4　如图 3-11（b）所示，已知圆柱面上线段 ABCD 的正面投影 a′b′c′d′，求其另两个投影。

解：首先，分析可知该线段在空间中是一段曲线（即椭圆的一部分），其水平投影有积聚性，积聚在圆柱面的水平投影圆上；侧面投影是曲线。然后，运用求曲线的一般方法——求出线段上一系列点的投影，然后依次光滑连接其同名投影，即得该线段的各个投影。B 点是特殊位置点，在侧面投影的转向轮廓线上，b″ 是其侧面投影的虚实分界点。

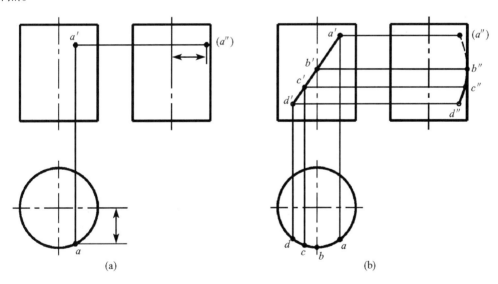

图 3-11　圆柱表面上点和线的投影

例 5　如图 3-12（a）所示，已知圆锥面上 A 点的水平投影，求其另两个投影。

解：可用素线法。用素线法求 A 点：过锥顶 S 和点 A 作一辅助素线 S1，1 点是底面圆上的点。求出 1 点的另两个投影，连 s′1′，s″1″，则 a′ 在 s′1′ 上，a″ 在 s″1″ 上。判别可见性：a′ 和 a″ 都可见。

例 6　如图 3-12（b）所示，已知圆锥面上线段 ABC 的正面投影 a′b′c′，求其另两个投影。

解：ABC 在空间中同样是一段曲线。B 点在侧面投影的转向轮廓线上，b″ 是曲线

ABC 侧面投影可见性的分界点，如图中所示。求 C 点用的是辅助纬圆法。无论素线法还是纬圆法，其本质都是利用"点在线上，线在面上"，找到属于曲面上的并且包含所求点的直线或曲线。为使作图简单，辅助线的投影应为简单的直线或圆。

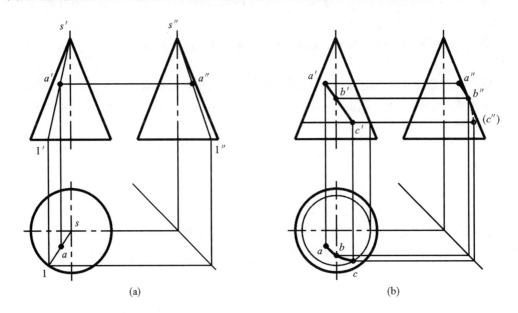

(a)

(b)

图 3 – 12　圆锥表面上点和线的投影

例 7　如图 3 – 13 所示，已知球面上点 A 的水平投影，求另两个投影。

解：求球面上的点只有纬圆法。过 A 点作水平纬圆，其水平投影是以 oa 为半径的圆，其余两个投影都是直线段。A 点的正面投影和侧面投影分别在该纬圆的对应投影上。由水平投影 a 可知 A 点在前半球和右半球的表面上，所以 a′可见，a″不可见。本题还可用正平纬圆或侧平纬圆作辅助圆解题。

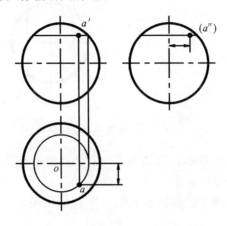

图 3 – 13　圆球表面上点的投影

3.3 立体的表面交线

许多机器零件都是由一些基本立体按照不同要求组合或切割形成的，此时在立体的表面上就会出现一些交线。常见的交线可分为两类：一类是平面与立体表面相交产生的交线，称为截交线；另一类是两立体表面相交形成的交线，称为相贯线，如图 3 – 14 所示。为了清楚地表达机件的形状，必须正确画出各种交线的投影。

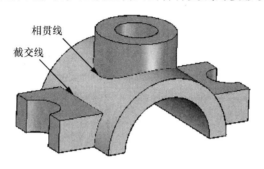

图 3 – 14 立体的表面交线

一、平面与平面立体相交

由若干个平面围成的立体是平面立体。当截平面切割平面立体时形成的截交线是封闭的平面多边形。截交线上的点都是截平面和平面立体表面的共有点。求截交线的实质就是求出多边形的顶点，依次连接，并判别可见性。

图 3 – 15 所示为三棱柱被平面 P 截切，截交线是一个三角形，三边分别是截平面与三个棱面的交线，三个顶点是截平面与棱线的交点。所以，作平面立体的截交线可归结为求直线与平面的交点或求两平面相交的交线问题。

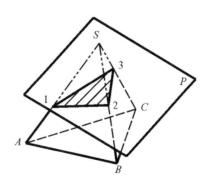

图 3 – 15 平面立体的截交线

例 8 如图 3 – 16（a）所示，三棱锥被一正垂面截切，完成其水平投影和侧面投影。

　　解： 截平面与三个棱面相交，所得截交线是三角形。截平面是正垂面，所以截交线的正面投影有积聚性，可直接确定三角形的三个顶点的正面投影。三个顶点在对应的棱线上，根据点的投影规律，可以求出这三个顶点的另外两个投影。连接三顶点的同名投影，可得截交线的水平投影和侧面投影。作出立体的截交线后，还要判别可见性，补全立体的轮廓。不可见的交线和棱线等应画成虚线，切掉的线不应再画。有时为表示整体轮廓，可以用双点划线表示被切去的部分。结果如图 3 - 16（b）所示。

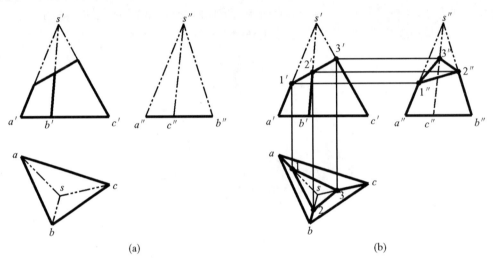

(a)　　　　　　　　　　　　　　　　(b)

图 3 - 16　求三棱锥的截交线

二、平面与曲面立体相交

　　曲面立体是由曲面或曲面和平面围成的。因此，曲面立体的截交线一般是封闭的平面曲线，或者是由曲线和线段围成的平面图形。在特殊情况下，也可能是平面多边形。截交线的形状取决于曲面立体的性质及其与截平面的相对位置。

　　与平面立体的截交线类似，曲面立体的截交线是截平面与立体表面共有点的集合。当截交线为曲线时，应求得一系列共有点，然后连接成光滑曲线。为使作出的截交线准确，应该首先求出属于截交线的特殊位置点。特殊位置点包括：确定截交线形状特征的点，如椭圆长短轴端点等；确定截交线范围的点，如最高点和最低点、最前点和最后点、最左点和最右点等；还有各投影轮廓线上的点，这些点将是投影可见性的分界点。特殊点取完后，根据需要适当作一些一般位置点。然后连线并判别可见性。最后整理轮廓线。

1. 平面与圆柱相交

　　表 3 - 1 列出了圆柱被平面截切的三种情况。

表 3 - 1　圆柱的截交线

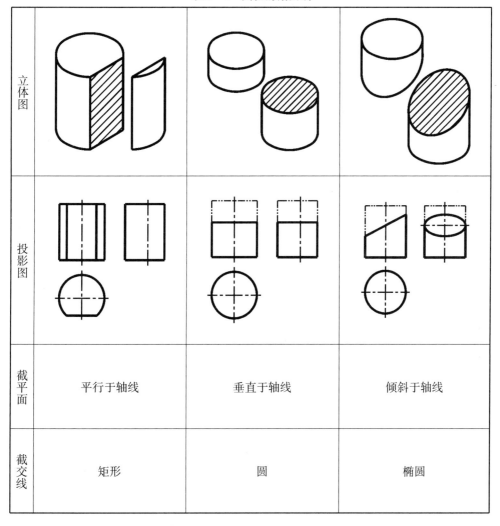

立体图		
投影图		
截平面	平行于轴线	垂直于轴线	倾斜于轴线
截交线	矩形	圆	椭圆

例 9　如图 3 - 17（a）所示，求正垂面与圆柱相交的截交线。

解：圆柱被正垂面斜切，所得截交线是椭圆，其水平投影就是圆柱面的水平投影圆。因此，只需求侧面投影即可。如图 3 - 17（b）所示，首先在截交线的正面投影上取几个特殊位置点。从正面投影可知最高点 3 和最低点 1，这两点同时也是最右点和最左点。求出它们的另两个投影。从水平投影上可以看出点 2 和点 4 是最前点和最后点，同样作出其各投影。这四个点还是椭圆的长短轴端点，而且分别属于正面投影及侧面投影轮廓线。然后取 A、B、C、D 四个一般位置点。这些点作出以后，顺次连接成光滑曲线，组成一个椭圆，即为截交线的侧面投影。连线的同时要判别可见性，截交线的侧面投影可见。最后整理轮廓线。

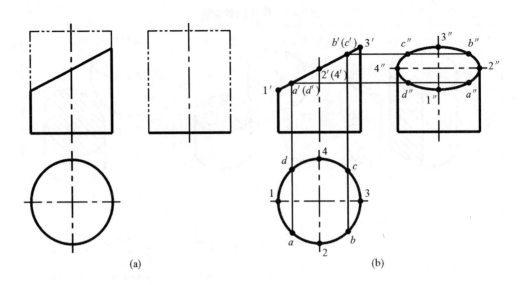

图 3 – 17   求圆柱的截交线之一

当截平面与圆柱轴线倾角改变时，其侧面投影可能出现圆或长轴呈垂直的椭圆。

例 10   如图 3 – 18（a）所示，补全圆柱被切割后的投影。

解：这是一个轴线垂直于侧面投影面的圆柱，从正面投影中可以看出，圆柱被一个水平面和一个正垂面切割，得到的截交线是矩形和椭圆的一段弧线。需要补全水平投影和侧面投影。侧面投影比较简单，水平面截切得到的截交线侧面投影积聚为直线，正垂面截切得到的椭圆侧面投影就积聚在圆周上，如图 3 – 18（b）所示。再求水平投影。首先，取几个特殊位置点。1、2、3、4 点是矩形的顶点，其中 3 点和 4 点还是椭圆弧的起止点，5 点是椭圆的最高点。然后，根据需要取两个一般位置点。1、2、3、4 之间连直线，3、4、5 之间顺次连接成光滑曲线。这些线都是可见的。最后整理轮廓线。因为两个切割面都没有切到水平投影的轮廓线，所以水平投影的轮廓线是完整的。

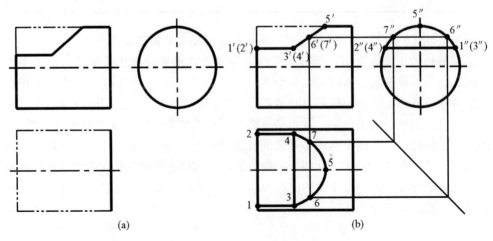

图 3 – 18   求圆柱的截交线之二

例 11　如图 3 – 19（a）所示，圆柱被几个平面切割，补全正面投影和侧面投影。

解：圆柱上端被两个侧平面和一个水平面切割出一个通槽，有三个截平面，截交线是线段和圆弧。通过正面投影和水平投影可作出截交线的侧面投影。由于两个侧平面左右对称，所得的两个截平面是矩形，且侧面投影重合；因此水平截面截得的截平面仍然是水平面，是一个不完整的圆，其侧面投影 3″点至 4″点之间不可见。

圆柱下端被一个水平面和一个正平面切割出一个缺口，正面投影上，矩形 *a′b′c′d′* 是正平截面切割得到的截交线的实形。水平投影上，曲线 *ebc* 是水平截面切割得到的截交线的实形，它是一个圆的一部分。

截交线求得后，连线并判别可见性。最后整理轮廓线。圆柱侧面投影的轮廓线，也就是最前和最后两条素线，分别被切去一部分，切掉的部分不应再画。具体作图过程如图 3 – 19（b）所示。

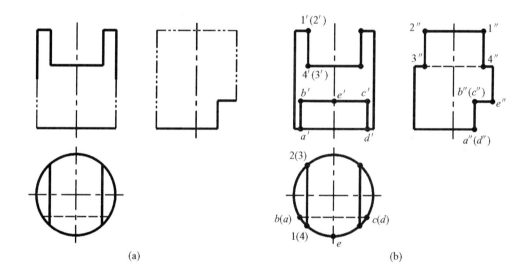

图 3 – 19　求圆柱的截交线之三

如果空心的圆柱筒有切口，或左右两侧有切台，内圆柱表面交线的分析方法类似于外圆柱表面交线的分析方法。投影图和立体图如图 3 – 20 所示。

2. 平面与圆锥相交

表 3 – 2 列出了圆锥被平面截切的五种情况。

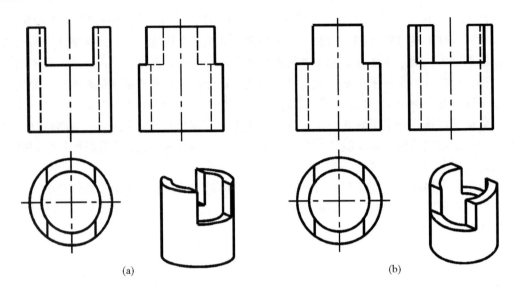

(a)   (b)

图 3 – 20　求圆柱的截交线之四

表 3 – 2　圆锥的截交线

立体图				
投影图				
截平面	垂直于轴线	过锥顶	倾斜于轴线 且 $\theta > \alpha$	倾斜于轴线 且 $\theta = \alpha$	倾斜于轴线 且 $\theta < \alpha$
截交线	圆	三角形	椭圆	抛物线	双曲线

例 12　已知圆锥如图 3 – 21（a）所示，求圆锥的截交线。

解：由于截平面为平行于圆锥轴线的正平面，所以截交线为双曲线，其水平投影积聚成直线，只需求正面投影即可。首先取特殊点。如图 3 – 21（b）所示，1 点和 5 点是截交线的最低点，同时也是最左点和最右点，属于圆锥底面圆，由水平投影可直接得到正面投影。3 点是最高点，也是双曲线的顶点，可以用纬圆法求其正面投影。为使作图准确，再取两个一般位置点 2、4。用素线法求 2 点的正面投影，4 点与 2 点左右对称。最后光滑连接这些点，即得截交线的正面投影，如图 3 – 21（c）所示。正面投影面上截交线可见，正面投影原来的轮廓线不发生变化。

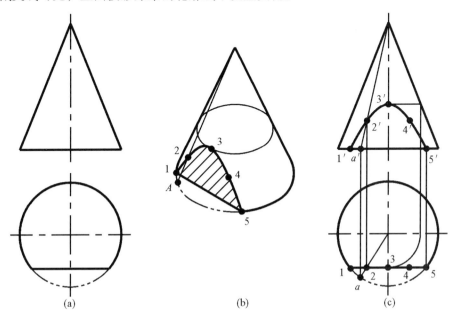

(a)　　　　　(b)　　　　　(c)

图 3 – 21 求圆锥的截交线

3. 平面与圆球相交

用平面切割圆球得到的截交线均为圆，但其投影随截平面对投影面的相对位置不同，可能是圆、椭圆或积聚成直线。

例 13 已知圆球如图 3 – 22（a）所示，求圆球的截交线。

解： 两个截平面分别是水平面和侧平面，截交线是两个互相垂直的圆弧。

先求水平投影。水平圆弧投影为实形，侧平圆弧投影积聚为直线，两者都可见。水平投影原来的轮廓线还是完整的。

再求侧面投影。水平圆弧的侧面投影有积聚性，侧平圆弧的投影是实形。侧面投影原来的轮廓线被切掉了一部分。作图结果如图 3 – 22（b）所示。

从本题中可以看出，球无论怎么切得到的截交线都是圆，要善于找到截交线圆投影的特殊性，确定圆心、半径。连线时需要判别可见性，最后还必须整理轮廓线。

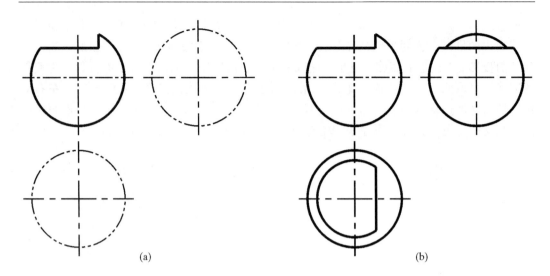

图 3 - 22　求圆球的截交线之一

例 14　已知圆球如图 3 - 23（a）所示，求圆球的截交线。

解：由于截平面垂直于正面，截交线的正面投影有积聚性，水平投影和侧面投影是椭圆。先作水平投影。1 点和 2 点是最左点和最右点，同时也是最低点和最高点，还是水平投影椭圆短轴的端点。因为 1 点和 2 点在正面投影轮廓线上，另两个投影都在中心线上，可直接求得另两个投影。在正面投影上，线段 1′2′的中点 3 点和 4 点，是另两个投影面上椭圆的长轴端点。此外，5 点和 6 点是侧面投影轮廓线上的点，原来的轮廓线在此两点断开，与截交线连为一体；7 点和 8 点是水平投影投影轮廓线上的点，原来的轮廓线在此两点断开，与截交线连为一体。特殊点求完后，根据需要可以再取几个一般位置点。最后，连线并判别可见性，并且后整理轮廓线。作图结果如图 3 - 23（b）所示。

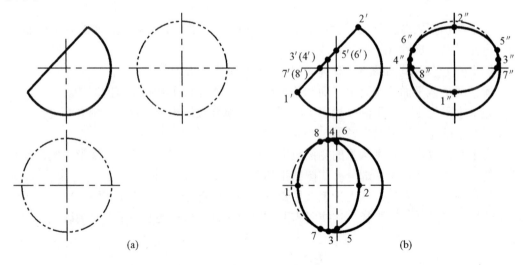

图 3 - 23　求圆球的截交线之二

三、两回转体相交

两立体相交，按其表面性质可分为：两曲面立体相交、平面立体与曲面立体相交以及两平面立体相交三种情况，如图 3 - 24 所示。后两种情况实质就是平面与曲面立体相交求截交线、平面与平面相交求交线的问题，前面都讨论过，在此不再讨论。曲面立体中我们只研究回转体，所以下面仅讨论两回转体相交的情况。

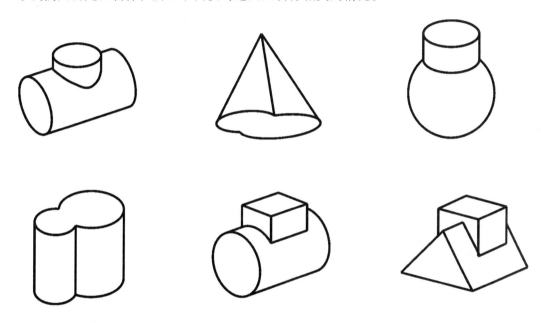

图 3 - 24 两个立体相交

两回转体相交形成的相贯线，一般情况下是封闭的空间曲线，特殊情况下也可能是平面曲线或直线段。相贯线上的点是两回转体表面的共有点。作相贯线，就是要求出两个回转体表面的一系列共有点，然后依次光滑连接并判别可见性。

相贯线的形状与相贯两立体的性质、相对位置和尺寸大小有关。作相贯线时：首先，应分析两立体的形状、相对位置及大小、对投影面所处的位置、相贯线各投影的大致情况；其次，确定作图方法，先求出一些特殊点，包括确定相贯线形状和范围的点，位于投影轮廓线和中心线上的点等，再根据需要求出一些一般位置点；最后，将所求得的点连成适当的线，判别可见性，并且整理轮廓线。相贯线只有位于两立体表面都可见的部分才可见。可见部分画粗实线，不可见部分画虚线。

常用的求回转体相贯线的方法有以下几种。

1. 投影积聚性法

两相交立体，如果其中有圆柱且轴线垂直于某一投影面，那么，相贯线在该投影面上的投影就积聚在圆柱的投影圆上，据此可以作出相贯线的其他投影。

例15 如图 3 – 25（a）所示，求圆柱的相贯线。

解：由图中可以看出，两个圆柱轴线垂直相交，水平圆柱的轴线垂直于侧面，直立圆柱的轴线垂直于水平面。组合的立体前后对称、左右对称。相贯线在空间中也具有两个对称面，前后对称和左右对称。因为圆柱面具有积聚性，所以相贯线的水平投影就是直立圆柱的水平投影圆，相贯线的侧面投影是水平圆柱的侧面投影圆的一段圆弧，只需求正面投影即可。

取特殊点时，3 点和 5 点是两圆柱正面投影轮廓线的交点，是相贯线最高点，且分别是最右点和最左点，还是相贯线正面投影可见性的分界点，可直接确定其三个投影。从侧面投影中可以看出，1 点和 4 点是两圆柱侧面投影轮廓线的交点，是相贯线的最低点，且分别是最前点和最后点，从侧面投影可得到其正面投影。求得这四个特殊点后，再求一般位置点。因为相贯线前后对称，所以可以只取 2 点和 6 点即可。求得 2′ 和 6′ 后，用粗实线光滑连接 3′2′1′6′5′，就是相贯线的正面投影。关于可见性的判别，以直立圆柱最左和最右两条素线，以及水平圆柱最高和最低两条素线为分界，前半圆柱表面可见，后半部分不可见，而且整个立体和相贯线都前后对称，因而相贯线后半部分投影与可见部分重合，只画可见部分，虚线不画。作图结果如图 3 – 25（b）所示。

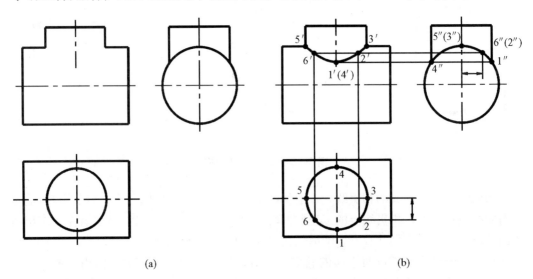

(a)　　　　　　　　　　　　　　(b)

图 3 – 25　求圆柱的相贯线

值得注意的是，如果立体有空腔，形成相贯线时，不仅外表面有相贯线，内表面也可能形成相贯线。内表面相贯线的作图方法与外表面完全相同。表 3 – 3 列出了部分柱柱相交、柱孔相交的变化情况。

表 3 – 3　柱柱相交和柱孔相交的变化情况

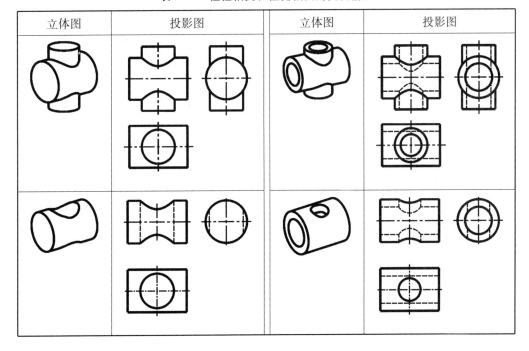

2. 辅助平面法

求两相交立体表面的共有点，可以根据"三面共点"的原理，在相交部位作一系列辅助平面，辅助平面切割两个立体分别形成两组截交线，这两组截交线的交点，就是两立体表面的共有点。这种利用辅助平面求点的作图方法称为辅助平面法。选取辅助平面时，应该使形成的截交线尽可能简单，截交线的投影最好是简单的直线或圆，方便作图。

例 16　如图 3 – 26（a）所示，圆柱与圆锥相交，求立体的三面投影。

解：由图中可以看出，圆锥轴线垂直于水平面，圆柱轴线垂直于侧面，两轴线垂直相交，整个立体前后对称，相贯线也前后对称。相贯线的侧面投影就是圆柱的侧面投影圆，只需作水平投影和正面投影即可。

先在侧面投影上取特殊位置点。1 点和 5 点是两立体正面投影轮廓线的交点，分别是相贯线上的最高点和最低点，也是正面投影可见性的分界点。其投影可直接作出。3 点和 7 点分别在圆柱最前和最后两条素线上，是相贯线最前点和最后点，也是水平投影可见性的分界点，还是圆柱水平投影的轮廓线的贯穿点。用辅助平面求 3 点和 7 点：过圆柱轴线作一水平辅助面 P，截面 P 与圆柱的截交线是圆柱最前和最后两条素线，与圆锥的截交线是一个纬圆，它们的交点就是 3 点和 7 点。

再求一般位置点。作一个过锥顶且与圆柱相交的侧垂面 Q 作为辅助平面，它与圆柱、圆锥的截交线皆为直线，可得交点 2 和 4。利用相贯线的对称性，可得 6 点和 8 点。

连线并判别可见性。正面投影用粗实线依次光滑连接 1'2'3'4'5'；水平投影 32187

段是可见的，连成粗实线，76543 段是不可见的，连虚线。

最后整理轮廓线。正面投影中，圆锥左轮廓线 1 点到 5 点之间没有线；水平投影中，圆锥底面圆被遮住的一段画虚线，圆柱两条轮廓线画到 3 点和 7 点中断。作图结果如图 3 – 26（c）所示。

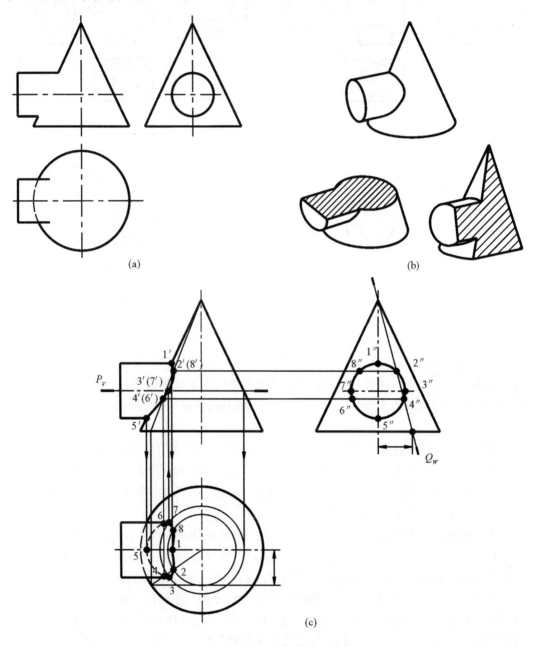

图 3 – 26　求圆柱与圆锥相交的相贯线

此题也可用投影积聚性法完成作图。在已知的侧面投影上依次取特殊点、一般点，再利用圆锥表面取点的方法——素线法和纬圆法，也可求出相贯线的投影。

3. 相贯线的特殊情况

两回转体相交时，相贯线一般是封闭的空间曲线，在某些情况下，相贯线也有可能是平面曲线或直线。常见的相贯线的特殊情况有以下几种。

（1）两个二次曲面（如圆柱面、圆锥面等）外切于一个球面时，其相贯线为平面曲线。

图 3 - 27（a）所示直径相等的两圆柱轴线垂直相交，相贯线是两个相同的椭圆，正面投影是两段直线段。图 3 - 27（b）所示圆锥和圆柱轴线垂直相交，外切于同一球面，相贯线也是两个相同的椭圆。

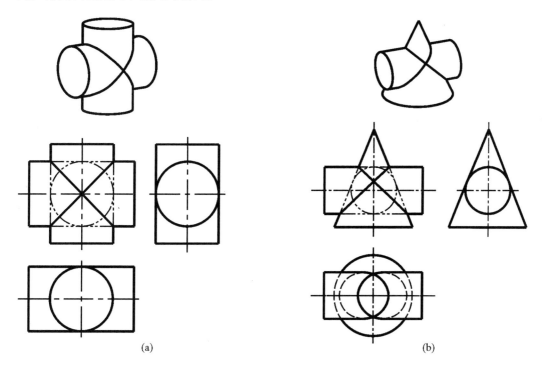

(a)　　　　　　　　　　　　　　　　　　(b)

图 3 - 27　相贯线的特殊情况之一

（2）具有公共轴线的回转体相交，或回转体轴线通过球心，相贯线是圆，如图 3 - 28 所示。

4. 相贯线随立体尺寸变化的情况

相贯线的形状不仅与立体的性质和相对位置有关，还与两立体的尺寸有关系。图 3 - 29 所示是两轴线垂直相交的圆柱相贯时，圆柱直径变化引起相贯线变化的趋势。

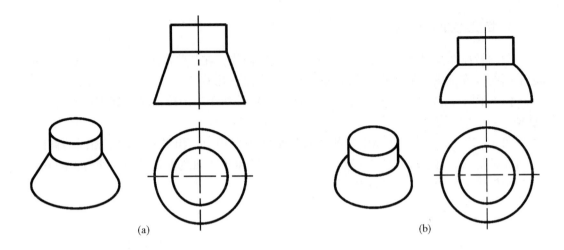

图 3 – 28　相贯线的特殊情况之二

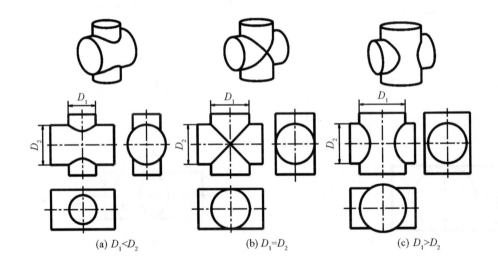

图 3 – 29　相贯线的变化趋势

5. 多个回转体相交

多个回转体相交，其相贯线较为复杂，求解时要分别求出各条相贯线，并求出各条相贯线的分界点。作图方法与前面介绍的一致。图 3 – 30 所示立体是三个圆柱体相交的情况。

圆柱 A 与 C 同轴，直径不等；圆柱 B 的轴线与 A 的轴线垂直相交；圆柱 A、B 的直径相等。整个立体前后对称，且对称面平行于正面。三个圆柱两两相交，1 点和 2 点是前面两个结合点，后面还有两个结合点。先作 A 和 B 的相贯线，这是直径相等的特殊情况，正面投影是相交的两直线，其水平投影和侧面投影有积聚性，不需再作图。再作

B 和 *C* 的相贯线。这组相贯线既有柱面和柱面相交产生的空间曲线，又有平面与柱面相交产生的截交线（为直线段）。最后完成的投影图如图 3 – 30（b）所示。

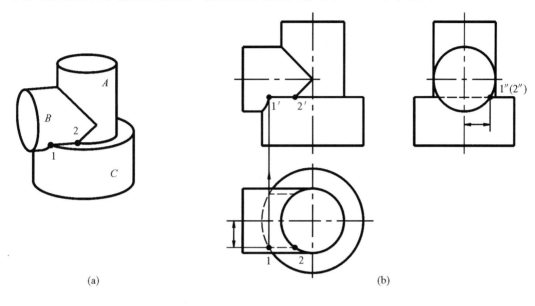

（a）　　　　　　　　　　　　　　　（b）

图 3 – 30　多个回转体相交

第 4 章　组合体

本章是在学习了空间几何元素和基本几何体投影特性的基础上，研究组合体的组成和分析方法，讨论组合体视图的画法、尺寸标注和阅读组合体视图的方法。从几何的角度来分析，任何机件都可抽象为组合体，学好本章，可为绘制和阅读工程图样打下坚实的基础。

4.1　组合体的形体分析

工程上常见的各种机件，就其几何形状进行分析，一般都可看成是由若干基本几何体以叠加和切割等方式、按某种相对位置关系组合而成的。

一、组合体的组合方式

组合体有三种组合方式，即叠加式、切割式、综合式。如图 4 - 1 所示，叠加式即将若干基本形体如同搭积木一样组合在一起；切割式即从一个基本形体中切去若干基本形体以得到一个新的形体；综合式是叠加和切割的综合运用，是最常见的一种组合方式。

叠加式　　　　　　　　　切割式　　　　　　　　　综合式

图 4 - 1　组合体的组合方式

二、基本形体间的表面连接关系

组成组合体的基本形体间的表面连接关系大致可分为以下四种情况：

（1）相邻两形体表面平齐（即共面），结合处无分界线，如图 4 - 2（a）所示；

（2）相邻两形体表面不平齐，视图中两形体的分界处应有分界线，如图 4－2（b）所示；

（3）两形体表面相切，由于相切是光滑过渡，在视图中相切处一般不应画线，如图 4－2（c）所示；

（4）两形体表面相交，在相交处应有表面交线，如图 4－2（d）所示。

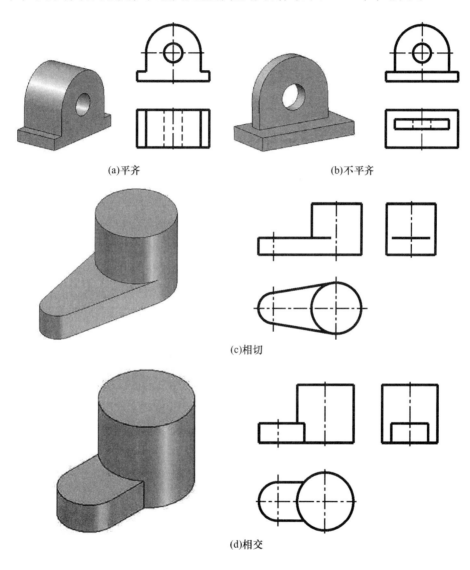

(a)平齐

(b)不平齐

(c)相切

(d)相交

图 4－2 基本形体间的表面连接关系

相贯是相交的特殊形式，相贯线的画法如前所述。当轴线正交的两圆柱相贯时，相贯线是空间曲线，在一般精度要求的情况下，其正面投影可用圆弧代替，其圆心在小圆柱轴线上，圆弧半径取大圆柱的半径，即 $R = \dfrac{\phi}{2}$，如图 4－3 所示。

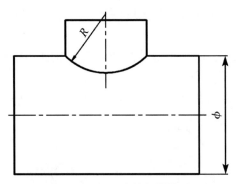

图 4 - 3　相贯线简化画法

4.2　画组合体视图

　　画组合体视图，首先要对组合体进行结构分析，分析方法有形体分析法和线面分析法。

　　假想把组合体分解为若干个基本形体，并对这些基本形体间的组合方式和表面连接关系进行逐一分析。这种化繁为简的分析方法称为形体分析法。形体分析法是绘制、阅读组合体视图及标注组合体尺寸时所用到的最基本的方法。

　　结构分析完成之后，在分析的基础上选择主视图的投射方向。画图时，应遵循先画视图基准线后画形体、先画主要形体后画次要形体、先画实线后画虚线、先完成底稿并确认无误再加粗等原则。

　　下面以图 4 - 4 （a）所示轴承座为例，说明画组合体视图的具体方法和步骤。

一、形体分析

　　画组合体视图之前，应对组合体进行形体分析，掌握组成组合体的各基本形体的形状、相互组合形式、相对位置等重要信息。

　　如图 4 - 4 （a）所示轴承座，运用形体分析法可将其分为圆筒、底板、支承板、肋板等几个部分，即由这几部分叠加组合而成，如图 4 - 4 （b）所示。圆筒与支承板相切、与肋板相交，底板与支承板一个方向平齐、与肋板不平齐。

二、选择主视图

　　主视图是三视图中最重要的视图，应能反映组合体的主要形状特征，要画好组合体视图，必须重视主视图的选择。

　　选择主视图时，主要考虑两方面的问题：一是形体的安放位置，二是形体的投射方向。为便于作图并使视图具有较好的度量性，应将主要平面放置成投影面平行面，主要轴线放置成投影面垂直线；主视图的投影方向应尽可能多地反映出形体的形状特征，并使其他视图尽可能少地出现虚线。一般要通过对多个方案进行比较才能选好主视图。

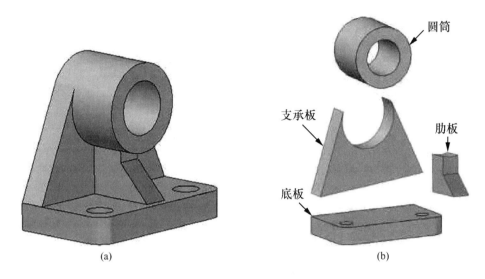

图 4-4　轴承座

如图 4-5 所示，如果以（d）为主视图投影方向，虚线多。如果以（c）为主视图投影方向，左视图将出现很多虚线。（a）与（b）相比较，（b）所反映的结构特征更丰富，因此选（b）为主视图投影方向更好。主视图确定之后，其他视图也就随之确定了。

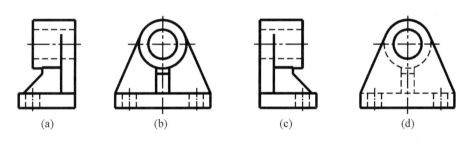

图 4-5　主视图选择

三、画图步骤

画图时主要分为以下四个步骤：

（1）定比例和图幅。首先根据组合体的大小选择绘图比例，然后根据组合体的长、宽、高分别计算出三个视图所占的面积，并在视图之间留出标注尺寸的位置和适当的间距，选定适当的标准图幅。

（2）布图、画基准线。将各视图布置在图纸上恰当的区域，并画出各视图的基准线，每个视图需要两个方向的基准线。一般可选用对称平面、主要中心线或较大平面为基准，如图 4-6（a）所示。

（3）绘制底稿。根据各形体的投影特点用细线画出三视图。画图时，先画形体的主要轮廓，再画次要部分；先画实线，再画虚线。在此例中，先画轴承座底板，如图

4-6（b）所示；接着画圆筒，如图4-6（c）所示；然后画支承板，如图4-6（d）所示；最后画肋板，如图4-6（e）所示。

（4）检查、描深图线。完成底稿并经仔细检查后，擦除辅助作图线，按规定描深线条。一般先描深圆弧和曲线，后描深直线，如图4-6（f）所示。

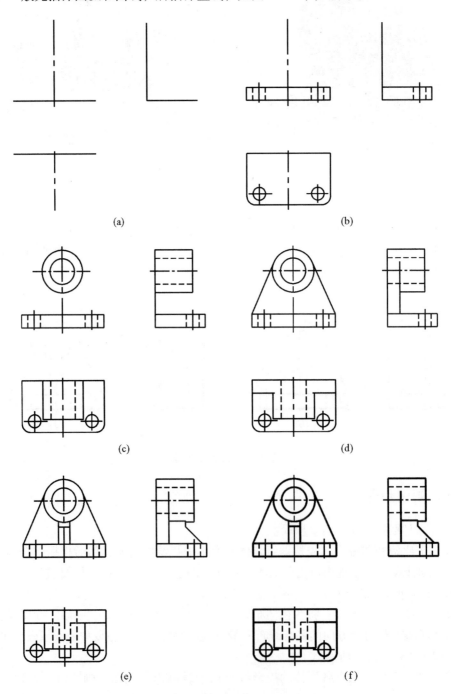

图4-6　轴承座视图画法

画图时应注意以下几点。

（1）为了严格保持各视图间"长对正，高平齐、宽相等"的投影关系，并提高画图速度，应将各基本形体的三个视图联系起来画，而不应先完成一个视图后再画其他视图。

（2）在画基本形体的三视图时，一般先画反映实形的视图；切口、槽等被切割的部位，则应从有积聚性的视图画起。

（3）注意形体中相接、相交、相切、截切等部位的正确画法。

叠加式组合体中各基本形体易于识别、相互关系明确，宜于采用形体分析法作图。切割式组合体形体不完整，挖切时形成的面和交线较多。画图时，主要用到线面分析法。

根据线面投影特性，逐一分析各面的形状、面与面的相对位置关系及各交线的性质，从而绘制出或读懂组合体视图的方法即线面分析法。

作图时，一般先将组合体被切割前的原形画出，然后画切割后形成的各表面；先画有积聚性的表面的投影，再画一般位置表面的投影。

下面以图 4 - 7 所示底座为例，说明如何应用线面分析法画组合体视图。

（1）形体分析，图 4 - 7 所示底座可看成是一个四棱柱的左上部、左下部、右上部各被切去一个小四棱柱所得到的组合体。

（2）选择主视图投射方向，如图 4 - 7 所示。

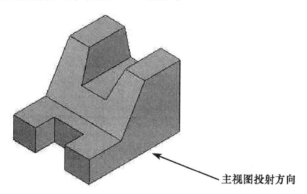

主视图投射方向

图 4 - 7　底座立体图

（3）选比例，定图幅。

（4）图面布局，画基准线，如图 4 - 8 （a）所示。

（5）画底稿，先画被切割前的四棱柱的三视图，如图 4 - 8 （b）所示；然后根据各种位置平面的投影特性逐一画出切除小四棱柱后所出现的各平面的投影，如图 4 - 8 （c）、4 - 8 （d）、4 - 8 （e）所示。

（6）检查确认无误后，描深可见轮廓线，如图 4 - 8 （f）所示。

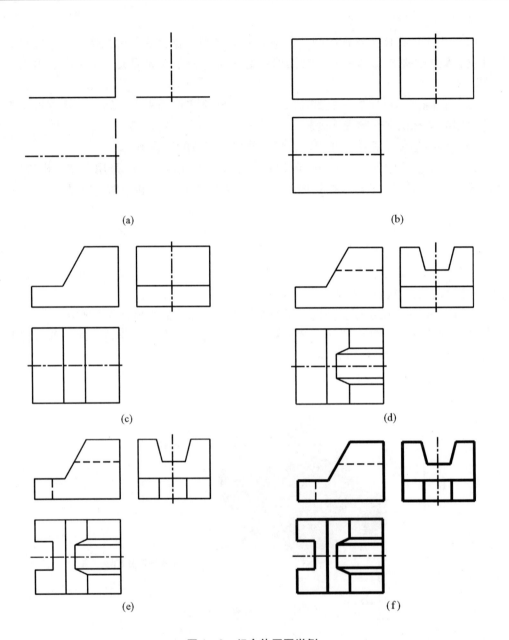

图 4 - 8　组合体画图举例

4.3　读组合体视图

　　读图即运用投影规律根据组合体的视图想象出其空间结构形状的过程。它是画图的逆过程。读图是提高空间想象能力的重要途径，也是工程技术人员的一项必备技能。

一、视图中图线和线框的含义

熟悉视图中图线和线框的几种含义是读图的基础。

1. 视图中图线的含义

（1）投影面垂直面或投影面平行面的积聚性投影，如图 4 – 9 俯视图中的圆弧和直线；

（2）两表面交线的投影，如图 4 – 9 主视图中内侧两条与轴线平行的直线；

（3）回转面的转向轮廓线的投影，图 4 – 9 主视图中外侧两条与轴线平行的直线。

2. 视图中线框的含义

（1）单一平面或曲面的投影，如图 4 – 10 主视图中上部矩形；

（2）曲面与其切平面（或曲面）的共同的投影，如图 4 – 10 主视图中下部矩形；

（3）相贯线、截交线的投影；

（4）孔的投影，如图 4 – 10 俯视图中三个小圆。

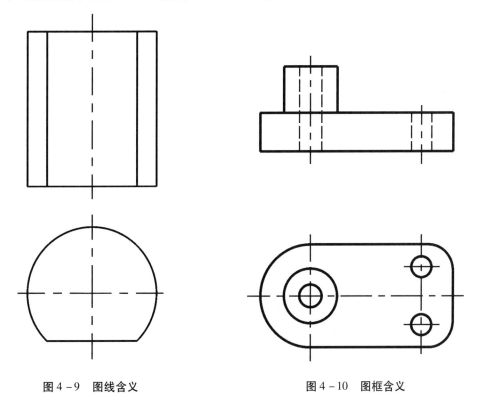

图 4 – 9　图线含义　　　　　　　　图 4 – 10　图框含义

二、读图要领

1. 几个视图联系起来读

画图时一般要用两个或两个以上的视图才能将一个组合体表达清楚，因此读图时应将几个视图联系起来看，才能准确识别组合体的结构形状。图 4 - 11 所示三个组合体的俯视图相同，结合主视图才能确定组合体的结构；如图 4 - 12 所示，根据主视图和俯视图可以构思出多种组合体，结合三个视图才能确定组合体的结构。

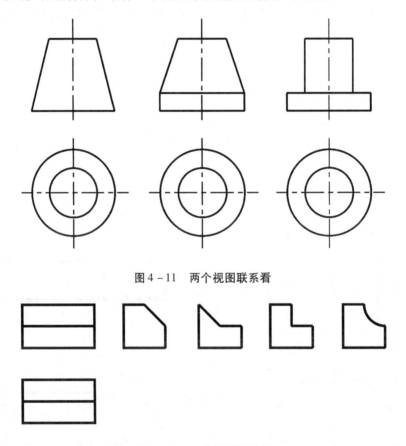

图 4 - 11　两个视图联系看

图 4 - 12　三个视图联系看

2. 找出特征视图

特征视图即包含组合体结构形状特征信息最丰富的视图，或者说最能反映组合体结构形状特征的视图。找出特征视图，有利于更快地想象出组合体的整体结构形状，如图 4 - 13 （a)中的主视图所示。

3. 正确分析视图中图线、线框的含义

按照上述视图中图线和线框的含义，正确进行读图分析。

三、读图方法

读图的基本方法也是形体分析法和线面分析法，两者结合，相辅相成。

1. 形体分析法读图

读图的形体分析法是对视图进行分析：首先，将一个视图按照轮廓线构成的封闭线框分成若干个图形，即基本形体表面的投影；然后，按照投影规律找出它们在其他视图上对应的投影，想象出各基本形体的形状。同时，根据视图分析出各基本形体间的结合关系，综合想象出组合体的整体结构。

通过实例说明形体分析法读图步骤，某支座视图如图 4 – 13（a）所示。

下面对支座三视图进行分析。

（1）从主视图入手，将其分为 A、B、C、D 四个部分，其中 B、C 为两个对称形体，如图4 – 13（a）所示。

（2）形体 D：将三个视图联系起来分析，可以想象出形体 D 是一个带弯边的开了两个小圆孔的长方体，如图 4 – 13（b）所示。

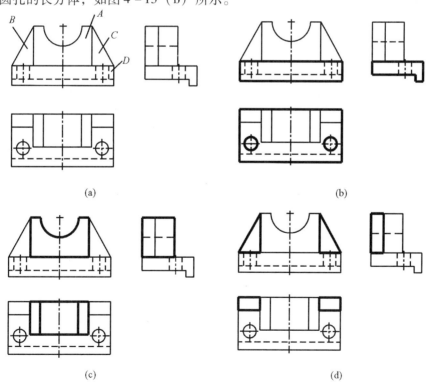

(a)　　　　　　　　　　　　　(b)

(c)　　　　　　　　　　　　　(d)

图 4 – 13　形体分析法读图

（3）形体 A：由反映特征轮廓的主视图，结合俯视图、左视图分析，可想象出形体 A 一个上部挖了个半圆槽的长方体，如图 4 – 13（c）所示。

（4）形体 B、C：如图 4 – 13（d）所示，结合三个视图分析可知形体 B、C 是两个对称的三棱柱。

（5）分析三视图还可得知，A、B、C 三个形体在底板 D 之上，左右对称布置，所有形体后面平齐。

综合以上分析，不难想象出支座如图 4 – 14 所示。

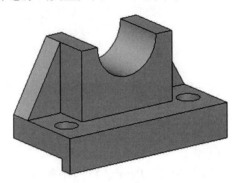

图 4 – 14   支座立体图

2. 线面分析法读图

线面分析法即根据视图上的图线和线框，分析组合体各面的形状、面与面之间的相对位置，从而想象出组合体形状的一种读图方法。

下面以压块视图的阅读为例说明该方法的运用。

（1）首先根据图 4 – 15（a）所示压块的三视图判断该组合体属于切割型组合体，其被切割前的形状为长方体。

（2）进行线面分析，分析图 4 – 15（b）中粗实线所示的线框 A，A 在主视图中积聚为一条直线，可知这是一个正垂面，即长方体的左上角被正垂面切去。

（3）分析图 4 – 15（c）中粗实线所示线框 B，B 在俯视图中积聚为一条直线，表明它是一个铅垂面。左后角有一与其对称的铅垂面，即长方体的左前角、左后角被铅垂面切去。

（4）分析图 4 – 15（d）中所示线框 C、D，根据投影知识可知 C、D 分别为水平面和正平面，组合体前后对称，表明长方体的前后两侧下方各被切去一个长方条。

（5）组合体中部为常见的台阶孔结构。

基于以上分析，不难想象出压块的结构如图 4 – 16 所示。

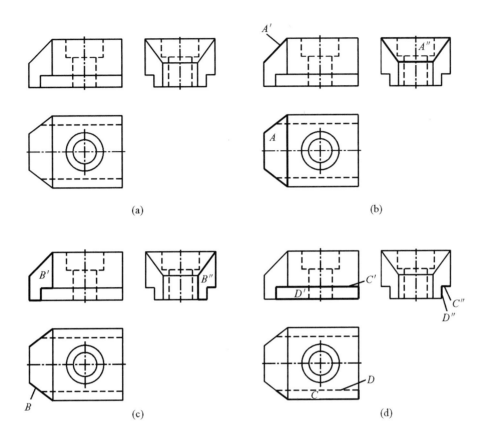

(a) (b)

(c) (d)

图 4 - 15　线面分析法读图

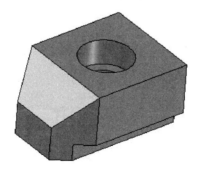

图 4 - 16　压块立体图

4.4 组合体的尺寸标注

视图只能表达组合体的形状，而各形体的真实大小及其相对位置，则要通过标注尺寸来确定。加工制造机件时，必须以图样上所标注的尺寸为依据。标注尺寸应做到以下几点：

（1）正确，所注尺寸要符合《机械制图》国家标准中有关尺寸标注的规定；

（2）完整，尺寸必须标注齐全，不遗漏、不重复；

（3）清晰，尺寸的注写要清晰，便于读图；

（4）合理，标注尺寸时要考虑机件加工、校验、装配方便与否等因素，做到合理标注。

尺寸标注的有关规定，已在第一章介绍，合理性问题将在第八章论及，本章主要讨论如何完整、清晰地标注尺寸。

一、基本形体的尺寸标注

要使所注组合体尺寸符合以上要求，必须首先熟悉和掌握常见基本形体的尺寸注法。图 4-17 为常见基本形体的尺寸注法。标注时尺寸布局可以有所改变，但尺寸数量不能增减。

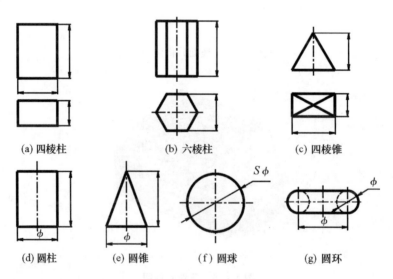

| (a) 四棱柱 | (b) 六棱柱 | (c) 四棱锥 |
| (d) 圆柱 | (e) 圆锥 | (f) 圆球 | (g) 圆环 |

图 4-17　常见基本形体尺寸标注

二、组合体的尺寸标注

1. 常见形体的尺寸标注

（1）常见简单形体尺寸标注如图 4 – 18 所示。

带截交线的立体应该标注它的大小和形状尺寸以及截平面的相对位置尺寸如图 4 – 18（d）、4 – 18（e）、4 – 18（f）所示。绝不能标注截交线尺寸。

带相贯线的立体应该标注它的大小和形状尺寸以及相贯体之间的相对位置尺寸如图 4 – 18（g）、4 – 18（h）所示。绝不能标注相贯线尺寸。

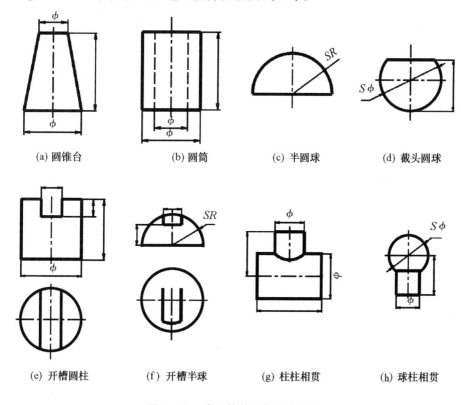

| (a) 圆锥台 | (b) 圆筒 | (c) 半圆球 | (d) 截头圆球 |

| (e) 开槽圆柱 | (f) 开槽半球 | (g) 柱柱相贯 | (h) 球柱相贯 |

图 4 – 18　常见简单形体尺寸标注

（2）常见底板、凸缘多为柱体，尺寸标注如图 4 – 19 所示。

2. 尺寸基准及其选择

在组合体中，确定尺寸位置的点、直线或平面等几何元素称为尺寸基准。一个组合体的长、宽、高三个方向上都至少有一个尺寸基准，其中一个为主要基准，其余为辅助基准。通常选择组合体的底面、重要端面、对称平面，以及回转体的轴线作为尺寸基准。图 4 – 20（b）所示三个基准 A、B、C 分别为该组合体长、宽、高方向的尺寸基准。

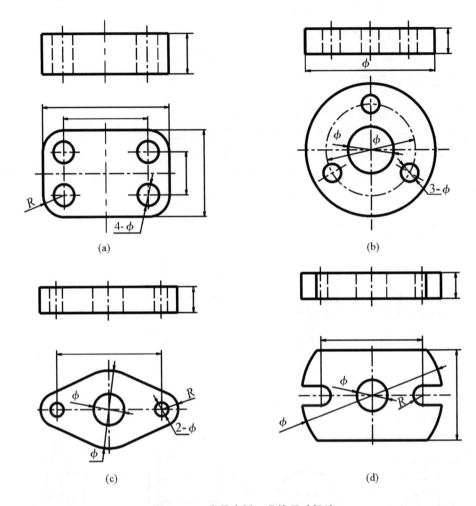

图 4 - 19   常见底板、凸缘尺寸标注

3. 尺寸分类

要使尺寸注得完整，有必要将组合体的尺寸予以分类，一般应将尺寸分为定形尺寸、定位尺寸和总体尺寸三大类。

（1）定形尺寸：用于确定组合体中各基本形体的形状大小的尺寸，如图 4 - 20（a）所示。

（2）定位尺寸：用于确定组合体中各基本形体之间的相互位置的尺寸，如图 4 - 20（b）所示。

（3）总体尺寸：用于确定组合体的总长、总宽、总高的尺寸。组合体一般应该注出长、宽、高三个方向的总体尺寸，但对于具有圆或圆弧结构的组合体，为了标明圆心相对于某方向基准的位置，可省略该方向的总体尺寸，如图 4 - 20（c）所示。

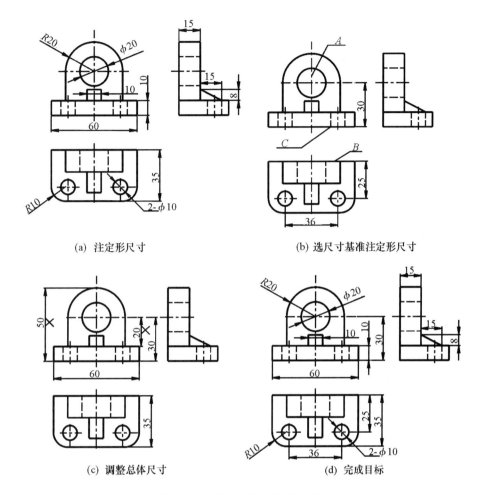

(a) 注定形尺寸   (b) 选尺寸基准注定形尺寸

(c) 调整总体尺寸   (d) 完成目标

图 4 – 20   组合体尺寸分析与标注

4. 尺寸配置的基本要求

（1）尺寸尽可能标在表达所标部位特征最明显的视图上，如图 4 – 19 所示。

（2）同一形体的尺寸尽量集中标注，如图 4 – 18（e）所示。

（3）直径尺寸最好标在非圆视图上，小于等于半圆标半径，大于半圆标直径，如图 4 – 18（c）、4 – 18（d）所示。

（4）半径尺寸必须标注在投影为圆弧的视图上，如图 4 – 20（d）中的 R10、R20。

（5）多条尺寸线平行排列时，小尺寸在内，大尺寸在外，如图 4 – 19（a）所示。

（6）同一方向尺寸，应排列整齐，尽量配置在少数几条线上，如图 4 – 21 所示。

（7）尽量不在虚线处标注尺寸，如图 4 – 20（a）中 ϕ20 的圆孔，其尺寸标注在主视图上。

（8）尺寸尽可能注在视图之外，如图 4 – 20（d）所示。

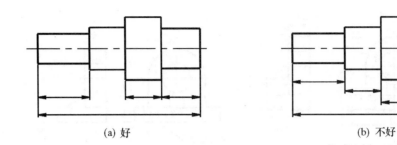

(a) 好　　　　　　　　　　　　　　(b) 不好

图 4 - 21　尺寸标注对比

以上原则若不能兼顾，应在确保标注正确、完整、清晰的前提下，合理布局，灵活处理。

5. 标注组合体尺寸步骤及举例

标注组合体尺寸步骤：先对组合体进行形体分析，接着选定三个方向的尺寸基准，然后标注各基本形体的定形尺寸及相互间的定位尺寸，最后标注或调整总体尺寸并进行检查。

下面以轴承座尺寸标注为例说明标注组合体尺寸的步骤。

（1）形体分析，轴承座由底板、圆筒、支承板、肋板等基本形体组成。

（2）选定尺寸基准，如图 4 - 22 （a）所示。

（3）标注基本形体的定形尺寸，标注底板定形尺寸，如图 4 - 22 （b）所示；标注圆筒定形尺寸，如图 4 - 22 （c）所示；标注支承板、肋板定形尺寸，如图 4 - 22 （d）所示。

（4）标注定位尺寸，标注底板上两圆孔长度方向定位尺寸 75，宽度方向定位尺寸 42，圆筒轴线高度方向定位尺寸 65，如图 4 - 22 （e）所示。

（5）调整总体尺寸，完成标注，总长 100，总高为 65 和圆筒半径之和，总宽 60，如图 4 - 22 （f）所示。

（6）按照正确、完整、清晰、合理的原则进行检查。

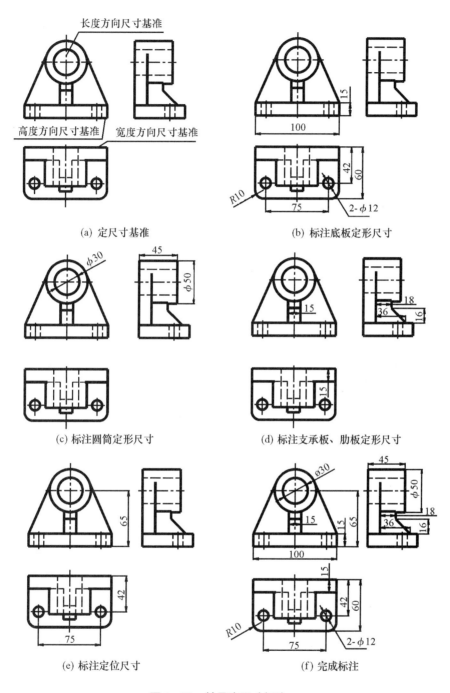

(a) 定尺寸基准

(b) 标注底板定形尺寸

(c) 标注圆筒定形尺寸

(d) 标注支承板、肋板定形尺寸

(e) 标注定位尺寸

(f) 完成标注

图 4－22　轴承座尺寸标注

第5章 轴测投影

前面讨论的是组合体的三面正投影图，它的优点是作图严谨、度量精确，但立体感不强，对使用者专业知识要求较高，不易看懂。而轴测投影图，可以清晰地显示物体的形状，有立体感，容易理解。轴测图也存在变形、度量性不强、画图复杂等缺点，但由于其特殊的效果，被广泛应用于各种书刊、产品说明书、专利等文件的插图。在工程设计和生产过程中交流设计思想、表达设计方案等情况下，采用轴测投影图往往会收到更好的效果。本章主要介绍轴测投影图的基础知识和画法。

5.1 概　述

一、轴测投影的形成

如图 5-1 所示，将物体连同确定其空间位置的直角坐标系，沿不平行于任一坐标面的方向，用平行投影法投射在单一投影面上，这种投影方法称为轴测投影法，所得投影图一般应显示出长、宽、高三个方向上的尺寸，因而具有立体感。这个单一投影面 P 称为轴测投影面。得到的投影图就是轴测投影图，简称轴测图。

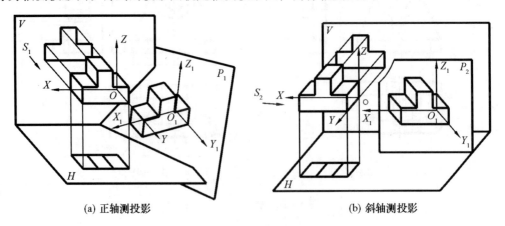

(a) 正轴测投影 　　　　　　　　　　　　　(b) 斜轴测投影

图 5-1　轴测投影的形成

投射线方向 S 称为投射方向。直角坐标系的三根坐标轴 OX、OY、OZ 在轴测图中的投影 O_1X_1、O_1Y_1、O_1Z_1，称为轴测轴，轴测轴的交点仍是原点，轴测轴之间的夹角称轴间角。轴测轴上的单位长度与相应投影轴上的单位长度的比值,称为轴向伸缩系数,沿 X、Y、Z 轴的轴向伸缩系数分别用 p、q、r 简化表示。轴向伸缩系数决定了物体上平行于各坐标轴的线段的投影长度。轴间角和轴向伸缩系数决定了轴测投影的形状和大小。

二、轴测投影的分类

根据投射线 S 的方向与轴测投影面 P 的相对位置,轴测投影可分为两大类:投射线方向垂直于轴测投影面时,称为正轴测投影,得到的是正轴测图;倾斜时为斜轴测投影,得到的是斜轴测图。

正轴测投影按三个轴向伸缩系数是否相等分为三种:三个轴向伸缩系数都相等,称正等轴测投影,简称正等测;有两个轴向伸缩系数相等,称为正二等轴测投影,简称正二测;三个轴向伸缩系数各不相等,称为正三轴测投影,简称正三测。

对于斜轴测投影,也同样分为斜等轴测投影、斜二等轴测投影、斜三轴测投影。其中最常用的是正等测和斜二测。

三、轴测投影的性质

轴测投影是用平行投影法得到的,因此具有平行投影的一切特性。特别要注意下述性质:

(1)互相平行的两直线,其投影仍保持平行;

(2)空间平行于某坐标轴的线段,其投影长度等于该坐标轴的轴向伸缩系数与线段长度的乘积。

四、轴间角和轴向伸缩系数

在正等轴测图上,三条轴测轴 O_1X_1、O_1Y_1、O_1Z_1 之间的夹角都是 $120°$,各轴的轴向伸缩系数都是 0.82。在实际作图中常采用简化的变形系数,即 $p = q = r = 1$,相当于将立体放大了 $1/0.82 \approx 1.22$ 倍,但形状不发生变化。作图时平行于轴测轴的线段投影长度就是实长,可以直接度量,如图 5-2 所示。

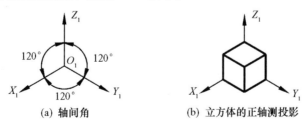

(a) 轴间角   (b) 立方体的正轴测投影

图 5-2 正轴测投影

在斜二等轴测图上,轴测轴 O_1X_1 和 O_1Z_1 之间的轴间角为 $90°$,两轴上的轴向伸缩系数是 1;O_1Y_1 轴方向可变。为简化作图,取 O_1Y_1 轴与 O_1X_1 轴夹角为 $135°$,这时 O_1Y_1 轴的轴向伸缩系数为0.5。作图时，如果必要，可以沿轴测轴相反的方向度量，如图5-3所示。

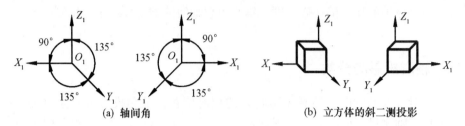

(a) 轴间角   (b) 立方体的斜二测投影

图5-3　斜二测投影

正等测投影的各轴间角和轴向伸缩系数均相等，平行于三个坐标面的圆的轴测投影的画法完全相同，采用简化变形系数后，平行于轴测轴的线段均可直接度量，作图非常方便。斜二测投影能反映物体上平行于 XOZ 坐标面的平面的实形，平行于 Y 轴的线段尺寸压缩了 $1/2$，很方便度量，立体感也很好。所以这两种轴测投影常被采用。

5.2　正等轴测投影的画法

画轴测图的基本方法是坐标法。首先确定直角坐标系，画轴测轴，然后根据立体与坐标系的相对位置，把确定立体投影的有关顶点或关键点的轴测投影画出，按这些点的原有关系把它们的投影连接起来，即可作出立体的轴测图。具有曲线轮廓的立体也可以用这种方法画出。

一、简单立体的正等测轴测图的画法

例1　已知三棱锥的三面投影图，画其正等测轴测图。

解：在合适的位置建立直角坐标系。用坐标法沿轴测轴量取各点的三个坐标的实长，确定各顶点的空间位置，连线即可，如图5-4所示。

例2　已知正六棱柱的两视图，求作正等测轴测图。

解：正六棱柱顶面与底面都是平行于水平投影面的正六边形，可以先画上底面。作图步骤（如图5-5所示）：

（1）建立直角坐标系，画轴测轴；

（2）用坐标法确定上底六个顶点的位置，依次连接各点，得上底面的正等轴测图；

（3）从各点沿 O_1Z_1 方向量取六棱柱的高度，得下底面的六个顶点；

（4）连接相应各点，擦去多余线条，加深可见轮廓线，即得正六棱柱的正等轴测图。

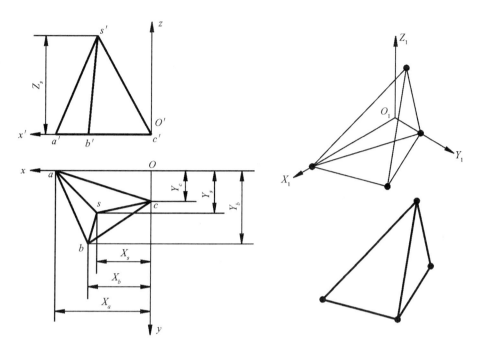

图 5 - 4　画三棱锥的正等测轴测图

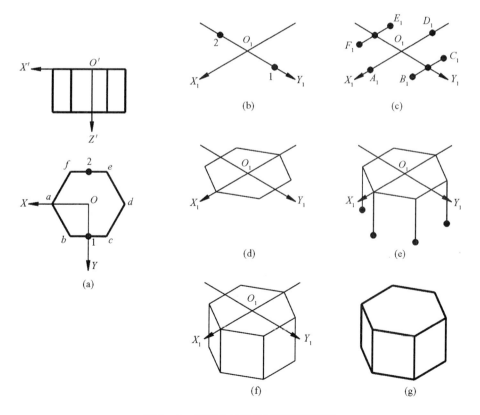

图 5 - 5　画正六棱柱的正等测轴测图

二、平行于基本投影面的圆的画法

在正等测投影中，坐标面对轴测投影面都是倾斜的，而且倾角相同。因此，立体上平行于坐标面的圆，其轴测投影都是椭圆，若直径相等，它们的投影椭圆只是长短轴方向不同，但形状相同。

设有一个平行于 XOY 坐标面的圆，其正等测轴测图是一个椭圆，图 5-6 是其正等测轴测图的画图步骤（椭圆的近似画法之一）。

该椭圆长轴长度等于圆的直径 D，短轴为 $0.58D$，平行于 XOY 平面的圆其投影椭圆的长轴的方向垂直于轴测轴 Z 轴。需要指出的是，用简化变形系数画图时，椭圆的长轴 $\approx 1.22D$，短轴 $\approx 0.7D$。设立方体上三个平行于坐标面的表面上均有一个内切圆，其正等测投影椭圆如图 5-7 所示。

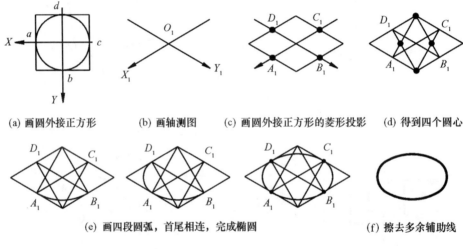

(a) 画圆外接正方形　(b) 画轴测图　(c) 画圆外接正方形的菱形投影　(d) 得到四个圆心

(e) 画四段圆弧，首尾相连，完成椭圆　　　　(f) 擦去多余辅助线

图 5-6　四心圆弧法画近似椭圆

图 5-7　平行于坐标面的圆的正等测轴测图

例3　画圆柱的正等测轴测图。

解：圆柱的上底面和下底面都平行于水平投影，投影是长轴垂直于 O_1Z_1 轴的椭圆。

作图步骤（如图 5 - 8 所示）：

（1）建立直角坐标系，画轴测轴；

（2）用四心圆弧法确定上底面圆的投影椭圆；

（3）同理得下底面圆的投影椭圆；

（4）画两椭圆的公切线，即圆柱面的投影轮廓线；

（5）擦去多余线条，加深可见轮廓线，即得圆柱的正等轴测图。

例 4　画球的正等测轴测投影图，并切去 1/8。

解：球的正等测轴测图仍然是圆。以球心为原点建立直角坐标系。三个坐标面切割球体，得到的三条截交线是过球心分别平行于三个坐标面的赤道圆。作这三个圆的正等测轴测投影，然后画包络线，即得球的正等测轴测投影图。

要将球切去 1/8，相当于用三个坐标面切球，将属于空间第一个分角中的部分切掉。在投影图中将多余的线擦掉，加粗轮廓线，最后在断面上画上剖面线，如图 5 - 9 所示。

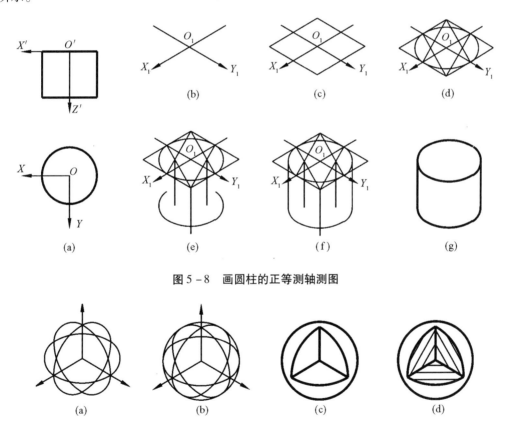

图 5 - 8　画圆柱的正等测轴测图

图 5 - 9　画球的正等测轴测图

轴测图中平行于各坐标面的剖面上剖面线的画法如图 5 - 10 所示。

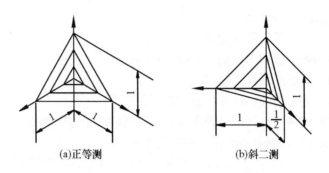

|(a)正等测|(b)斜二测|

图 5 – 10   轴测图中平行于各坐标面的剖面上剖面线的画法

三、组合体的画法

例 5   画图 5 – 11（a）所示立体的正等测轴测图。

解：作图步骤如下：

（1）建立直角坐标系，画轴测轴；

（2）画底板的大致形状；

（3）画圆柱部分；

（4）作与圆柱相切的斜肋；

（5）作与圆柱垂直的支撑肋；

（6）作底板圆角（圆角的画法请参阅图 5 –6 中圆弧 *AB* 和 *BC* 画法）；

（7）底板和圆柱体上挖洞；

（8）整理轮廓线，加粗。

具体作图过程见图 5 – 11（b）至（g）。

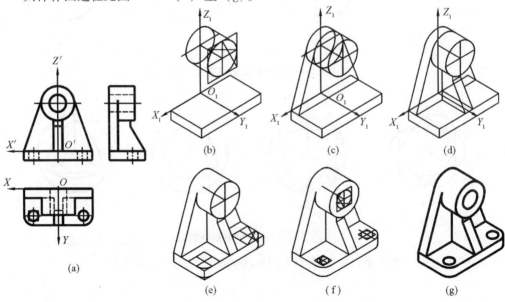

图 5 – 11   画轴承座的正等测轴测图

5.3　斜二测轴测投影的画法

一、简单立体的斜二测轴测图的画法

根据斜二等轴测图的投影特点，立体上平行于 XOZ 坐标面的平面，其轴测投影反映实形，圆的投影还是圆，平行于另两个坐标面的圆投影成椭圆，沿 OY 坐标方向的线段投影长度缩小一半。所以，如果立体上某个方向上有多个圆，可优先考虑采用斜二测，将立体上的圆平行于 XOZ 坐标面的方向放置。

例6　画套筒的斜二测轴测图。

解：套筒的轴线垂直于正面，前后端面平行于坐标面 XOZ，因此两端面的同心圆的斜二等轴测投影均是圆，可根据正投影图中的直径直接画出。

作图步骤：

（1）建立直角坐标系，画轴测轴；

（2）画前端面同心圆；

（3）画后端面同心圆；

（4）画圆柱部分；

（5）整理轮廓线，加粗。

具体作图过程见图 5 – 12。

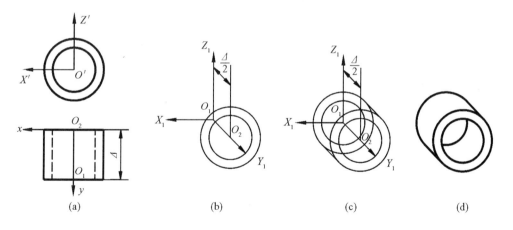

(a)　　　　　　　(b)　　　　　　　(c)　　　　　　　(d)

图 5 – 12　画套筒的斜二测轴测图

例7　画图 5 – 13（a）所示立体的斜二测轴测图。

解：作图步骤：

（1）建立直角坐标系，画轴测轴；

（2）画背板前端面；

（3）画背板后端面；

（4）画底板；

（5）整理轮廓线并加粗。

具体作图过程见图 5-13（b）至（e）。

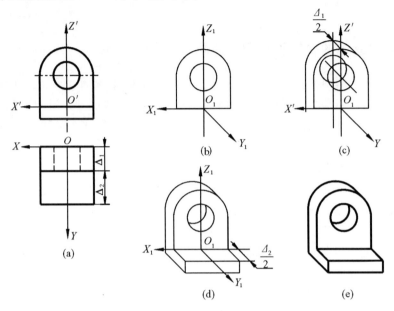

图 5-13　画立体的斜二测轴测图

二、平行于基本投影面的圆的画法

图 5-14 所示为立方体三个表面上内切圆的斜二测投影椭圆。平行于正面 XOZ 的圆，其投影仍为圆。平行于水平面 XOY 和侧平面 YOZ 的圆，其投影是椭圆。椭圆的长轴方向，与平行四边形对边中点连线成 $7°10'$，偏向长对角线方向。长轴 $= 1.067D$，短轴 $= 0.33D$（D 为圆的直径）。

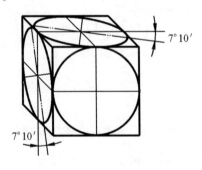

图 5-14　平行于坐标面的圆的斜二测轴测图

5.4 徒手绘制轴测图

徒手绘制轴测图的作图原理和过程与用尺规绘制轴测图基本相同。在实际工作中，经常用到徒手绘制轴测图。掌握徒手绘制轴测图的技能可形象、快速地表达设计思想，便于技术交流。作为初学者，为了使徒手绘制的轴测图比例协调，可在网格纸上先画出轴测轴方位，再用坐标法徒手绘制。经过相应练习，掌握一定的技巧后，便可在图纸上随心所欲地绘制轴测图了。

例 8 在网格纸上徒手绘制图 5 - 15（a）所示立体的正等测轴测图。

解：作图步骤：

（1）在三视图上确定坐标轴和坐标原点；

（2）在网格纸上画出轴测轴；

（3）画出底板、拱形体、三棱柱；

（4）画出拱形体上的通孔、底板上的两个通孔及前端的两个圆角；

（5）擦去辅助线，加粗，完成全图。

具体绘图过程见图 5 - 15（b）至（d）。

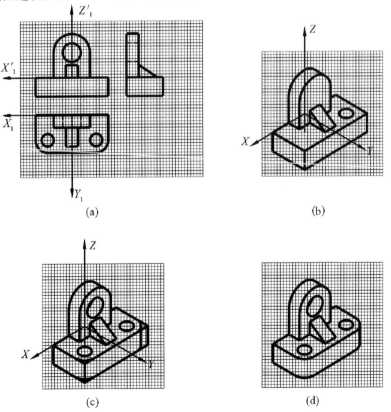

（a）   （b）

（c）   （d）

图 5 - 15 徒手画正等测轴测图

例9 在网格纸上徒手绘制图5-16（a）所示立体的斜二测轴测图。

解：作图步骤：

（1）在三视图上确定坐标轴和坐标原点；

（2）在网格纸上画出轴测轴，并画出开槽四棱柱底板；

（3）画出拱形体及通孔；

（4）擦去辅助线，加粗，完成全图。

具体绘图过程见图5-16（b）至（d）。

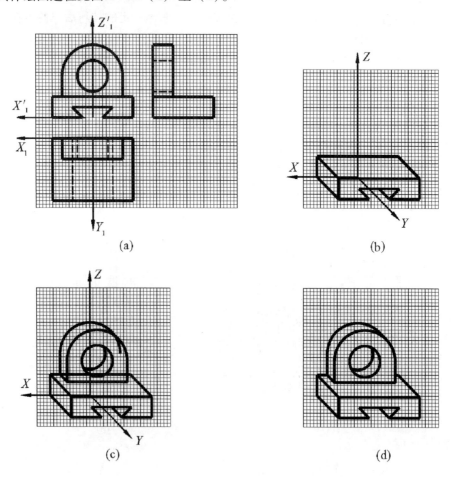

(a)　　　　　　　　　　(b)

(c)　　　　　　　　　　(d)

图5-16　徒手画斜二测轴测图

第6章 机件常用表达方法

在工程实际中，机件的形状多种多样。为了使图样能够完整、清晰、简明地表达机件的内、外结构和形状，只用三个视图往往不能满足表达要求，因此，国家标准《技术制图》中规定了一系列表达方法。本章主要介绍一些常用的表达方法。

6.1 视 图

用正投影法将机件向投影面投射所得的图形，称为视图。

视图主要用于表达机件的外部结构形状，一般只画出可见部分，必要时才画出其不可见部分。视图分为：基本视图、向视图、局部视图和斜视图四种。

一、基本视图

国家标准规定正六面体的六个面为基本投影面，机件向基本投影面投射所得的视图称为基本视图。

在绘制基本视图时将机件置于正六面体内，分别向六个基本投影面投射所得的六个视图，统称为基本视图。其中，除前面学过的主视图、俯视图和左视图外，新增加的三个基本视图是：

右视图——从右向左投射所得的视图；

仰视图——从下向上投射所得的视图；

后视图——从后向前投射所得的视图。

各投影面的展开方法如图6-1所示，展开后各视图的配置关系如图6-2所示。

当按图6-2形式配置各视图时，一律不标注视图的名称。但各视图之间仍符合"长对正、高平齐、宽相等"的投影规律，即主、俯、仰三个视图长对正；主、左、右、后视图高平齐；左、右、俯、仰视图宽相等。注意在俯、左、右、仰视图中，远离主视图的一边为机件的前方，靠近主视图的一边为机件的后方，在主、后视图上表达的左、右关系相反。

绘图时，应根据机件的形状和结构特点，选用必要的基本视图，而无须每个机件都画出六个基本视图。即在完整、正确、清晰地表达机件结构形状的前提下，选用的视图数目越少越好。

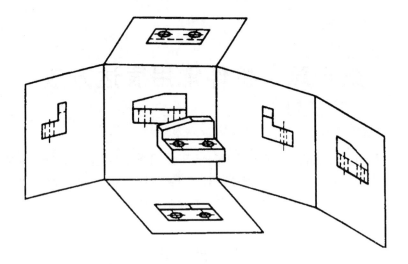

图 6-1　六个基本投影面的展开方法

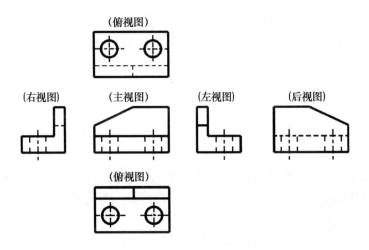

图 6-2　六个基本视图的配置

二、向视图

向视图是可以自由配置的视图。

在向视图的上方中间位置处标注出视图名称"×"（"×"为大写拉丁字母），在相应视图的附近用箭头指明投射方向，并注上同样的字母，如图 6-3 所示。

三、局部视图

将机件的某一部分向基本投影面投射所得的视图，称为局部视图。

当采用一组视图表达机件形状时，如果其中某一局部形状没有表达清楚，又没有必要再画出整个基本视图时，可只将机件的这一局部向基本投影面投影，便得到局部视图。如图 6-4 中的"A""B"视图均为局部视图。此时，即使不画出左视图、右视图，

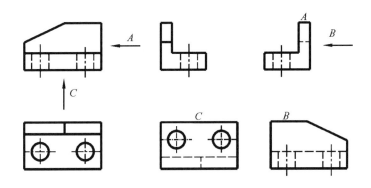

图6-3 向视图及其标注

同样可将机件的形状表达清楚。

画局部视图应注意以下几点。

（1）一般在局部视图的上方注出视图名称，如图6-4中的"A""B"。并在相应的视图附近用箭头指明投影方向，且注上同样字母。

（2）局部视图的断裂边界线用波浪线表示，如图6-4中A向局部视图。需指出，当所表示的局部结构是完整的，其外轮廓线又是封闭的时，波浪线可省略不画，如图6-4中B向局部视图。

（3）局部视图一般也应按投影关系配置。当按投影关系配置时，中间又没有其他图形隔开，可省略标注。如图6-4中的"B"可省略不注。这样的配置便于看图。局部视图也可以按向视图的配置方式配置并标注，如图6-4中的A向局部视图所示。

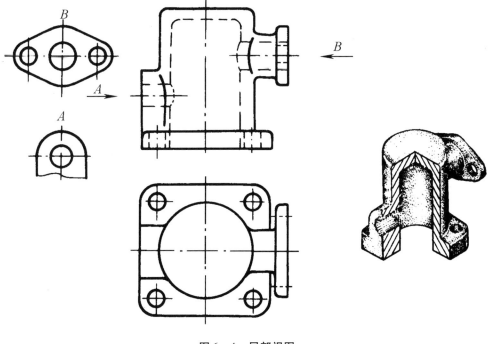

图6-4 局部视图

四、斜视图

机件向不平行于基本投影面的平面投射所得的视图，称为斜视图。

当机件上具有倾斜结构，其倾斜结构在基本投影面上不能反映出真实形状时，可设立一个平行于倾斜结构的垂直面作为辅助投影面，将机件的倾斜结构向该投影面投射，即可得到反映实形的斜视图，如图6－5（a）、6－5（b）所示。

画斜视图应注意以下几点所示。

（1）必须在斜视图上方注明该视图的名称，如图6－5（b）中的"A"。并在相应的视图附近用箭头指明投影方向，且注上同样的字母"A"。

（2）斜视图一般按投射关系配置，以便于看图。也可以按向视图的配置方式配置在其他适当位置，必要时可将斜视图旋转配置，使图形放正，表示该视图名称的字母应靠近旋转符号的箭头端。旋转符号的方向应与实际旋转方向一致，如图6－5（c）所示。

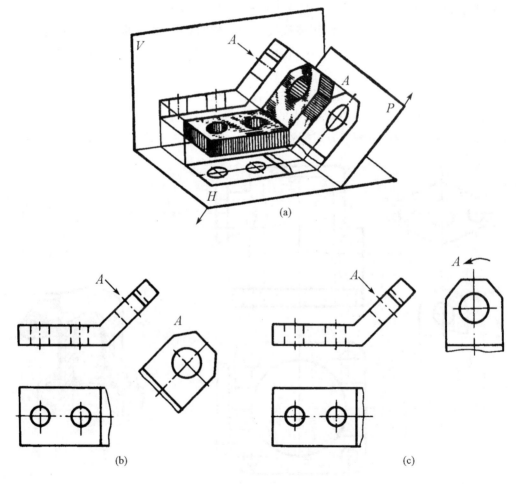

图6－5　斜视图

（3）斜视图只用于表达机件倾斜结构的形状，其余部分不必画出，其断裂边界用波浪线或双折线表示。

6.2　剖视图

当机件的内部结构比较复杂时，视图上会出现较多虚线，如图 6 - 6 所示。这样，既不便于看图，也不便于标注尺寸。为了解决这个问题，常采用剖视方法得到的剖视图来表示机件的内部结构。

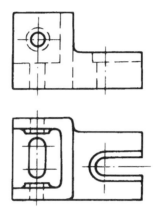

图 6 - 6　未剖开的机件

一、剖视图的概念

假想用剖切面剖开机件，将处在观察者和剖切面之间的部分移去，而将其余部分向投影面投射，并将切到实体部分画上剖面符号，所得到的图形称为剖视图（简称剖视），如图 6 - 7 所示。

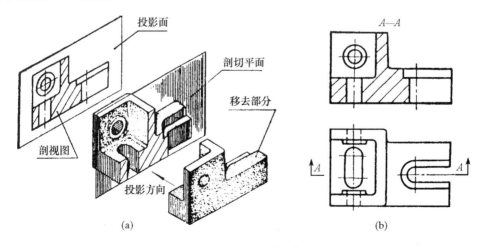

图 6 - 7　剖视图的形成

采用剖视后，机件上原来一些看不见的内部形状和结构现变为可见，并改用粗实线表示。这样便于看图和标注尺寸。

二、剖视图的画法

1. 剖切面位置的确定

剖切面一般采用平面。画剖视图时，应先考虑在什么位置剖开机件，才能更多地表达出机件的内部形状。为此，剖切面一般选用投影面平行面或垂直面，并通过机件上内部结构的轴线或对称平面。

2. 画剖视图

剖切面与机件的接触部分称为剖面区域。画剖视图时要把剖面区域和剖切面后面的可见轮廓线全部用粗实线画出。

3. 在剖面区域内画上剖面符号

剖面符号与机件的材料有关（见表6-1），对不同的材料采用相应的剖面符号。但是，如果不需要在剖面区域中表示材料的类别，可采用通用剖面线表示。通用剖面线应以细实线绘制，通常与图形的主要轮廓线或剖面区域的对称线成45°，如图6-8所示。剖面线的间距视剖面区域的大小而异，一般取3～5mm。同一机件的各个剖面区域，剖面线的间距、方向应一致。

表6-1　剖面符号

材料	符号	材料	符号
金属材料 （已有规定剖面符号者除外）	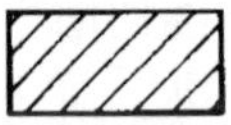	木质胶合板 （不分层数）	
线圈绕组元件	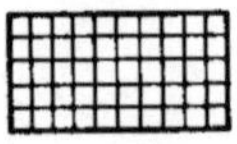	基础周围的泥土	
转子、电枢、变压器和 电抗器等的叠钢片	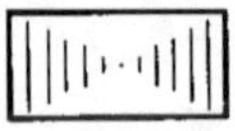	混凝土	
非金属材料 （已有规定剖面符号者除外）		钢筋混凝土	
型砂、填砂、粉末冶金、砂轮、 陶瓷刀片、硬质合金刀片等		砖	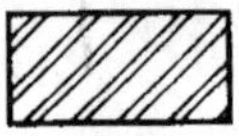
玻璃及供观察用的其他 透明材料	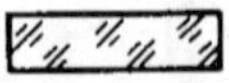	格网 （筛网、过滤网等）	
木材	 纵断面	液体	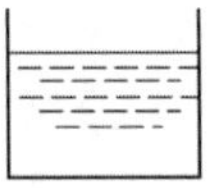
	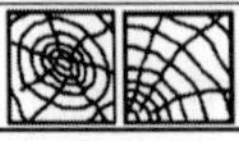 横断面		

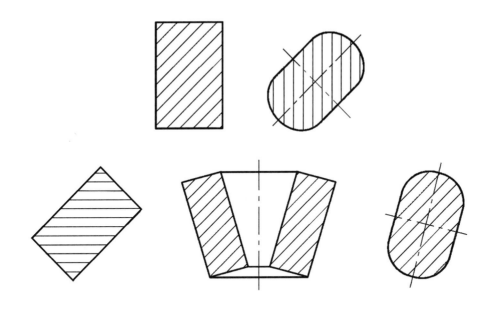

图 6 - 8　通用剖面线的画法

4. 剖视图标注

为了便于找出各视图之间的对应关系，剖视图一般需要标注出剖切位置、投射方向和剖视图名称等，如图 6 - 7（b）所示。

（1）剖视图的名称：在剖视图上方标注剖视图的名称" × — × "（ × 为大写拉丁字母）。

（2）剖切符号：在相应的视图上用剖切符号（用粗实线段画出）表示剖切位置，在剖切符号两端的外侧用箭头指明投射方向，并在剖切符号的起、讫和转折处标注相同的字母" X "，剖切符号尽可能不与图形的轮廓线相交。

三、画剖视图应注意的问题

（1）由于剖视是假想的，所以当一个视图画成剖视以后，其他视图不受其影响，仍应按完整机件的表达需要来绘制，如图 6 - 7（b）所示的俯视图。

（2）剖切面后面的可见部分应全部画出，不漏画线，也不多画线。图 6 - 9 中，第一行图是错误的，第二行图是正确的。

（3）剖视图中虚线的处理：剖视图或视图中看不见的结构形状，在其他视图中已表示清楚的条件下，其虚线应省略不画，如图 6 - 10 中图（b）优于图（a）。只有对尚未表达清楚的结构形状，可允许用少量虚线画出，如图 6 - 11 所示。

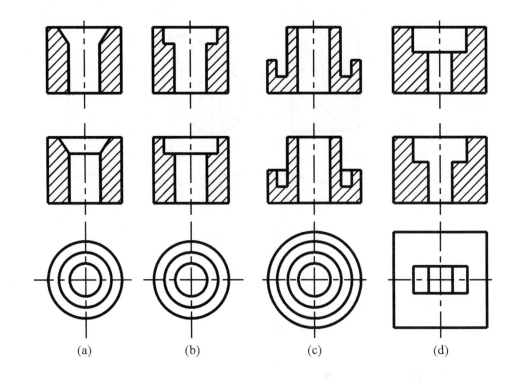

图 6 - 9　正误对照

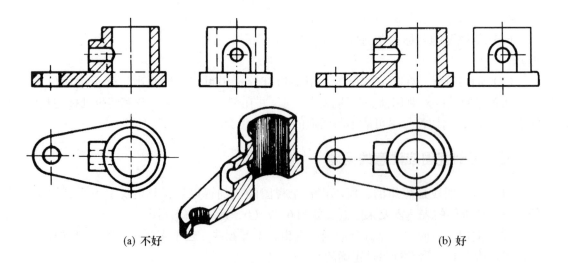

(a) 不好　　　　　　　　　　　　　　　　(b) 好

图 6 - 10　剖视图中虚线的处理

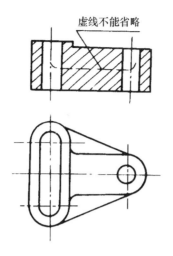

图 6 – 11　剖视图中不能省略的虚线

四、剖视图的种类

按剖切范围的大小，剖视图分为全剖视图、半剖视图、局部剖视图三种。

1. 全剖视图

用剖切面完全剖开机件所得的剖视图，称为全剖视图，简称全剖视，如图 6 – 12 所示。全剖视的主视图清晰地表达了机件内部的结构形状。

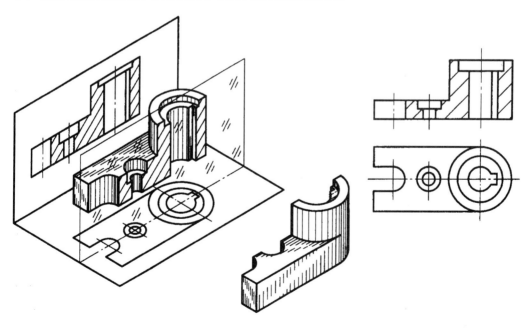

图 6 – 12　全剖视图

（1）适用范围

全剖视图一般用于外形较简单，内形较复杂的不对称机件。但外形简单而又对称的机件，也常用全剖视图表达。如图6-9中第二行表示的各相应机件的剖视图。

（2）剖视的标注

当剖切平面通过机件的对称面，且剖视图按投影关系配置，中间又没有其他图形隔开时，可省略标注，如图6-12所示，否则要标注，如图6-7（b）所示，但此时也可省略箭头，因为剖视图按投影关系配置。

2. 半剖视图

当机件具有对称平面时，在垂直于对称平面的投影面上所得的图形，可以以对称中心线为界，一半画成视图，另一半画成剖视图，这种图形称为半剖视图，如图6-13所示。

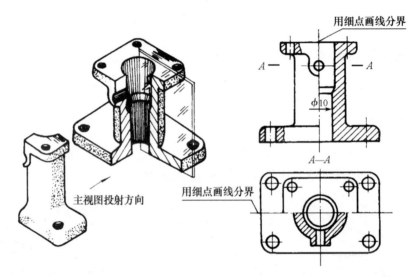

图6-13 半剖视图

（1）适用范围

半剖视图适用于内、外形状都需要表达的对称机件。当机件的形状接近于对称，且不对称部分已另有图形表达清楚时，也可画成半剖视图，如图6-14所示。

（2）剖视的标注

半剖视图的标注规则与全剖视图相同。

（3）应注意的问题

1）在半剖视图中，半个视图（表示机件外部）和半个剖视图（表达机件内部）的分界线是对称中心线，不能画成粗实线；在半个视图中应省略表示内部形状的虚线，因为图形对称，机件的内形已在半个剖视图中表达清楚了。

2）在半剖视图中，由于半个视图中对称的虚线被省略，因此标注机件内部对称结构尺寸时，其尺寸线应略超过对称中心线，并且只在尺寸线的一端画出箭头，如图6-13主视图中标注的尺寸 $\phi 10$。

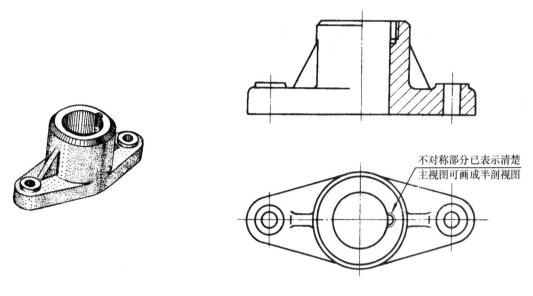

图 6 - 14　半剖视图

3. 局部剖视图

用剖切面局部地剖开机件所得的剖视图称为局部剖视图，如图 6 - 15 所示。

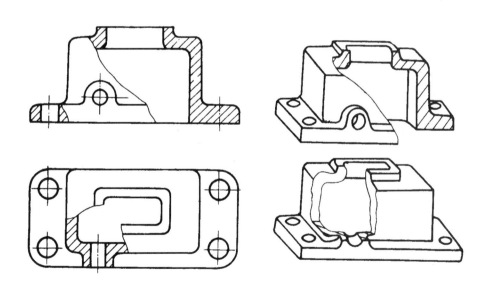

图 6 - 15　局部剖视图

（1）适用范围

局部剖视是一种较灵活的表达方法，常用于下列情况：

1）当同时需要表达不对称机件的内外形状和结构时，如图 6 - 15 所示；

2）当机件需要表达局部内形和结构，而不宜采用全剖视图时，如图 6 - 16 所示；

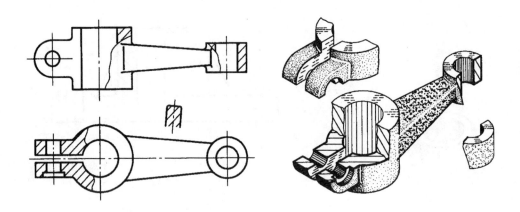

图 6 – 16　局部剖视图

3）虽有对称平面但轮廓线与对称中心线重合，不宜采用半剖视图时，如图 6 – 17 所示；

4）当实心杆件上的孔、槽等内部结构需要剖开表达时，如图 6 – 18 所示。

（2）剖视的标注

当单一剖切平面位置明显时，局部剖视图的标注可省略。

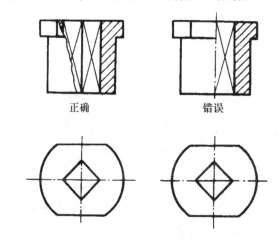

正确　　　　　　　　错误

图 6 – 17　不宜采用半剖视图例

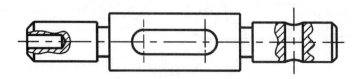

图 6 – 18　表达轴类机件上的孔或槽

（3）应注意的问题

1）机件局部剖切后，未剖部分与剖切部分的分界线用波浪线表示。波浪线应只画在机件实体断裂部分，而不应把通孔或空槽处连起来，也不能超出视图的轮廓线。这是因为通孔或空槽处不存在断裂，如图 6 - 15、图 6 - 19 所示。

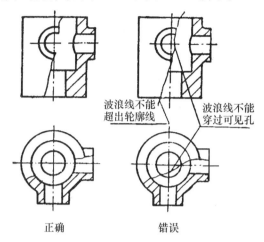

图 6 - 19   波浪线画法正误对照

2）波浪线不应和图样上的其他图线重合，如图 6 - 20 所示。

3）当被剖结构为回转体时，允许将结构的中心线作为局部剖视与视图的分界线，如图 6 - 21 所示。

4）在同一个视图上，局部剖的数量不宜过多，以免使图形支离破碎。

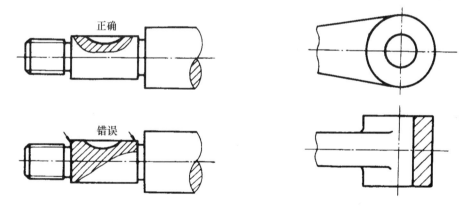

图 6 - 20   波浪线不宜与其他图线重合   图 6 - 21   用对称中心线作为分界线

五、剖切面的种类

根据机件结构形状，可以选择不同的剖切面剖开机件，剖切面有以下三种。

1. 单一剖切平面

（1）平行于某一基本投影面的剖切平面

前面介绍的全剖视图、半剖视图和局部剖视图的所有图例中，所选用的剖切平面都是这种剖切平面（图 6 - 7、图 6 - 9 至图 6 - 21）。

（2）不平行于任何基本投影面的剖切平面

当机件上倾斜的内部结构形状需要表达时，可使用不平行于基本投影面的垂直平面作为剖切平面来剖切机件所得到的剖视图，称为斜剖视，如图 6 – 22 中 A – A 剖视图。

画斜剖视图必须进行标注，标注的字母必须水平书写。斜剖视图的配置与斜视图类似，一般应按投影关系配置，也可配置在其他适当位置。必要时允许旋转，其标注形式见图 6 – 22 中的 "⌒ A – A" 剖视图。

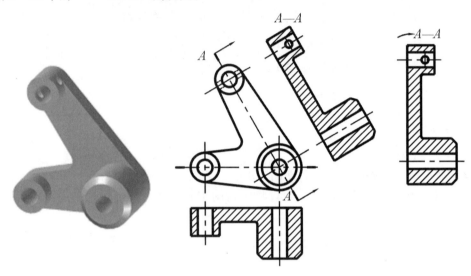

图 6 – 22   用不平行于任何基本投影面的单一剖切平面剖切

2. 几个平行的剖切平面

当机件上的内部结构层次较多，且其中心线又排列在两个或多个相互平行的平面内时，可以用几个与基本投影面平行的剖切平面剖切机件所得到的剖视图，称为阶梯剖视，如图 6 – 23 所示。

（1）阶梯剖视图的标注

阶梯剖视必须标注，在剖切平面的起始、转折和终止处用带字母的剖切符号表示剖切位置，在剖视图上方用相同的字母标出剖视图的名称，如图 6 – 23 所示。但当剖视图按投影关系配置，中间又没有其他图形隔开时可省略箭头。

（2）应注意的问题

1）在剖视图上不能画出剖切面转折处的分界面的投影；剖切平面位置不应与机件的轮廓线重合；图形内不应出现不完整的要素。如图 6 – 24 所示。

2）当机件上的两个要素在图形上具有公共对称中心线或轴线时，此时可以以对称中心线或轴线为界各画一半，如图 6 – 25 所示。

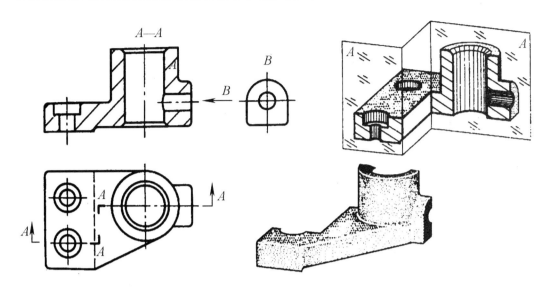

图 6 - 23　用几个平行的剖切平面剖切

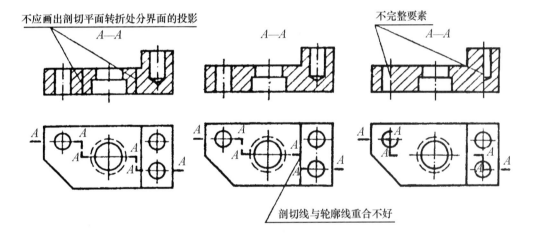

图 6 - 24　容易出现的错误

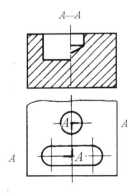

图 6 - 25　具有公共对称中心线或轴线时的画法

3. 几个相交的剖切平面（交线垂直于某一投影面）

当机件的内部结构形状用一个剖切平面剖切不能表达完全，而该机件又具有回转轴时，可用几个相交的剖切平面剖开机件，并将与投影面不平行的那个剖切平面剖开的结构及其有关部分旋转到与选定的投影面平行再进行投射所得到的剖视图，称为旋转剖视，如图 6-26 所示。

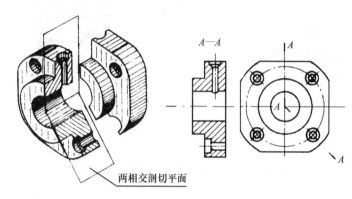

图 6-26　用两相交的剖切平面剖切

（1）旋转剖视图的标注

旋转剖视必须标注，在剖切平面的起始、转折和终止处画出剖切符号，注上相同的字母，并在相应剖视图的上方用相同的字母标注出剖视图的名称，如图 6-26 所示。当转折处地方有限，也不会引起误解时，可省略字母，如图 6-27 所示。当剖视图按投影关系配置中间又没有其他图形隔开时，可省略箭头。

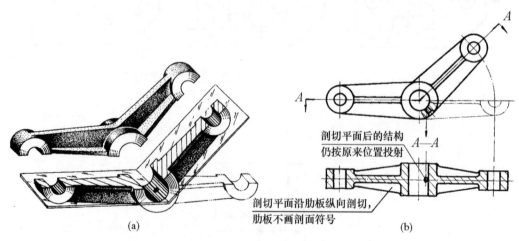

图 6-27　两个相交平面剖切机件

（2）应注意的问题

1）位于剖切平面后的结构仍按原来位置投影，如图 6-27 所示。

2）当剖切后产生不完整要素时应将此部分按不剖绘制。如图 6-28 中的无孔臂，从俯视图中可以看出被剖切到的一部分，但在主视图中仍按未剖切绘制。

112

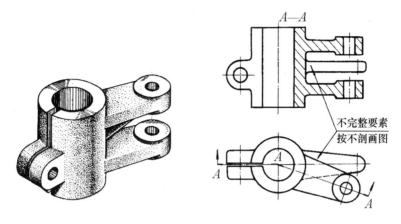

图6-28 两个相交平面剖切机件

根据机件内部结构形状的不同，选择上述三类剖切面中任一种剖切机件，均可获得全剖视图，或者半剖视图，或者局部剖视图。图6-29是用两个平行的剖切平面获得的局部剖视图；图6-30是两相交剖切平面获得的半剖视图。

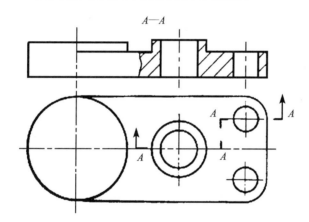

图6-29 用两个平行的剖切平面获得的局部剖视图

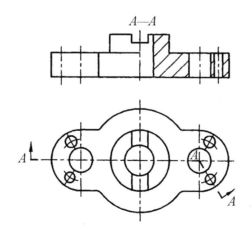

图6-30 用两相交剖切平面获得的半剖视图

113

6.3　断面图

假想用剖切平面将机件的某处切断，仅画剖切面与机件接触部分的图形称为断面图，见图6-31。

当机件上存在某些常见的结构，如筋、轮辐、孔、槽等，这时可配合视图画出这些结构的断面。图6-31（b）就是采用断面配合主视图表达轴上键槽的，这样表达轴类机件更为简明。

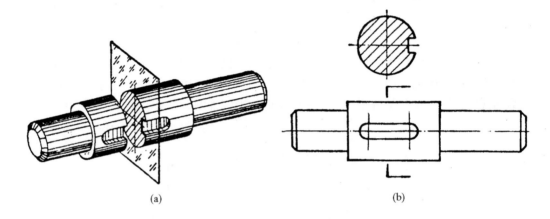

(a)　　　　　　　　　　　(b)

图6-31　断面图

断面图分为移出断面和重合断面两种。

一、移出断面

画在视图外面的断面图称为移出断面图。

1. 移出断面的画法

移出断面图的轮廓线用粗实线绘制，并尽量配置在剖切线的延长线上，如图6-31（b）、6-32（a）所示。有时为了合理布置图面，也可以配置在其他适当的位置，如图6-32（b）所示。

当断面图形对称时，移出断面也可画在视图的中断处，如图6-33所示。

当剖切平面通过回转面形成的孔或凹坑的轴线时，这些结构按剖视图绘制，如图6-32（a）中右边的断面图所示。

为了表示切断面的真实形状，剖切平面一般应垂直于机件被剖切部分轮廓线，如图6-34所示。

由两个或多个相交剖切平面剖切获得的移出断面图在中间一般应断开，如图6-35所示。

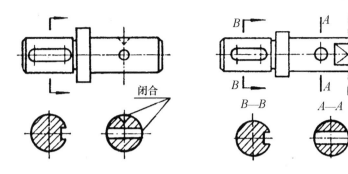

(a) 断面配置在剖切线的延长线上　　　　　　(b) 断面不配置在剖切线的延长线上

图 6－32　移出断面图画法

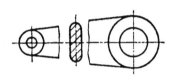

图 6－33　对称的移出断面可
画在视图中断处

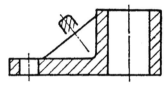

图 6－34　剖切平面垂直于被
剖切部分的轮廓线

图 6－35　相交两剖切平面获得
的移出断面图

2. 移出断面图的标注

（1）移出断面图一般用剖切符号表示剖切位置，用箭头表示投影方向，并注上字母，在断面图的上方应用同样的字母标出相应的名称"$X-X$"，如图 6－32（b）中 $B-B$ 断面图所示。

（2）配置在剖切符号延长线上不对称的移出断面图，可以省略字母，如图 6－31（b）所示。

（3）按投影关系配置的不对称移出断面图及不配置在剖切符号延长线上的对称移出断面图均可省略箭头，如图 6－32（b）中的 $C-C$、$A-A$。

（4）配置在剖切线延长线上的对称移出断面图（只需在相应视图中用细点画线画出剖切位置）和配置在视图中断处的移出断面图，均不必标注。如图 6－33 至图 6－35 所示。

二、重合断面图

1. 重合断面图的画法

重合断面图的轮廓线用细实线绘制。当视图中的轮廓线与重合断面图的图形重叠时，视图中的轮廓线仍需连续地画出，不可间断，如图 6－36（b）所示。

2. 重合断面图的标注

不对称重合断面图，必须用剖切符号表示剖切位置，用箭头表示投影方向，但可以省略字母，如图6-36（b）所示。对称的重合断面图只需在相应的视图中用细点画线画出剖切位置，其余内容可省略不注，如图6-36（a）所示。

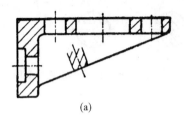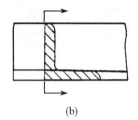

(a)   (b)

图6-36 重合断面图

6.4 其他表达方法

一、局部放大图

为更清楚表达机件上某些结构，可以将该部分结构用大于原图形所采用的比例画出，这种图形称为局部放大图，如图6-37所示。

当机件上某些细小结构在图形中表达不清或不便于标注尺寸时，就可采用局部放大图。

画局部放大图时应注意以下三点。

（1）局部放大图可画成视图、剖视图、断面图，它与被放大部分的表达方式无关。局部放大图应尽量配置在被放大部位的附近。

（2）在原图上用细实线圆圈出被放大的部位。当机件上仅有一个被放大的部位时，只需在局部放大图的上方注明所采用的比例。而当同一机件上有多个被放大的部位时，必须用罗马数字依次标明被放大的部位，并在局部放大图的上方标注出相应的罗马数字和所采用的比例，如图6-37所示。

（3）同一机件上不同部位的局部放大图，当被放大部分的图形相同或对称时，只需画出一个，如图6-38所示。

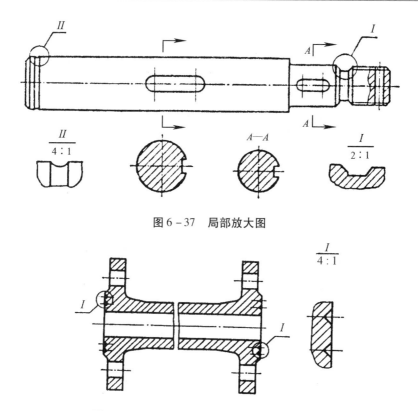

图 6-37　局部放大图

图 6-38　图形相同或对称的局部放大图画法

二、简化画法

1. 有关剖视图中的简化画法

对于机件上的肋板、轮辐等，若剖切平面通过肋板厚度的对称平面或轮辐的轴线时，这些结构都不画剖面符号，而且用粗实线将它与其邻接部分分开，如图 6-39（a）左视图、图 6-40（b）左视图、图 6-27 俯视图、图 6-14 主视图所示。

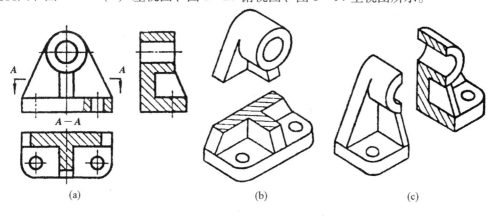

(a)　　　　　　　　(b)　　　　　　　　(c)

图 6-39　肋板的剖切画法

当回转体机件上均匀分布的筋板、孔、轮辐等不处于剖切平面上时，可将这些结构旋转到剖切平面上画出，如图6-40、图6-41所示。

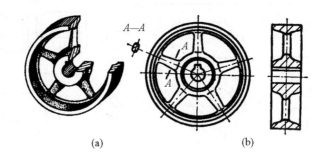

图6-40　轮辐的简化画法

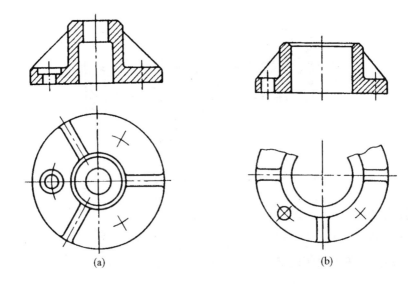

图6-41　均布的肋或孔的简化画法

2. 有关断面图的简化画法

在不致引起误解时，机件的移出断面图的剖面符号可以省略不画，而断面图的标注仍应按规定进行，如图6-42所示。

3. 有关相同结构的简化画法

当机件具有若干相同的结构（如齿、槽等），并按一定规律分布时，只需画出几个完整的结构，其余用细实线连接，但在图中必须注明该结构的总数，如图6-43所示。

当这些相同结构是直径相同的孔（圆孔、螺孔、沉孔等）时，也可以只画出一个或几个，其余只需用细点画线画出孔的中心位置，并在图上注明孔的总数，如图6-44所示。

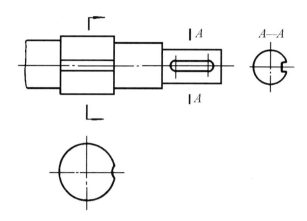

图 6 - 42　断面图的简化画法

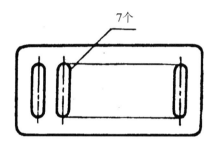

图 6 - 43　相同结构简化画法

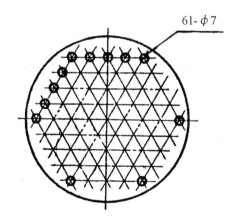

图 6 - 44　按规律分布的孔的简化画法

4. 对称图形的简化画法

在不致引起误解时，对于对称机件的视图可只画一半或四分之一，并在对称线的两端画出两段与其垂直的平行细实线，如图 6 - 45 所示。

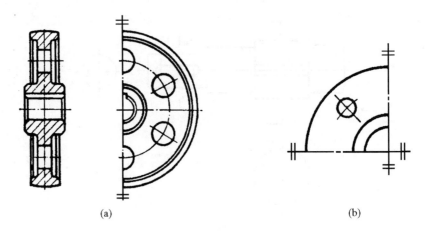

(a)   (b)

图 6 - 45　对称机件的画法

圆柱形法兰和类似机件上的均匀分布的孔，可按图 6 - 46 的方法绘制。孔的位置，按规定从机件外向该法兰端面方向投影所得的位置画出。

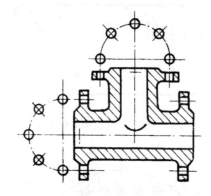

图 6 - 46　法兰盘上均布孔的简化画法

5. 有关图形中投影的简化画法

对于机件上与投影面的倾斜角小于 30°的圆或圆弧，其投影可用圆或圆弧代替，如图6 - 47所示。

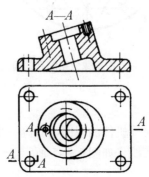

图 6 - 47　倾斜面上圆的简化画法

在不致引起误解时，机件上较小结构的过渡线、相贯线允许简化，如图 6 - 48 所示，用直线代替非圆曲线。

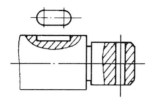

图 6 - 48　相贯线的简化画法

6. 用平面符号表示平面

当机件上的某些平面在图形中不能充分表达时，可用平面符号（相交两细实线）表示这些平面，如图 6 - 49 所示。

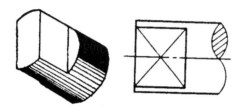

图 6 - 49　用平面符号表示平面

7. 折断画法

轴、杆、型材等较长的机件，当其沿长度方向的形状一致或按一定规律连续变化时，可将其中间折断不画，然后将其两端向中间移动缩短绘制，但标注尺寸时仍标注其实际长度，如图 6 - 50 所示。

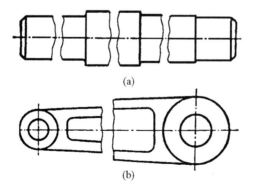

(a)

(b)

图 6 - 50　折断画法

121

6.5 表达方法应用举例

前面介绍了机件的各种表达方法：视图、剖视图、断面图和简化画法等。在表达一个机件时，应根据它的具体形状和结构，以完整、清晰、简明为目的，以看图方便、绘图简便为原则，正确地选用适当的表达方法。

例：如图 6-51 所示轴承支架，试选用适当的表达方法。

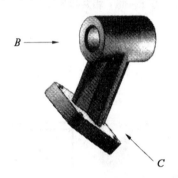

图 6-51 轴承支架

（1）形体分析：轴承支架由三部分组成，即圆柱筒、底板和肋板。

（2）选择主视图：按轴承支架的安装位置，将轴承支架上圆柱筒的轴线水平放置。主视图的投射方向按图 6-51 中箭头 C 所指的方向。

主视图采用局部剖视，既表达圆柱筒和倾斜底板上的孔的内部结构，又反映肋板与圆柱筒、底板的连接关系和相互位置，如图 6-52 所示。

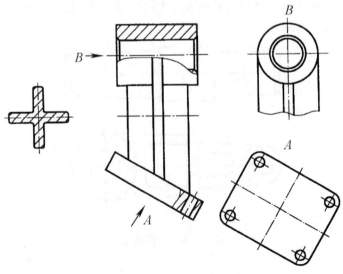

图 6-52 轴承支架的表达方案

（3）确定其他视图：左视图为局部视图，表达圆柱筒与十字形肋板的连接关系；A
向斜视图表达倾斜底板的实形及其通孔的分布情况。采用移出断面图，表达十字肋板的
断面实形，如上图所示。这样表达轴承支架，既完整、清晰、简明，又绘图简单、看图
方便。

第 7 章　标准件与常用件

　　组成一台机器的零件一般可归结为非标准件、标准件和常用件。结构形状和各部分尺寸等都严格按照国家标准规定进行制造的零件（如螺钉、螺母）和部件（如滚动轴承），统称为标准件，如图 7－1 所示。

六角头螺栓　　双头螺柱　　内六角圆柱头螺钉　　开槽沉头螺钉

六角螺母　　六角开槽螺母　　平垫圈　　弹簧垫圈

圆柱销　　圆锥销　　开口销

平键　　半圆键　　圆锥滚子轴承

图 7－1　常用的标准件

　　机械、电气等各个行业对标准件的需求量很大，通常都是由专业化的工厂应用专用设备和专用工具进行大批量生产，生产效率高，成本低，产品符合标准，用户只需选购。

常用件是指在机器和设备中的一些常用零件，如齿轮、弹簧等，见本章第7.3和7.4节。

对于标准件和常用件，国标都制定了规定画法，特别是对螺纹紧固件、键、销和滚动轴承等标准件，还有其标记或代号，根据标记或代号，可以从相应的国标中查出其全部尺寸。

本章将介绍几种标准件和常用件的规定画法、代号和标记，以及它们的查表方法。

7.1　螺纹及螺纹紧固件

一、螺纹

1. 螺纹的形成

在一个作匀速旋转运动的圆柱体表面上，用一支笔，沿着平行于圆柱体轴线方向作匀速直线移动，所画出的轨迹，就是圆柱螺旋线，如图7-2所示。

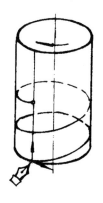

图7-2　圆柱螺旋线的形成

根据这种方法，将圆柱形工件夹持在车床上作匀速旋转。车刀沿工件轴线方向作匀速直线移动，在工件表面就切出了螺纹。如图7-3所示，在圆柱体的外表面形成的螺纹称为外螺纹，而在内表面（孔）形成的螺纹称为内螺纹。

对于直径较小的孔和轴，通常采用丝锥和板牙加工内螺纹和外螺纹，如图7-4所示。

大批量生产螺纹紧固件的工厂，则是用自动搓丝机和自动攻丝机等专用设备加工，如图7-5所示。

2. 螺纹的要素

（1）牙型。通过螺纹轴线剖切螺纹，所得牙齿的剖面形状，称为牙型，常用的有三角形、梯形、锯齿形等几种牙型，如图7-6所示。

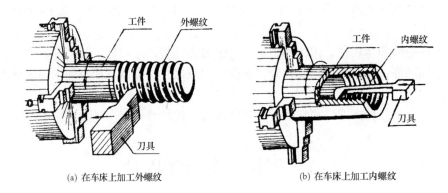

(a) 在车床上加工外螺纹　　　　　　(b) 在车床上加工内螺纹

图 7-3　车螺纹

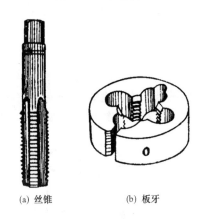

(a) 丝锥　　　　　(b) 板牙

图 7-4　手工加工螺纹的工具

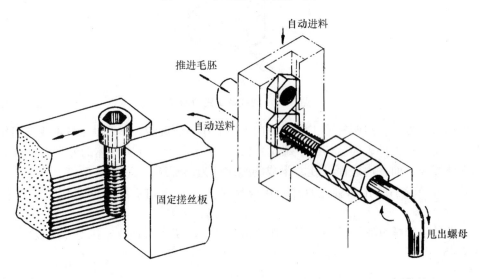

图 7-5　自动搓丝和攻丝示意图

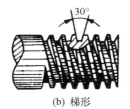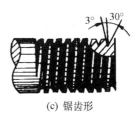

(a) 三角形　　　　　　(b) 梯形　　　　　　(c) 锯齿形

图 7-6　常用螺纹牙型

（2）螺纹直径。螺纹直径有大径、中径和小径之分。通过外螺纹牙顶或内螺纹牙底的假想圆柱面直径是螺纹大径。内、外螺纹的大径分别用 D、d 表示。通过外螺纹牙底或内螺纹牙顶的假想圆柱面直径是螺纹小径。内、外螺纹的小径分别用 D_1、d_1 表示。介于两者之间，其母线通过牙型的沟槽和凸起宽度相等的假想圆柱面的直径是中径。内、外螺纹的中径分别用 D_2、d_2 表示。

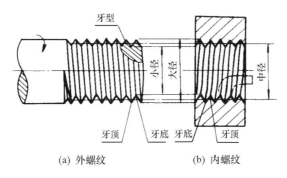

(a) 外螺纹　　　　　　(b) 内螺纹

图 7-7　螺纹的直径

（3）旋向。螺纹的旋向可分为右旋和左旋两种，如图 7-8 所示。

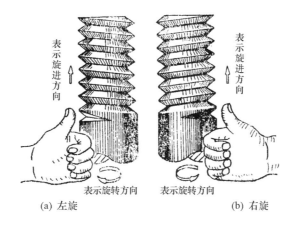

(a) 左旋　　　　　　　　(b) 右旋

图 7-8　螺纹的旋向

127

（4）线数 n。在同一圆柱面上切削一条螺纹称为单线螺纹；切削两条螺纹的称为双线螺纹。通常把圆柱面上同时具有两条或两条以上螺纹的称为多线螺纹，如图 7-9 所示。

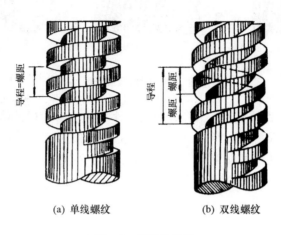

(a) 单线螺纹   (b) 双线螺纹

图 7-9 螺纹的线数

（5）螺距 P 和导程 L。在螺纹中径上相邻两个牙沿轴向对应点之间的距离，称为螺距。同一条螺旋线上的相邻两牙在中径线上对应两点间的轴向距离，称为导程。对于单线螺纹，其螺距和导程相同；而多线螺纹的螺距则等于导程除以线数，如图 7-9 所示。

标准螺纹：在螺纹要素中，牙型、直径、螺距符合国家标准规定的螺纹，称为标准螺纹。

特殊螺纹：仅牙型符合标准，直径或螺距不符合标准的螺纹，称为特殊螺纹。

非标准螺纹：牙型不符合标准的螺纹，称为非标准螺纹。

内、外螺纹旋合的条件是：牙型、直径、旋向、线数、螺距五要素必须一致。

3. 螺纹的规定画法（依据 GB/T 4459.1—1995 整理）

（1）外螺纹的画法。在平行螺杆轴线的视图中，外螺纹的大径（牙顶）用粗实线表示；小径（牙底）用细实线表示；螺纹终止线用粗实线画出；螺纹头部的倒角在反映轴线的视图中也应画出。

在垂直于螺纹轴线的投影面的视图中，表示小径（牙底）的细实线只画约 3/4 圈，而螺纹倒角则省略不画，如图 7-10 所示。

（2）内螺纹的画法。在剖视图中，内螺纹的大径（牙底）用细实线画；小径（牙顶）及螺纹的终止线用粗实线画。不剖开表示时，牙底、牙顶和螺纹终止线均用虚线画出。

在垂直螺纹轴线的投影面的视图中，小径（牙底）圆画粗实线圆，大径圆只画约 3/4 圈细实线圆，倒角圆省略不画，如图 7-11 所示。

（3）螺纹连接的画法。在剖视图中，表示内、外螺纹的连接时，其旋合部分应按外螺纹的画法。其余部分按各自的画法表示，如图 7-12 所示。

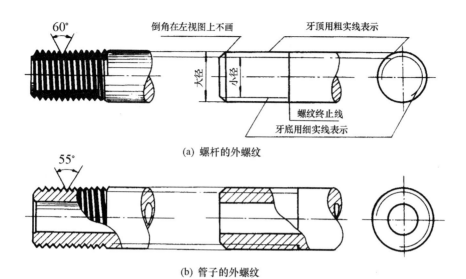

(a) 螺杆的外螺纹

(b) 管子的外螺纹

图 7 - 10　外螺纹的画法

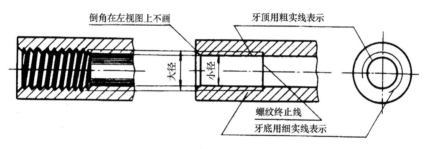

(a) 剖开画法

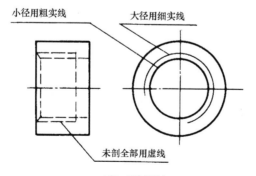

(b) 不剖画法

图 7 - 11　内螺纹的画法

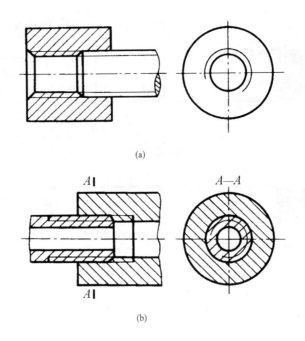

(a)

(b)

图 7-12　螺纹连接的画法

（4）螺纹收尾。加工外螺纹和不通孔的内螺纹时，在螺纹尾部会产生一小段不完整的牙型，如图 7-13 所示，称为螺纹收尾，是不能旋合的。螺尾不包含在螺纹有效长度之内，需要画出螺尾时，从螺纹牙底与终止线的交点起，画出与轴线成 30° 的细实线即可。

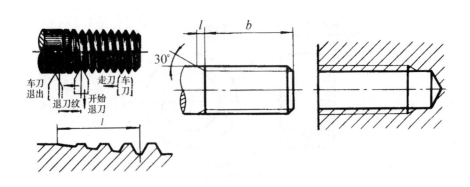

图 7-13　螺纹收尾

当螺纹连接不允许有螺尾存在时，应事先在产生螺尾的部位车出一条环形槽，即退刀槽（参见第 8 章），各部分尺寸，参见附录 B.5。

（5）不通螺纹孔。加工不通螺纹孔时，其步骤是先钻孔，再改螺丝。钻头的直径等于螺纹的小径，钻头头部一般为 118° 的锥体，在孔底形成相应的锥坑，在制图时为了方便，规定将其画成 120°，但不必标注角度，如图 7 - 14（a）所示。加工内螺纹的丝锥，头部有一小段锥形，称为导向段，为不完整牙型，在孔底则形成螺尾。为此，通常将光孔的深度比螺纹部分增加 0.5D，以保证螺纹的有效旋合长度，如图 7 - 14 所示。

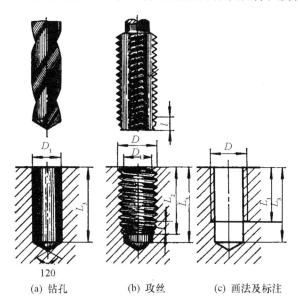

(a) 钻孔　　　　(b) 攻丝　　　　(c) 画法及标注

图 7 - 14　不通的螺纹孔

（6）螺纹孔的相贯线。螺纹孔中的相贯线，按螺纹的小径画出，如图 7 - 15 所示。

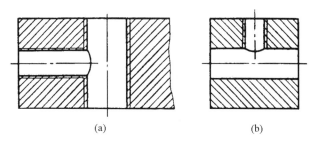

(a)　　　　　　　　　　(b)

图 7 - 15　螺纹孔中相贯线的画法

4. 螺纹的分类及特征代号

螺纹按用途分为两大类：连接螺纹和传动螺纹，它们的标注示例及特征代号，参见表 7 - 1。

（1）连接螺纹

1）粗牙普通螺纹和细牙普通螺纹。这两种螺纹牙型均为 60° 的等边三角形，粗牙与细牙的区别是在螺纹大径相同的条件下，细牙螺纹的螺距小于粗牙螺纹的螺距。

在附录表 1 中可以查到螺距的具体数值。

2）管螺纹。管螺纹常用于管道连接，采用英寸制。管螺纹的尺寸代号是管子孔径（1英寸≈25.4mm），不是管螺纹大径。螺纹大径、小径等参数可由尺寸代号从国家标准中查出。非螺纹密封的外管螺纹中径公差分 A、B 两个等级，要标注。

（2）传动螺纹

传动螺纹用于传递运动和动力。常用的两种标准传动螺纹是梯形螺纹和锯齿形螺纹。

5. 螺纹的规定标注

由于螺纹采用了规定画法，为识别螺纹的种类和要素，对螺纹必须按规定格式进行标注。螺纹的标注应包括以下内容：

| 特征代号 | 公称直径 | × | 螺距［或导程（P螺距）］ | 旋向 | – | 螺纹公差带代号 | – | 旋合长度代号 |

标注示例参看表 7－1。

标注时应注意：

（1）普通粗牙螺纹，螺距省略标注；

（2）单线、右旋螺纹，不标注线数和旋向，左旋用"LH"表示；

（3）一般螺纹连接，不标注旋合长度；

（4）螺纹公差带是由公差等级和基本偏差代号组成，内螺纹用大写字母，如 6H；外螺纹用小写字母，如 6h；

（5）管螺纹标注用一条斜向细实线，一端指向螺纹大径，另一端引一条水平细实线，将螺纹标记写在横线上。

二、螺纹紧固件

螺纹紧固件是标准件，常见的螺纹紧固件有螺栓、双头螺栓、螺钉、螺母、垫圈等，如表 7－2 所示。螺纹紧固件的尺寸、结构形状、材料、技术要求均已标准化，根据紧固件的规定标记，在相应的标准中能查出有关尺寸，螺纹紧固件的规定标记一般包括以下内容：

| 名称 | 标准编号 | 螺纹规格 | – | 性能等级 |

表 7 - 1　常用标准螺纹的特征代号和标注方法

螺纹分类		外形图	特征代号	标注示例	说　明
连接螺纹	粗牙普通螺纹	60°	M	M10—5g6g—s	M10—5g6g—s　旋合长度代号 / 顶径公差带 / 中径公差带 / 公称直径
	细牙普通螺纹			M10×1LH—6h	M10×1LH—6h 中径顶径公差带 / 左旋 / 螺距 / 公称直径
	非螺纹密封的管螺纹	55°	G	G1/2A　　G1/2	G1/2A—LH　左旋 / A级外螺纹 / 尺寸代号
	用螺纹密封的圆柱内管螺纹	55°	Rp	Rp11/2	Rp11/2　尺寸代号
	用螺纹密封的圆锥外管螺纹	55°	R	R11/2—LH	R11/2—LH　左旋 / 尺寸代号
	用螺纹密封的圆锥内管螺纹	55°	Rc	Rc11/2	Rc11/2　尺寸代号
传动螺纹	梯形螺纹	30°	Tr	Tr40×14(p7)LH	Tr40×14(p7)LH　左旋 / 螺距 / 导程 / 公称直径
	锯齿形螺纹	3° 30°	B	B40×14(p7)	B40×14(p7)　螺距 / 导程 / 公称直径

表 7 - 2　常用螺纹紧固件及规定标记

名称及视图	规定标记示例	名称及视图	规定标记示例
六角头螺栓	螺栓 GB/T 5780 M10×45	开槽锥端紧定螺钉	螺钉 GB/T 71 M5×16
双头螺柱 B型	螺柱 GB/T 897 M10×40	开槽长圆柱端紧定螺钉	螺钉 GB/T 75 M5×16
A型	螺柱 GB/T897 AM10×40		
开槽圆柱头	螺钉 GB/T 65 M5×20	1型六角螺母	螺母 GB/T 6170 M16
十字槽沉头螺钉	螺钉 GB/T 819 M5×20	1型六角开槽螺母	螺母 GB/T 6178 M16
开槽沉头螺钉	螺钉 GB/T 68 M5×20	平垫圈　$\phi13$	垫圈 GB/T 97.1 12 A140
内六角圆柱头螺钉	螺钉 GB/T 70.1 M5×20	标准型弹簧垫圈　$\phi12.2$	垫圈 GB/T 93 12

举例如下：

螺栓　GB/T 5780 M12×80

表示螺纹规格 d = M12、公称长度 L = 80 mm，C 级的六角头螺栓。

螺柱　GB/T 897 M10×50

表示两端均为粗牙普通螺纹、螺纹规格 d = M10、公称长度 L = 50 mm，B 型、bm = $1d$ 的双头螺柱。

1. 常见螺纹紧固件的画法

（1）查表画法。螺纹紧固件的各部分尺寸已全部标准化，根据公称直径 d、D 和标准编号，可在相应的标准中查到全部尺寸，依尺寸画图。

（2）比例画法。一种简便画法，无须查表，以公称直径 d、D 为基数，紧固件的各部分尺寸按比例取值，近似地画出螺纹紧固件的图形。参看表 7-3。

表 7-3　常用螺纹紧固件的比例画法

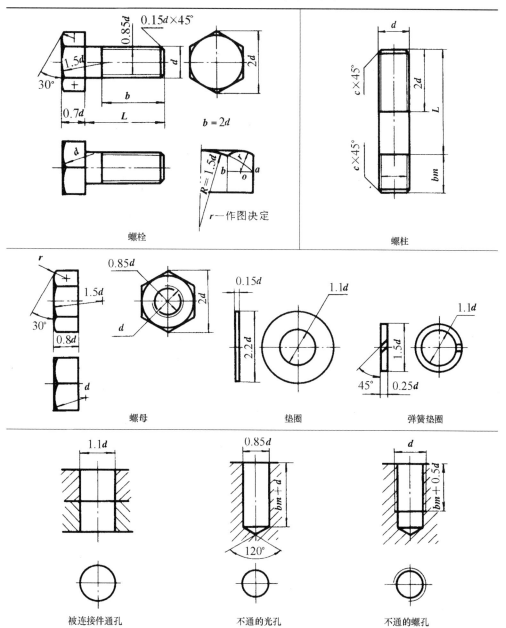

应该指出，按比例画法所得到的各部分尺寸，只是为了不用查表而画出近似的图形，并不是螺纹紧固件真实的尺寸。需要标注螺纹紧固件的有关尺寸时，还是应该标注相应标准中的尺寸数值。

2. 螺纹紧固件的装配画法

常用螺纹紧固件的连接有三种类型：螺栓连接、螺柱连接、螺钉连接，如图7-16所示。把螺栓（或螺柱、螺钉）与螺母、垫圈及被连接件装配在一起而画出的视图或剖视图，称为螺纹紧固件的装配图。在绘制螺纹紧固件的装配图时，应遵守如下基本规定：

（1）两零件接触面处画一条粗实线；

（2）作剖视图时，若剖切平面通过螺纹紧固件（螺栓、螺柱、螺钉、螺母、垫圈等）的轴线时，按不剖绘制；

（3）互相接触的零件，它们的剖面线的方向应该相反，或方向相同而间距不同。

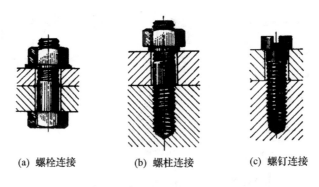

(a) 螺栓连接　　　　(b) 螺柱连接　　　　(c) 螺钉连接

图7-16　螺纹紧固件的连接类型

下面分别介绍螺栓连接、螺柱连接、螺钉连接的装配图画法：

（1）螺栓连接

螺栓连接是将螺栓穿过已钻好通孔的被连接件零件（两件或两件以上），然后套上垫圈，拧紧螺母即成。螺栓连接一般用在被连接的两零件的厚度不大，都可以钻成通孔的条件下，如图7-16（a）所示。

绘图步骤如下：

1）确定螺栓的螺纹规格 d，根据被连接件的厚度之和，初步算出公称长度 L 及选定标准编号，同时也选定螺母及垫圈的规格和标准编号，如图7-17（a）所示。

螺栓公称长度 $L = \delta_1 + \delta_2 + h + m + a$（取 $a = 0.3d$），计算得 L 值，再查附录表6中螺栓公称长度 L 的系列值，选取一个与计算值 L 相近的标准值，定为螺栓的公称长度 L 值。

2）将螺栓穿过被连接件的通孔，套上垫圈，拧紧螺母，完成螺栓连接，见图7-17（c），螺纹长度 b 应从相应标准中选定，一般 b 值应略大于 h、m、a 之和，表示螺母还有拧紧的余量。螺母和螺栓头的倒角可以省略不画。

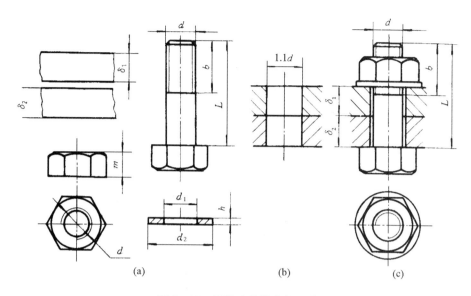

图 7 - 17　螺栓连接的比例画法

（2）螺柱连接

螺柱是两头均有螺纹的圆柱体，故也叫双头螺柱。采用螺柱连接时，在被连接件中的较厚的零件上，需要先加工一个螺纹孔，将螺柱的旋入端拧入；再将另一个钻有通孔的被连接零件套在螺柱上；然后再加上垫圈，拧紧螺母，完成连接。在拆卸时，只将螺母、垫圈及钻有通孔的被连接零件拆下，而螺柱无须拧出。所以，在两个被连接件中之一较厚而又不宜于钻成通孔时，通常采用螺柱连接。见图 7 - 18（b）。

采用比例画法，绘制螺柱连接图的步骤如下：

1）根据被连接件的材料和厚度，确定螺柱的螺纹规格 d、旋入端长度 b_m、公称长度 L 及标准编号，并选定螺母及垫圈的规格和标准编号。见图 7 - 18（a）。

旋入端长度 b_m，是根据需要加工螺孔的被连接机件的材料确定，见表 7 - 4。

表 7 - 4　双头螺柱的 b_m 值

标准编号	被连接零件的材料	旋入端长度 b_m
GB/T 897	钢、青铜	d
GB/T 898	铸铁	$1.25d$
GB/T 899	铝合金或铸铁	$1.5d$
GB/T 900	铝	$2d$

公称长度 $L = \delta_1 + h + m + a$（取 $a = 0.3d$），计算出 L 值后，再从相应标准的长度系列中选取一个相近的标准数值，才是所要求的 L 值。其中，螺纹长度 b 值应略大于 h、m、a 之和，表示螺母有拧紧的余量。

2）在较薄的被连接零件上钻一通孔，绘图时孔径取 $1.1d$；在较厚的被连接零件上钻一不通孔（盲孔），其孔径等于螺纹小径 d_1，绘图时取 $d_1 = 0.85d$，光孔深度取 $bm + d$，螺纹孔深度取 $bm + 0.5d$，如图 7 - 18（a）所示。

3）将双头螺柱的旋入端拧入被连接零件的螺孔，另一端穿过较薄的被连接件的通孔，套上垫圈、拧紧螺母，完成螺柱连接，如图 7 - 18（b）所示。

应该指出，画螺柱连接图时，旋入端的螺纹终止线应与结合面平齐，表示旋入端已经拧紧。螺母的倒角可以省略不画。

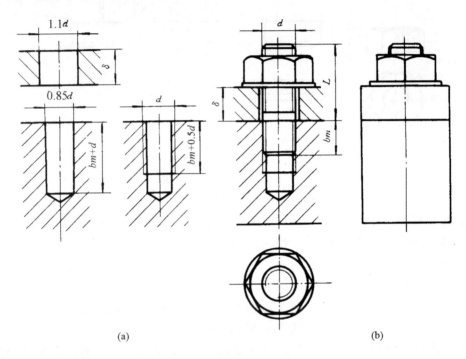

（a）   （b）

图 7 - 18　螺柱连接的比例画法

（3）螺钉连接

螺钉连接适用于受力不大和不经常拆卸的部位，螺钉连接的画法与螺柱连接相似，所不同之处，如图 7 - 19 所示。

螺钉连接的画法应注意：

1）螺纹终止线应超出被连接零件之间的接触面，表示螺钉已拧紧，还有拧紧的余量；

2）开槽螺钉头部的起子槽，在反映圆的视图上，规定画成向右倾斜 45°，槽的宽度小于 2 mm 时，槽的投影可以涂黑。

常用螺钉头部的比例画法，如图 7 - 20 所示。

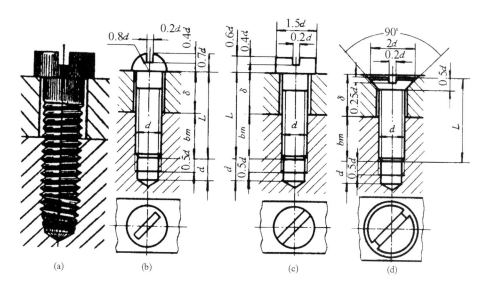

图 7 - 19　常用螺钉连接的比例画法

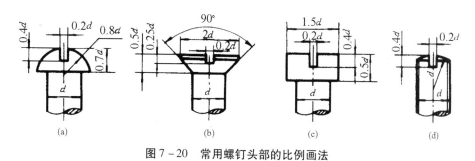

图 7 - 20　常用螺钉头部的比例画法

7.2　键、销及滚动轴承

一、键

机器上常用键来连接轴和轴上的传动件（如齿轮、皮带轮等），以传递动力和扭矩，使两者一起转动，如图 7 - 21 所示。键的种类很多，常用的有平键、半圆键、楔键等。在此只介绍普通平键及其连接。普通平键是以两个侧面为工作面传递扭矩的。普通平键有三种形式：圆头普通平键（A 型）、平头普通平键（B 型）和单圆头普通平键（C 型）。标记时 A 型可以省略字母 A，如图 7 - 22 所示。

普通平键标记示例：

GB/T 1096 键 16 × 10 × 100

表示键宽 $b = 18$ mm、键高 $h = 10$ mm、键长 $L = 100$ mm 的普通 A 型平键。

GB/T 1096 键 B16 × 10 × 100

表示键宽 $b = 18$ mm、键高 $h = 10$ mm、键长 $L = 100$ mm 的普通 B 型平键。

图 7 – 21　键连接

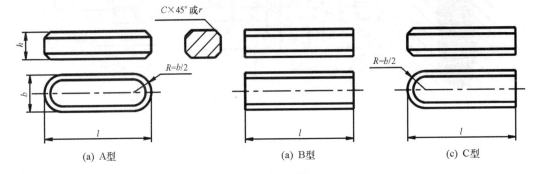

(a) A型　　　　　　　(a) B型　　　　　　　(c) C型

图 7 – 22　普通平键

普通平键的公称尺寸可根据轴的直径从附录 C.18 中查表得到，键长一般比轮毂长度短 5 ~ 10 mm，并取标准值。图 7 – 23 是轴上键槽的画法及标注，图 7 – 24 是轮毂上键槽的画法及标注，图 7 – 25 是普通平键的连接画法。

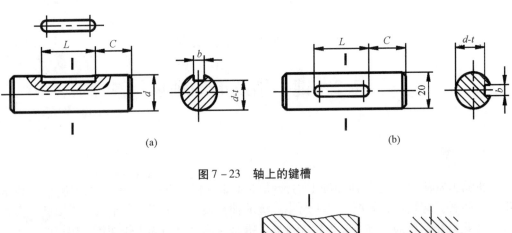

(a)　　　　　　　　　　　　　　(b)

图 7 – 23　轴上的键槽

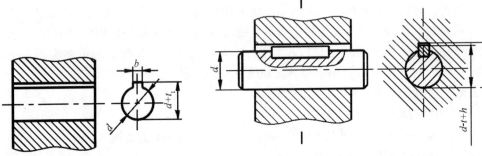

图 7 – 24　轮毂上的键槽　　　　　图 7 – 25　普通平键的连接画法

140

二、销

销主要起定位作用，也可用于连接和锁紧。常用的销有圆柱销、圆锥销和开口销三种，如图 7-26 所示。图 7-27 是圆柱销连接画法。

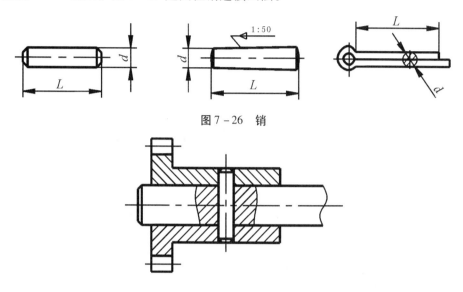

图 7-26　销

图 7-27　圆柱销连接画法

三、滚动轴承

滚动轴承是支撑旋转轴的部件，它具有摩擦力小、结构紧凑等优点。滚动轴承的种类很多，按其承受的载荷方向可分为：向心轴承——承受径向载荷；推力轴承——承受轴向载荷；圆锥滚子轴承——同时承受径向和轴向载荷。如图 7-28 所示，它们的结构大致相似，一般由外圈、内圈、滚动体和保持架组成。

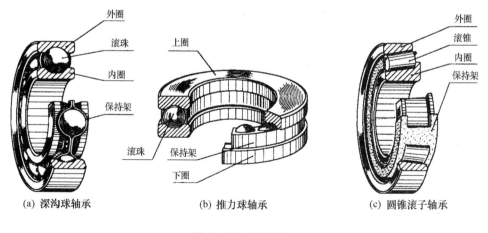

(a) 深沟球轴承　　　(b) 推力球轴承　　　(c) 圆锥滚子轴承

图 7-28　滚动轴承

141

滚动轴承是标准件，一般不需画零件图。在画装配图时，可根据国家标准规定的简化画法或规定画法表示。画图时，应先根据轴承代号由国家标准中查出轴承的外径 D、内径 d、宽度 B 等几个主要尺寸，然后按比例画出。

常用滚动轴承的简化画法（含通用画法和特征画法）和规定画法如表 7－5 所示。

表 7－5　滚动轴承的画法

<table>
<tr><th rowspan="2">名称</th><th rowspan="2">规定画法</th><th colspan="2">简化画法</th></tr>
<tr><th>特征画法</th><th>通用画法</th></tr>
<tr><td>深沟球轴承</td><td> </td><td> </td><td rowspan="3">当不需要确切地表示外形轮廓、载何特性、结构特征时
 </td></tr>
<tr><td>推力球轴承</td><td> </td><td> </td></tr>
<tr><td>圆锥滚子球轴承</td><td> </td><td> </td></tr>
</table>

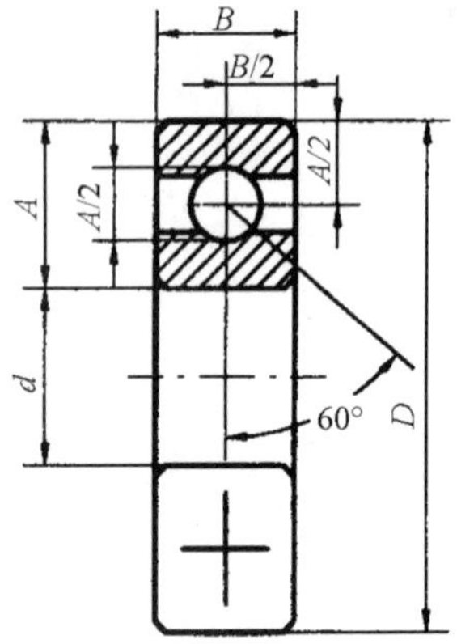

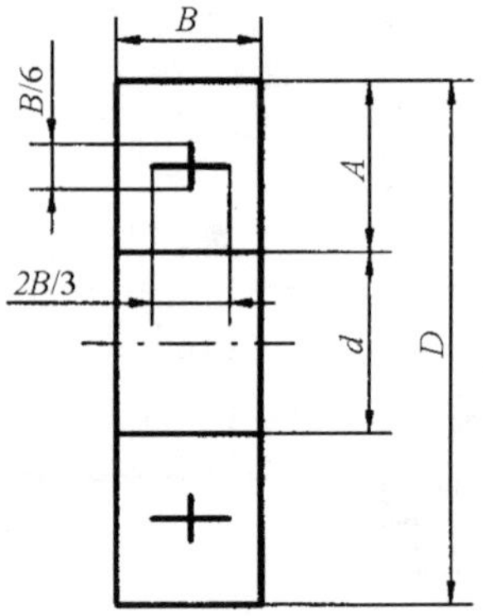

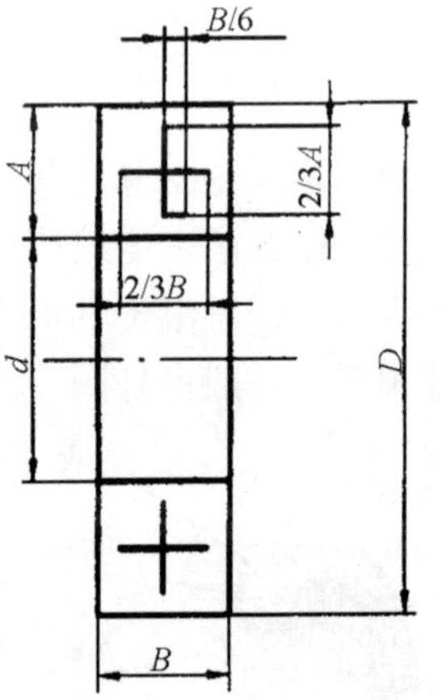

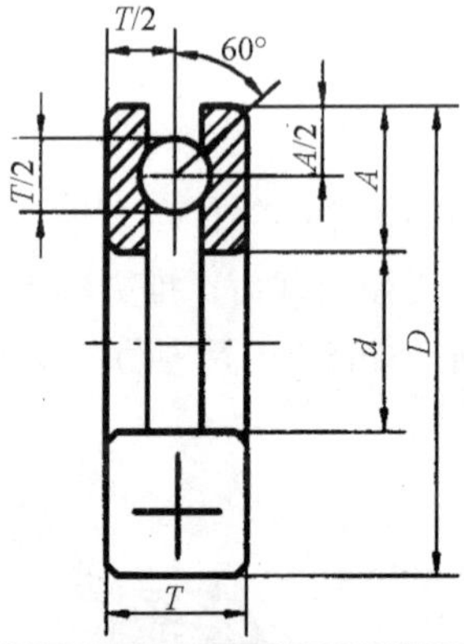

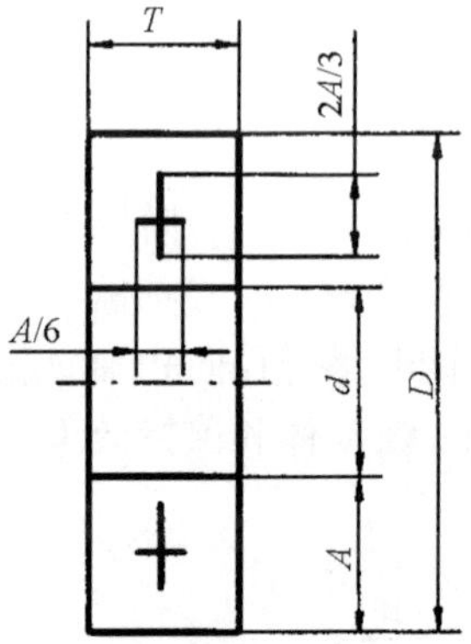

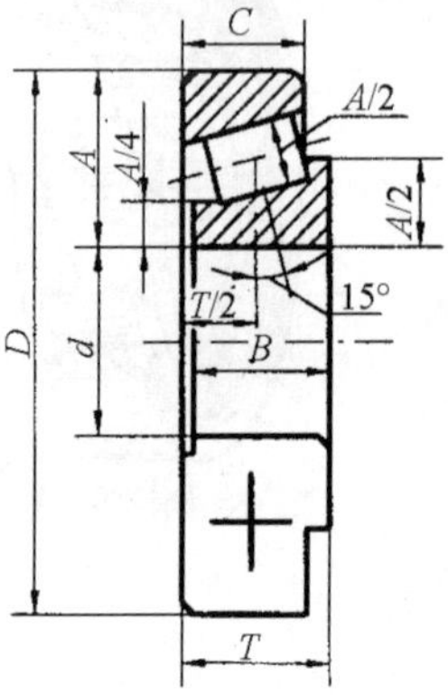

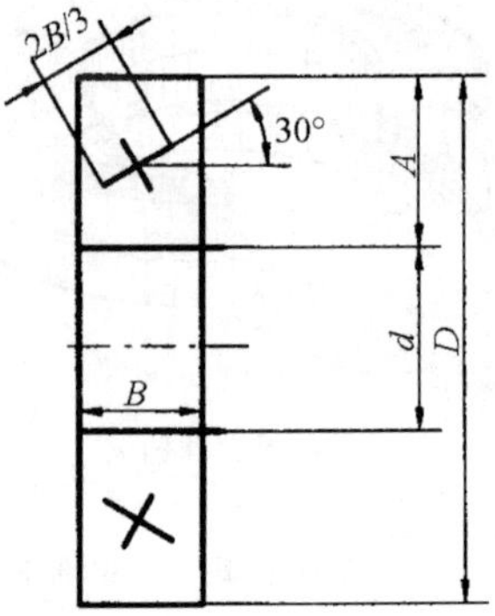

　　滚动轴承的代号由一组数字组成，由前置代号、基本代号、后置代号组成。基本代号由轴承类型代号、尺寸系列代号和内径代号构成，其中尺寸系列代号由轴承轴向尺寸（向心轴承是宽度，推力轴承是高度）系列代号和直径系列代号组成。例如，规定标记：

滚动轴承 6206 GB/T 276—2013

表示含义：6 表示轴承类型是深沟球轴承；2 是轴承尺寸系列代号 02 的缩写，宽度系列代号 0 省略不注，直径系列代号为 2；06 表示轴承内径 $d = 6 \times 5 = 30$ mm。表示轴承内径的两位数字为 00 时，$d = 10$；为 01 时，$d = 12$；为 02 时，$d = 15$；为 03 时，$d = 17$；大于 04 时，是数字乘 5。

　　再如，规定标记：

滚动轴承 81107 GB/T 4663—2017

表示含义：8 表示轴承类型是推力圆柱滚子轴承；11 是轴承尺寸系列代号，高度系列代号 1，直径系列代号 1；07 表示轴承内径 $d = 7 \times 5 = 35$ mm。

7.3　齿　轮

　　齿轮是机器中应用很广泛的传动零件，用一对互相啮合的齿轮可以将主动轴上的旋转运动传递到另一根轴上，以传递动力、改变转速或运动方向。常见的齿轮有：圆柱齿轮——用于两平行轴之间的传动；圆锥齿轮——用于两相交轴之间的传动；蜗轮、蜗杆——用于两异面轴之间的传动。

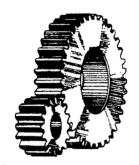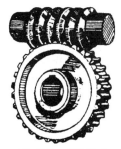

(a) 圆柱齿轮传动　　　　　(b) 圆锥齿轮传动　　　　　(c) 蜗轮、蜗杆传动

图 7 - 29　齿轮传动

本节主要介绍直齿圆柱齿轮的基础知识和画法。

一、直齿圆柱齿轮的各部分名称和尺寸代号

　　圆柱齿轮的轮齿有直齿、斜齿和人字齿等。图 7 - 30（b）所示为互相啮合的一对标准直齿圆柱齿轮的示意图。其各部分名称和主要参数如下所述。

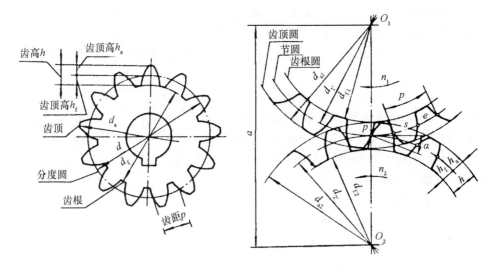

(a) 直齿圆柱齿轮各部分名称   (b) 啮合示意图

图 7 – 30　直齿圆柱齿轮各部分名称和代号

（1）齿顶圆

通过齿轮顶部的圆称为齿顶圆，其直径用 d_a 表示。

（2）齿根圆

通过齿轮根部的圆称为齿根圆，其直径用 d_f 表示。

（3）分度圆

齿顶圆和齿根圆之间的一个圆称为分度圆，其直径用 d 表示，在该圆的圆周上齿厚 s 和齿槽宽 e 相等。

（4）齿顶高

齿顶圆与分度圆之间的径向距离称为齿顶高，用 h_a 表示。

（5）齿根高

齿根圆与分度圆之间的径向距离称为齿根高，用 h_f 表示。

（6）齿高

齿顶圆与齿根圆之间的径向距离称为齿高，用 h 表示。

（7）齿厚

一个齿的两侧齿廓之间的分度圆弧长称为齿厚，用 s 表示。

（8）槽宽

一个齿槽的两侧齿廓之间分度圆弧长称为槽宽，用 e 表示。

（9）齿距

相邻两齿同侧齿廓之间的分度圆弧长称为齿距，用 p 表示，$p = s + e$。

（10）齿宽

齿轮轮齿沿轴线方向的厚度称为齿宽，用 b 表示。

（11）齿数

齿轮的齿数用 z 表示。

（12）模数

齿轮的分度圆周长 $= \pi d = zp$，即 $d = zp/\pi$，令 $m = p/\pi$，m 称为齿轮的模数，单位是 mm。则有：

$$d = mz$$

显然，m 是反映轮齿大小和强度的一个参数。一对相互啮合的齿轮，其齿距和模数都相等。为了便于设计和制造，减少加工齿轮的道具数量，国家标准将模数标准化，部分数值如表 7 - 6 所示。

表 7 - 6　渐开线圆柱齿轮标准模数表

第一系列	1	1.25	1.5		2		2.5		3		4	
第二系列				1.75		2.25		2.75		3.5		4.5
第一系列	5		6		8		10	12		16		20
第二系列		5.5		7		9			14		18	

（13）压力角

如图 7 - 30（b）所示的啮合图，轮齿在分度圆上啮合点的受力方向和该点的瞬时运动方向之间的夹角 α 称为压力角，我国标准齿轮的压力角为 20°。

（14）节圆

当两齿轮啮合时，如图 7 - 30（b）所示，在中心的连线上，两齿廓的接触点称为节点 P。以 O_1、O_2 为圆心，分别过节点 P 所作的两个圆，称为节圆，两节圆相切，其直径分别用 d'_1、d'_2 表示。

当标准齿轮按理论位置安装时，节圆和分度圆是重合的，即

$$d'_1 = d_1 \quad d'_2 = d_2$$

直齿圆柱齿轮的各部分计算公式如表 7 - 7 所示。

表 7 - 7　直齿圆柱齿轮的各部分计算公式

名称	代号	计算公式
模数	m	根据设计确定，应取标准模数
齿数	z	根据运动设计选定
分度圆直径	d	$d = mz$
齿顶高	h_a	$h_a = m$
齿根高	h_f	$h_f = 1.25m$
齿高	h	$h = h_a + h_f = 2.25m$
齿顶圆直径	d_a	$d_a = d + 2h_a = (z + 2)\ m$
齿根圆直径	d_f	$d_f = d - 2h_f = (z - 2.5)\ m$
齿距	p	$p = m\pi = s + e$
中心距	a	$a = (d_1 + d_2)\ /2 = m\ (z_1 + z_2)\ /2$

二、直齿圆柱齿轮的画法

1. 单个圆柱齿轮的画法

齿顶圆和齿顶线用粗实线绘制；分度圆和分度线用细点画线绘制；齿根圆和齿根线用细实线绘制，也可省略不画。在剖视图中，沿轴线剖切时，轮齿规定不剖，齿根线用粗实线绘制。对于斜齿轮和人字齿轮等，用平行的三条细实线表示齿线的方向，如图7－31所示。

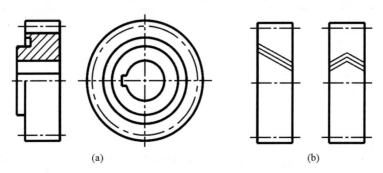

(a)   (b)

图7－31　单个齿轮画法

2. 互相啮合的圆柱齿轮的画法

在投影为非圆的视图上，互相啮合的圆柱齿轮可以画成剖视或视图。画成剖视图时，在啮合区内，两齿轮的节线重合，画一条细点画线；一个齿轮的齿顶线用粗实线绘制，另一个齿轮（一般为从动轮）的齿顶线及其轮齿被遮挡的部分的投影均画成虚线，如图7－32所示，也可省略不画。如果画成视图，啮合区的节线用粗实线绘制，如图7－33（b）所示。在投影为圆的视图中，当一对齿轮啮合时，两节圆相切，由于齿顶高和齿根高相差$0.25m$，所以一个齿轮的齿顶线距离另一齿轮的齿根线有$0.25m$的间隙，啮合区内的齿顶圆可以省略不画，如图7－33（c）、7－33（d）所示。

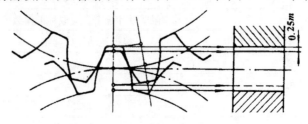

图7－32　啮合区投影的画法

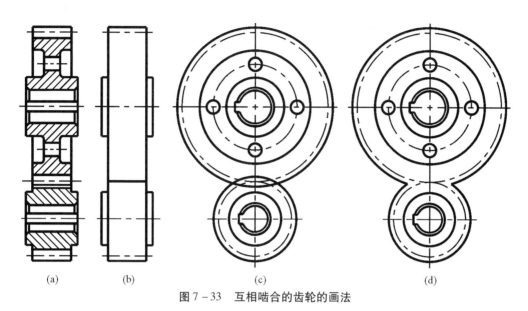

图 7-33　互相啮合的齿轮的画法

图 7-34 是齿轮零件图，零件图上要表示齿轮的结构形状、尺寸、齿轮参数和技术要求如公差值等。

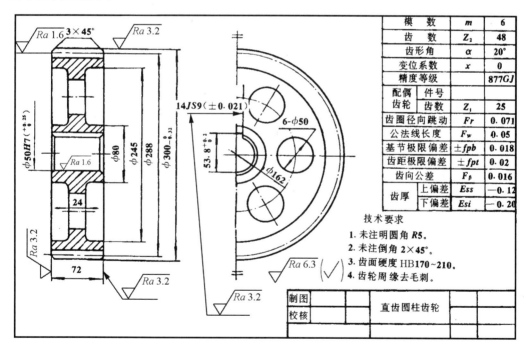

模　数	m	6
齿　数	Z_2	48
齿形角	α	20°
变位系数	x	0
精度等级		877GJ
配偶齿轮	件号	
	齿数 Z_1	25
齿圈径向跳动	Fr	0.071
公法线长度	F_w	0.05
基节极限偏差	$\pm fpb$	0.018
齿距极限偏差	$\pm fpt$	0.02
齿向公差	F_β	0.016
齿厚	上偏差 Ess	-0.12
	下偏差 Esi	-0.20

技术要求

1. 未注明圆角 R5。
2. 未注倒角 2×45°。
3. 齿面硬度 HB170~210。
4. 齿轮周缘去毛刺。

制图		直齿圆柱齿轮	
校核			

图 7-34　直齿圆柱齿轮零件图

7.4 弹　簧

弹簧是一种使用广泛的常用件，可用于减震、夹紧、储能、测力等。弹簧的种类很多，常见的有螺旋弹簧、涡卷弹簧、板簧、碟形弹簧等。根据工作时受力不同，螺旋弹簧分为压缩弹簧、拉伸弹簧和扭转弹簧。常见的弹簧如图 7－35 所示。本节介绍常用的圆柱螺旋压缩弹簧的画法。

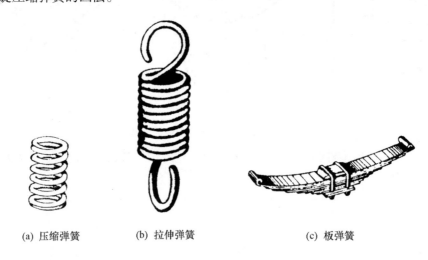

(a) 压缩弹簧　　　　　(b) 拉伸弹簧　　　　　(c) 板弹簧

图 7－35　常见的各种弹簧

一、圆柱螺旋压缩弹簧各部分名称及尺寸关系

（1）弹簧钢丝直径 d；

（2）弹簧外径 D；

（3）弹簧内径 $D_1 = D - 2d$；

（4）弹簧中径 $D_2 = D - d$；

（5）节距 t，除两端支承圈外，相邻两圈的轴向距离；

（6）支承圈数 n_2——为了使弹簧压缩时，各圈受力均匀，保持弹簧轴线始终垂直于支承面，将弹簧两端压紧 1.5～2.5 圈，然后磨平两头端面，使之垂直于弹簧的轴线，被磨平压紧的两端称为支承圈，见图 7－36（a）所示；

（7）有效圈数 n——在给弹簧加压和减压时，始终保持各节距相等的变化，它是参加工作的有效圈数，是计算弹簧受力的主要依据；

（8）总圈数 n_1 = 有效圈数 n + 支承圈数 n_2；

（9）自由高度 H_0——无外力作用下的长度；

（10）弹簧钢丝展开长度 $L \approx n_1 \sqrt{(\pi D_2)^2 + t^2}$。

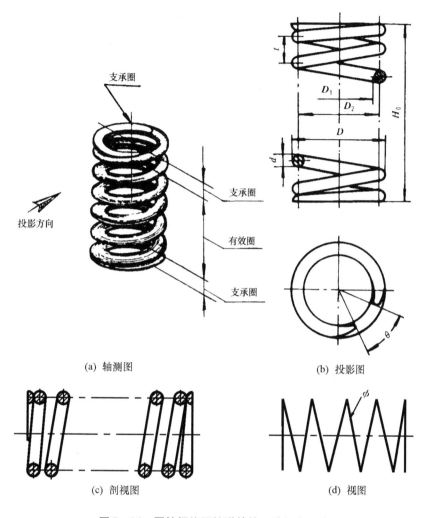

(a) 轴测图　　　　　　　　　　　　(b) 投影图

(c) 剖视图　　　　　　　　　　　　(d) 视图

图 7 - 36　圆柱螺旋压缩弹簧的三种规定画法

二、圆柱螺旋压缩弹簧的规定画法

　　圆柱螺旋压缩弹簧的真实投影比较复杂，为了画图方便，国标规定：在平行于螺旋弹簧轴线方向投影的视图中，各圈的轮廓均画为直线；螺旋弹簧均可画成右旋，但左旋螺旋弹簧，不论画成左旋还是右旋，都要注出旋向"左"字；有效圈数在四圈以上时，螺旋弹簧的中间部分可以省略。圆柱螺旋弹簧的中部省略后，允许适当缩短图形的长度。螺旋压缩弹簧如要求两端并紧且磨平，不论支承圈数多少或末端贴紧情况如何，其视图、剖视图、示意图均按图 7 - 36 绘制。此外，在装配图中，簧丝直径在图形上等于或小于 2 mm，剖面可涂黑表示。弹簧后面被挡住的零件轮廓不必画出。如图 7 - 37 所示。

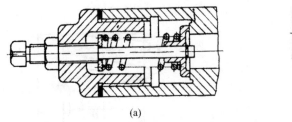
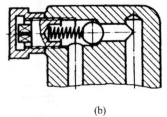

（a）　　　　　　　　　　　　　　　（b）

图 7 – 37　装配图中弹簧的画法

设已知圆柱螺旋压缩弹簧的钢丝直径 $d = 6$，弹簧外径 $D = 42$，节距 $t = 12$，有效圈数 $n = 6$，支承圈数 $n_0 = 2.5$，右旋，其剖视图的作图步骤如图 7 – 38 所示。

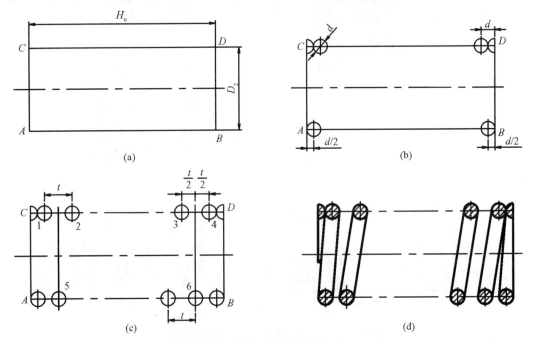

图 7 – 38　圆柱螺旋压缩弹簧的画图步骤

（1）算出弹簧中径 $D_2 = D - d$ 及自由高度 $H_0 = nt + (n_0 - 0.5) d$，可画出弹簧的中径线和自由高度两端线组成的长方形 $ABCD$，如图（a）所示。

（2）画出支承圈部分弹簧钢丝的剖面，如图（b）所示。

（3）画出有效圈部分弹簧钢丝的剖面，如图（c）所示。先在 CD 线上根据节距 t 画出圆 2 和 3；然后从 1、2 和 3、4 的中点作垂线与 AB 线相交，以交点为圆心画圆 5 和 6。

（4）按右旋方向作相应圆的公切线及剖面线，加粗完成作图如图（d）所示。

三、圆柱螺旋压缩弹簧零件图的内容

弹簧的零件图应包括弹簧的图形、尺寸、机械性能曲线（性能曲线画成直线）、加工表面粗糙度、各种技术参数和技术要求等。参见图 7 – 39。

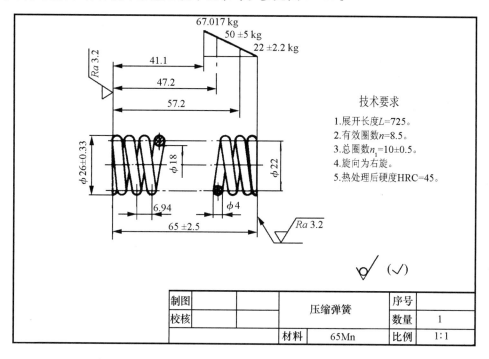

技术要求

1. 展开长度 $L=725$。
2. 有效圈数 $n=8.5$。
3. 总圈数 $n_1=10\pm0.5$。
4. 旋向为右旋。
5. 热处理后硬度 HRC=45。

制图			压缩弹簧		序号	
校核					数量	1
			材料	65Mn	比例	1:1

图 7 – 39　圆柱螺旋压缩弹簧的零件图

第8章 零件图

零件图是表达单个零件结构形状、尺寸大小以及技术要求等内容的图样，是零件加工和检验的依据，是机械工业生产上两大主要技术图样之一。

每一机器或武器装备，无论其结构的复杂程度如何，都是由若干零件组成的。零件是组成机器和武器装备不可分割的基本单元。

8.1 零件图的内容

一张完整的零件图，其内容包括以下四个部分（如图 8-1 所示）：

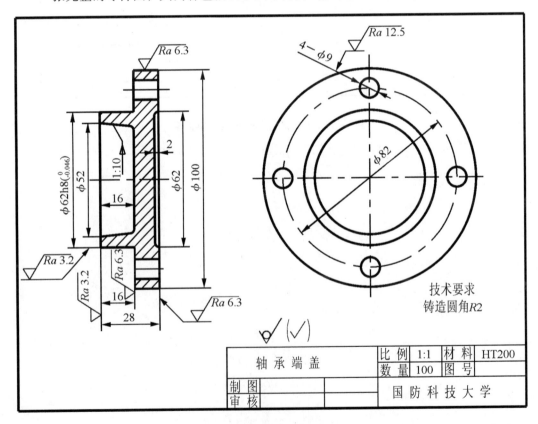

图 8-1 轴承端盖零件图

（1）图形——用一组必要的视图、剖视图、断面图等，正确、清晰、完整地表达出零件各部分的内外结构形状。

（2）尺寸——标出零件的全部定形尺寸和定位尺寸，以确定其各组成部分的大小和相对位置。

（3）技术要求——包含零件的表面粗糙度参数、尺寸公差、几何公差、热处理、表面处理以及其他制造、检验、试验等方面的要求，用来规定零件加工时应达到的技术指标。

（4）标题栏——用来填写零件的名称、材料、数量、图号、图样比例以及设计、制图、审核者的签名和日期。

8.2　零件图的视图选择

一、视图选择的基本要求和步骤

1. 视图选择的基本要求

零件图的视图选择就是选择一个方案，用一组图形（视图、剖视图、断面图等）表达零件的结构形状，符合生产实际要求，便于读图。具体要求为：

（1）完整，零件各组成部分的结构形状及其相对位置须表达完整且唯一确定；

（2）正确，各视图之间的投影关系及所采用的视图、剖视图、断面图等表达方法务求正确；

（3）清晰，视图表达应清晰易懂，便于读图。

2. 主视图的选择

主视图是全图的核心，它反映零件的信息最多，应首先确定。主视图的选择应遵循以下两条原则：

（1）最能反映零件的结构形状特征；

（2）符合零件的工作位置或加工位置。

3. 其他视图的选择

主视图确定后，应根据零件的复杂程度和表达需要，确定其他视图的数量和表达方案。总的原则是：在清晰、完整和正确地表达出零件内外结构形状的前提下，尽量减少视图的数量。

二、几种典型零件的视图选择

机器或武器装备中的零件，其形状虽然千姿百态，繁简不一。但在实际分析中，根据其结构形状特征，大体上可分为四类主要零件：轴套类零件、轮盘盖类零件、箱体类零件、叉（支）架类零件。

1. 轴套类零件

轴套类零件主要有各种轴、套筒和衬套等零件。其基本形状为同轴回转体，轴上常制有键槽、销孔等结构。这类零件主要在车床和磨床上加工，工作位置一般呈水平状态。因此，其主视图常取加工位置，具体选择如下。

主视图：这类零件通常以其轴线水平位置放置，并以垂直于轴线的方向作为主视图的投影方向。一般情况下，一个主视图即可将轴套类零件的基本形状表达清楚，而其上的键槽、销孔等局部结构，可采用断面图、局部视图或局部放大图等加以补充。

表达方法：轴类零件的主视图主体用视图，辅之以局部剖视图、断面图等表达键槽或销孔等结构；套筒类零件的主视图通常画成全剖视图。

图8-2为某式冲锋枪活塞头零件图，它用一个轴线水平的基本视图作为主视图，而在右端作出局部剖视，以表达凹坑的形状；用局部放大的剖视图表达左端非标准螺纹的形状和尺寸。此活塞头的形状和大小便表达清楚和完整了。

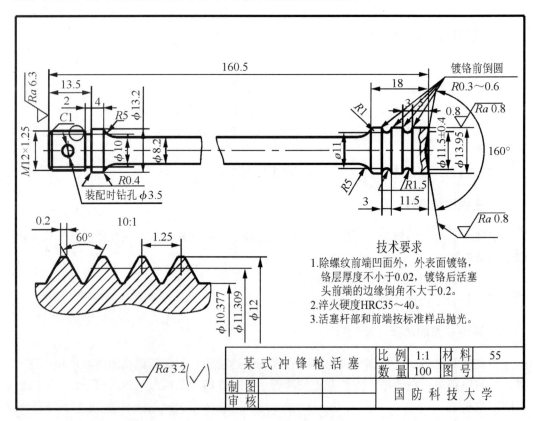

图8-2　轴类零件图

2. 轮盘盖类零件

　　轮盘盖类零件主要有各种手轮、皮带轮、齿轮、法兰盘和圆形端盖等零件。其基本形状是轴向尺寸较小的回转体，并经常带有肋、轮辐或孔、槽等结构。这类零件主要在车床上加工，工作位置也多为轴线成水平状态。因此，通常也选择轴线水平位置放置的视图作为主视图，并采用全剖视，再根据实际情况补充一个端面视图或局部视图等。一般用两个基本视图（图 8 - 1）或一个基本视图和一个局部视图（图 8 - 3）即可将这类零件表达清楚。

　　图 8 - 3、图 8 - 4 分别为某武器装备上皮带轮和端盖的零件图，它们都只用了一个全剖视的主视图，其轴线水平放置，符合加工位置和工作位置，又最能反映结构形状特征。而皮带轮零件图补充了端面局部视图，用以表达键槽及其尺寸；端盖零件图补充了比例为 4∶1 的局部放大图，用以详细表达毡圈槽的形状和尺寸。

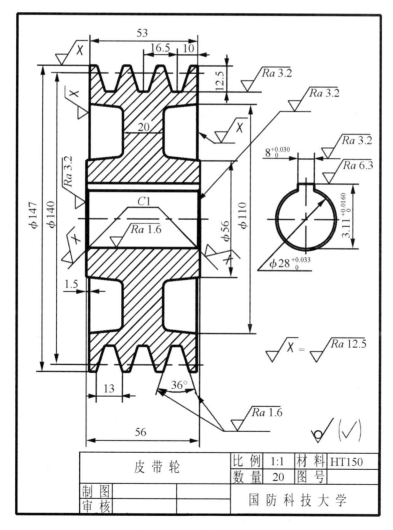

图 8 - 3　皮带轮零件图

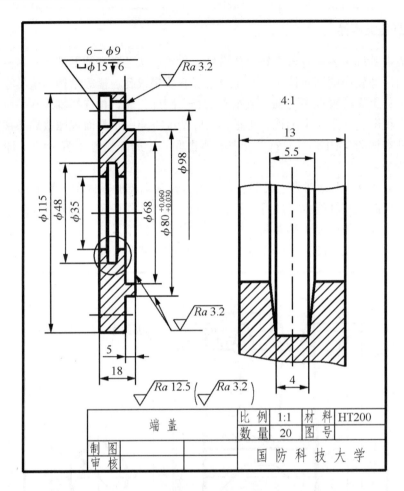

图 8 - 4　端盖零件图

3. 箱体类零件

　　箱体类零件主要有各种变速箱箱体、泵体、阀体、机体等零件，通常都是有关部件的主体零件，体积大，结构复杂，一般为铸造件，经多种机械加工而成。选择主视图时，主要考虑其工作位置和结构形状特征，一般需要三个或更多的基本视图，并辅以一定数量的局部视图，综合运用各种剖视、断面及其他表达方法才能将零件表达清楚。

　　图 8 - 5 为一个箱体的零件图，主视图按工作位置选择，共用了三个基本视图。其中，主视图采用通过对称平面的全剖视，主要反映箱体的内部结构特征；俯视图主要反映箱体的外形；左视图采用半剖视，但在左边半个外形图上对箱体底板的安装孔作局部剖视，既可表达外部形状，又能表达内部结构。箱体前后两个形状相同的凸台在基本视图上未能表达，用 C 向局部视图加以补充。

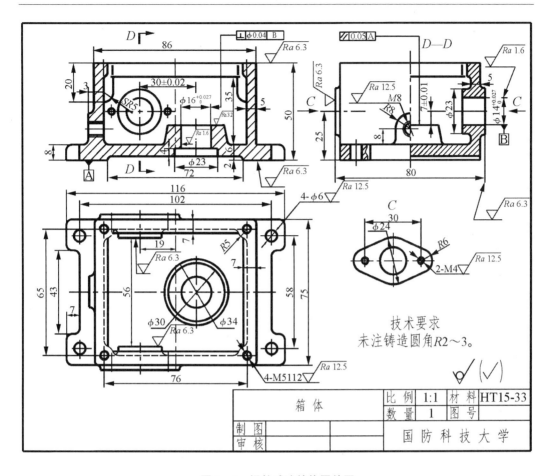

图 8-5 涡轮减速箱体零件图

4. 叉架类零件

叉架类零件主要有拨叉、连杆、支架、支座等零件，其结构复杂多样。零件毛坯为铸造件或锻造件，需经多种机械加工方能得到最终成品。因此，这类零件的视图选择常结合工作位置考虑，以最能反映零件结构形状特征的视图作为主视图。由于零件的结构形状繁简差别大，视图数量差别也很大。一般需要一个以上的基本视图另加一些局部视图、局部剖视图、断面图等，才能将零件表达清楚。

图 8-6 为方向机支臂零件图。其材料为 ZG45（铸钢），表明零件毛坯为铸造件，经铣、镗等多种机械加工工序加工而成。主视图按工作位置选择，表达零件的基本结构形状；上部叉形结构在主视图上未能表达清楚，采用 $A-A$ 斜剖与阶梯剖相结合的剖视方法加以表达。其他部位再用 $B-B$ 局部斜剖、C 向局部视图和局部剖视图作为补充。

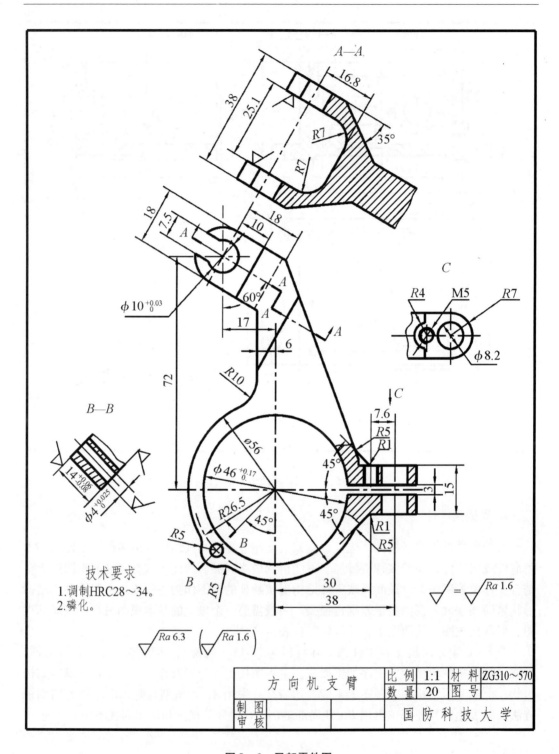

图 8-6 叉架零件图

8.3 零件图的尺寸标注

零件图中的图形用来表达零件的结构形状，其大小则由标注的尺寸来确定。因此，尺寸标注是零件图的一项重要内容，它直接用于零件的加工和检验。零件图的尺寸标注应做到四项要求：

（1）正确，尺寸标注的形式符合国家标准的规定，尺寸数值正确无误；

（2）完整，标注的尺寸能够唯一地确定零件的形状和大小，不重复，不遗漏；

（3）清晰，尺寸标注的布置要便于看图；

（4）合理，尺寸既要符合零件的设计性能要求，又要便于加工和测量。

前三点要求与组合体尺寸标注的要求一样，读者可对组合体尺寸标注进行复习，以便正确理解零件图上有关尺寸标注。本节将主要介绍零件尺寸标注合理性方面的要求。

零件尺寸标注的合理性是指从零件的设计和加工需要出发，来选择尺寸基准和标注尺寸，使所标注的尺寸既满足设计要求，又符合加工、测量、检验等工艺要求。显然，要完全做到这一点，必须要有一定的专业知识和实际生产经验，需要继续通过后续课程的学习以及参加生产实践，才能完全掌握。以下仅对零件尺寸的合理标注作一初步的介绍。

一、尺寸基准

基准是指零件在机器中或在加工、测量时，计量尺寸的起点。即基准是一些面、线或点，用以确定零件在机器、部件中的位置。为此，基准有设计基准和工艺基准两种。

1. 设计基准

设计基准是指在零件结构设计时，用于确定零件在机器、部件中的位置及其几何关系的基准。因此，一般选择零件上的接触面、对称面或主要的回转轴线作为设计基准，如图 8 – 7 所示。

2. 工艺基准

工艺基准是指零件在加工过程中，用于装夹定位、测量、检验零件已加工面时所用的零件上的一些面、线或点。如图 8 – 7 所示的工艺基准，分别是在车床上加工时，测量左右两段轴轴向长度的基准平面。

一般说来，每个零件都有长、宽、高三个方向的尺寸，因此，三个方向都至少应有一个尺寸基准，这个基准一般称为主要基准。其余的为辅助基准。辅助基准必须与主要基准有尺寸联系。

二、尺寸的配置形式

根据零件设计和加工的需要，尺寸的配置有下列三种形式。

1. 坐标式

坐标式是指在标注零件上同一方向的一组尺寸时，所有尺寸都从同一基准出发进行标注，如图 8 - 8（a）所示。

2. 链式

链式是指在标注零件上同一方向的一组尺寸时，尺寸彼此首尾相连，如图 8 - 8（b）所示。此时，前一尺寸的终止处即为后一尺寸的基准。

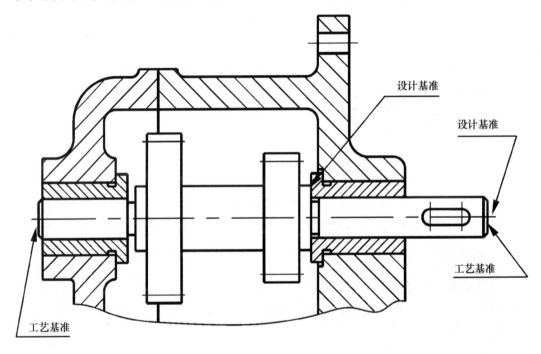

图 8 - 7　设计基准与工艺基准

3. 综合式

综合式是坐标式和链式的组合标注形式，如图 8 - 8（c）所示。这种形式可以兼有上述两种形式的优点，更好地适应零件设计和工艺的要求，因此在尺寸标注时多数采用这种方式。

三、合理标注零件尺寸的一些原则

1. 避免出现封闭的尺寸链

如果同一方向上的一组尺寸首尾相连，形成一个封闭的回路，其中每一个尺寸都可以由其他的尺寸通过算术运算计算出来，这一组尺寸就形成封闭的尺寸链，如图 8-8（d）所示。这样标注尺寸在加工某一表面时，将同时受到尺寸链中几个尺寸的约束，加工往往难以保证设计要求。因此，设计时通常将某个最不重要的尺寸空出不注，称之为开口环。但有时为了设计和加工时参考，也把开口环的尺寸用半圆括号括上标注出来。

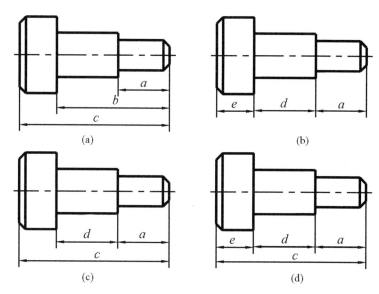

图 8-8　尺寸的配置形式

2. 功能尺寸必须直接标注出来

功能尺寸是指零件上对机器的工作性能、装配质量有直接影响的尺寸。直接注出功能尺寸，能够直接提出尺寸公差、形状和位置公差的要求，以保证设计要求。

3. 非功能尺寸的标注应符合加工要求、便于测量

图 8-9（a）所示的一些图例，是由设计基准注出中心至某面的尺寸，但不易测量。如果这些尺寸对设计要求影响不大时，应考虑测量方便，按图 8-9（b）标注。

4. 在同一方向上，毛坯面与加工面之间只能有一个直接的尺寸联系

毛坯面是指用铸造或锻造等方法制造零件毛坯时所形成的，且未经任何机械加工的表面。由于毛坯面的尺寸是靠制造毛坯时保证的，加工面的尺寸是对毛坯进行机械加工时保证的，因此这两种表面的尺寸应分别标注。同时，在三个方向上各有一个尺寸将它

们联系起来，如图 8 – 10 中的尺寸 B 就是高度方向的联系尺寸。假设图 8 – 10 中的加工面底面在高度方向上同时与两个或两个以上的毛坯面有直接的尺寸联系，那么加工底面时，很难同时保证这些尺寸的要求。

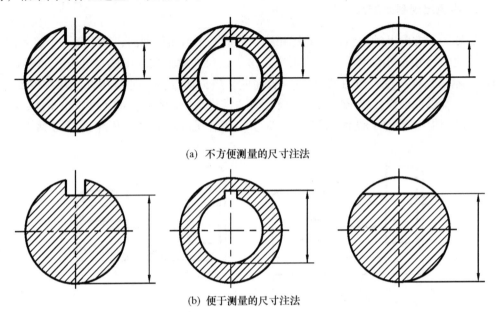

(a) 不方便测量的尺寸注法

(b) 便于测量的尺寸注法

图 8 – 9　非功能尺寸的正确标注

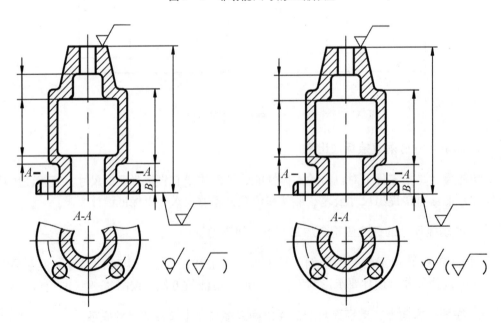

图 8 – 10　毛坯面与加工面的尺寸注法

8.4　零件图中的技术要求

零件图中的技术要求即对零件的加工提出的质量或品质的技术要求，它包括零件表面粗糙度、尺寸公差、几何公差、材料热处理和表面处理等。其表示方法有两种，一种是用规定的代（符）号标注在视图中，另一种是在"技术要求"的标题下，用简明的文字来说明。以下主要介绍零件的表面粗糙度、极限与配合，以及几何公差的技术要求。

一、零件表面粗糙度及其注法

1. 表面粗糙度的概念

零件表面上具有较小间距的峰谷所组成的微观几何形状特征，称为表面粗糙度。

机械加工过程中，由于切削刀痕、切屑分离时的塑性变形，工艺系统中的高频振动，刀具与被加工表面摩擦等原因，会使被加工零件表面产生微小的峰谷。无论表面加工得多么光滑，借助于放大镜或显微镜都可以观察到这些高低不平的峰谷。如图 8 - 11 所示。

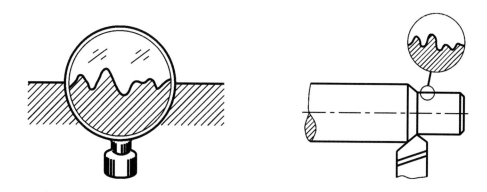

图 8 - 11　表面粗糙度概念

表面粗糙度对零件的配合性能、耐磨性、耐腐蚀性、密封性、抗疲劳性以及外观等都有直接影响。因此，它是评定零件表面质量的一项重要技术指标。

2. 表面粗糙度的评定参数

评定表面粗糙度的常用参数有两项指标：即轮廓算术平均偏差 Ra 和轮廓最大高度 Rz（单位 μm）。在使用时优先选用 Ra。

（1）轮廓算术平均偏差 Ra

它是指在取样长度内，轮廓线上各点到轮廓算术平均中线距离绝对值的算术平均值，如图 8 - 12 所示。用公式表示为：

163

$$Ra = \frac{1}{l} \int_0^l |Y(x)| \mathrm{d}x$$

其近似值为：

$$Ra = \frac{1}{n} \sum_{i=1}^n |Yi|$$

式中，Yi 为轮廓偏距。

Ra 参数值及取样长度 l 和评定长度 ln 见表 8-1。

（2）轮廓最大高度 Rz

它是指在取样长度内，轮廓峰顶线与轮廓谷底线的距离，如图 8-12 所示。其参数可查阅有关机械设计手册。

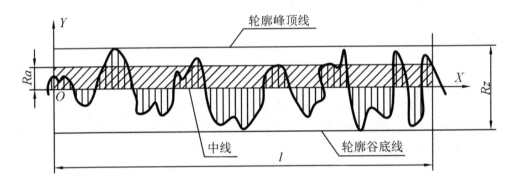

图 8-12　轮廓曲线和表面粗糙度参数

3. 表面粗糙度参数的选用

Ra 值越小，零件被加工表面越光泽，加工成本越高。因此，设计中合理选择 Ra 参数值意味着在保证使用要求的前提下，尽量选用 Ra 的较大值。表 8-2 列出了机械工程中常用的 Ra 值以及与其相应的加工方法、表面特征及应用实例。

表 8-1　Ra 及 l、ln 选用值

$Ra/\mu m$	> 0.008 ~ 0.02		> 0.02 ~ 0.1		> 0.1 ~ 2.0		> 2.0 ~ 10.0		> 10.0 ~ 80	
取样长度/mm	0.08		0.25		0.8		2.5		8.0	
评定长度/mm	0.4		1.25		4.0		12.5		40	
$Ra/\mu m$ 补充系列值	0.008	0.010	0.012*	0.016	0.020	0.025*	0.032	0.040	0.050*	0.063
	0.080	0.100*	0.125	0.160	0.20*	0.25	0.32	0.40*	0.50	0.63
	0.80*	1.0	1.25	1.60*	2.0	2.5	3.2*	4.0	5.0	6.3*
	8.0	10.0	12.5*	16	20	25*	32	40	50*	63
	80	100*								

注：（1）Ra 数值中有 * 号的为第一系列，应优先选取；（2）ln 是评定轮廓所必需的一段长度，
　　一般为五个取样长度。

表 8-2 常用切削加工表面的 Ra 值和相应的表面特征

$Ra/\mu m$	表面特征	加工方法		应用举例
25	可见刀痕	粗加工面	粗车，粗刨粗铣，钻孔	钻孔表面，倒角、端面，安装螺栓用的光孔、沉孔、要求比较低的非接触面等
12.5	微见刀痕			
6.3	可见加工痕迹	半精加工面	精车精刨精铣精镗绞孔刮研粗磨等	轴肩、螺栓头支撑面、一般结合面等要求较低的静止接触面；支架、箱体、离合器、皮带轮、凸轮等要求较高的非接触面
3.2	微见加工痕迹			要求紧贴的静止结合面以及有较低配合要求的内孔表面，如支架、箱体上的结合面等
1.6	看不见加工痕迹			一般转速的轴孔，低速转动的轴颈；一般箱体的滚动轴承孔；齿轮的齿廓表面，轴与齿轮、皮带轮的配合表面
0.8	可见加工痕迹的方向	精加工面	精磨精绞抛光研磨金刚石车刀精车精拉等	一般转速的轴颈；定位销、孔的配合面；要求较高定心及配合的表面；一般精度的刻度盘；需镀铬抛光的表面
0.4	微辨加工痕迹的方向			滑动导轨面，高速工作的滑动轴承等要求保证规定的配合特性的表面；凸轮的工作表面
0.2	不可辨加工痕迹的方向			精密机床的主轴锥孔；活塞销和活塞孔；要求气密的表面和支撑面
0.1	暗光泽面	光加工面	细磨抛光研磨	保证精确定位的锥面
0.05	亮光泽面			精密仪器摩擦面；量具工作面；保证高度气密的结合面；量规的测量面；光学仪器的金属镜面
0.025	镜状光泽面			
0.012	雾状镜面			
0.006	镜面			

4. 表面粗糙度符号、代号及其注法

（1）表面粗糙度符号的画法

表面粗糙度符号的画法见图 8-13。图中，$d = h/10$，$H = 1.4h$，h 为零件图中的字高。

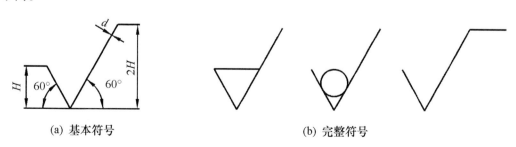

(a) 基本符号　　　　　　　　　　(b) 完整符号

图 8-13 表面粗糙度符号的画法

表 8 - 3 列出了在图样上标注表面粗糙度的图形符号的意义说明。

表 8 - 3　表面粗糙度图形符号

图形符号	意义说明
√	基本符号——由两条不等长且与标注表面成 60° 夹角的直线构成，表示表面可用任何方法获得。当不加注表面粗糙度参数值或有关说明时，该符号仅适用于简化代号标注
⊽	扩展符号——基本符号加一短横，表示表面由去除材料的方法获得。例如：车、铣、钻、刨、磨等
⫪√	扩展符号——基本符号加一圆圈，表示表面由不去除材料的方法获得。例如：铸、锻、轧、冲压等
⟋√⟋√⟋√	完整符号——在上述三个符号的长边上加一横线，在横线的上、下可标注有关参数和说明
⟋ᴑ√ᴑ√ᴑ√	相同要求符号——在完整符号的长边与横线相交处加一圆圈，在不会引起歧义时用来表示某视图上构成封闭轮廓的各表面具有相同的表面粗糙度要求

（2）单一要求和补充要求的标注位置

为明确表面粗糙度的要求，除了标注表面粗糙度参数和数值外，必要时还应标注补充要求（补充要求包括加工工艺、表面纹理及方向、加工余量等）。

单一要求和补充要求的标注位置如图 8 - 16 所示。

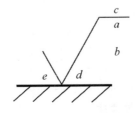

图 8 - 14　表面粗糙度符号

位置 a：注写表面粗糙度的单一要求。

位置 b：注写表面粗糙度第二个单一要求。

位置 c：注写加工方法、表面处理、涂层或其他工艺要求等，如车、磨、镀等加工方法。

位置 d：注写加工纹理和方向符号（=、⊥、×、M、C、R、P）。加工纹理符号具体含义可查阅 GB/T 131—2006。

位置 e：注写加工余量。

5. 表面粗糙度在图样中的基本注法

表面粗糙度要求在同一图样上，每一表面只标注一次，并尽可能与相应的尺寸及公差的标注在同一视图上。除非另有说明，所标注的表面粗糙度要求是对完工表面的要求。

（1）表面粗糙度要求的注写和读取方向与尺寸标注方向一致，如图 8 - 15 所示。

（2）标注在轮廓线或指引线上。表面粗糙度要求应尽可能标注在具有确定该表面大小或位置的视图的轮廓线或轮廓线的延长线上，符号尖端从材料外指向材料。如图 8 - 16 所示。必要时可以用带箭头或黑点的指引线引出标注，如图 8 - 17 所示。

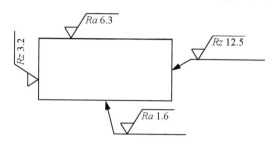

图 8 - 15　表面粗糙度要求的注写方向

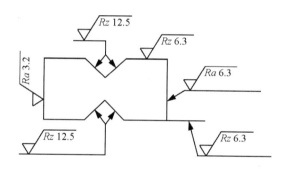

图 8 - 16　表面粗糙度要求在轮廓线上的标注

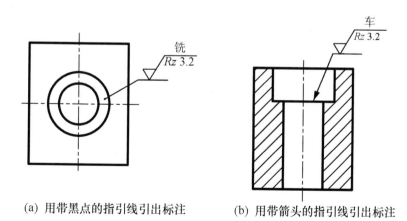

（a）用带黑点的指引线引出标注　　　（b）用带箭头的指引线引出标注

图 8 - 17　表面粗糙度要求用指引线引出标注

（3）标注在特征尺寸的尺寸线上。在不致引起误解时，表面粗糙度要求尺寸线上，如图 8 - 18 所示。

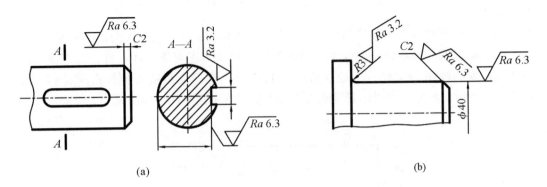

图 8-18　表面粗糙度要求标注在特征尺寸的尺寸线上

（4）标注在几何公差框格上。表面粗糙度要求可以标注在几何公差框格的上方，如图 8-19 所示。

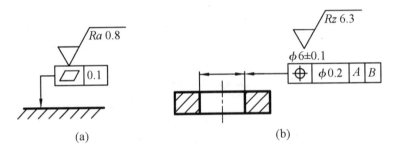

图 8-19　表面粗糙度要求标注在几何公差框格上方

（5）螺纹和齿轮表面粗糙度标注。螺纹表面粗糙度符号标注在尺寸线或其延长线上，如图 8-20（a）所示；齿轮轮齿表面粗糙度标注在分度线上，如图 8-20（b）所示。

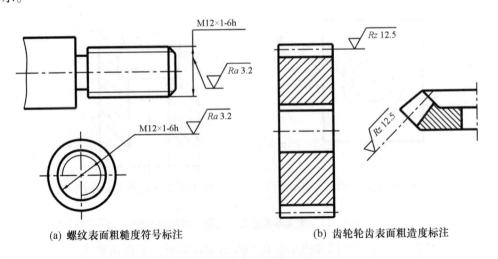

（a）螺纹表面粗糙度符号标注　　　　　　　　（b）齿轮轮齿表面粗造度标注

图 8-20　螺纹和齿轮表面粗糙度标注

6. 表面粗糙度在图样中的简化注法

（1）当工件全部表面有相同的表面粗糙度要求时，应统一标注在图样的标题栏附近，如图 8 – 21 所示。

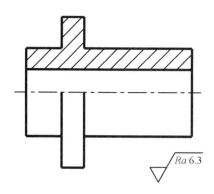

图 8 – 21 全部表面有相同表面粗糙度要求的注法

（2）工件多数表面有相同的表面粗糙度要求时，可统一标注在图样的标题栏附近，并在符号后面加圆括号，圆括号内给出无任何其他标注的基本符号，如图 8 – 22（a）所示；或在圆括号内给出不同表面结构要求，如图 8 – 22（b）所示。

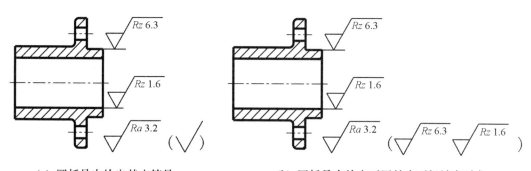

(a) 圆括号内给出基本符号   (b) 圆括号内给出不同的表面粗糙度要求

图 8 – 22 多数表面有相同的表面粗糙度要求的注法

（3）当多个表面具有相同的表面粗糙度要求或图纸空间有限时，可用带字母的完整符号，在图形或标题栏附近以等式的形式将相同表面粗糙度要求标注出来，如图 8 – 23 所示。也可用基本符号或扩展符号，以等式的形式给出多个表面共同的表面粗糙度要求，如图 8 – 24 所示。

图 8 – 23 的右边第一个符号中，同时给出了表面粗糙度的两个界限值，当给出的参数数值为允许的最大值时，称为参数的上限值，在参数的前边加注"U"；当给出的参数数值为允许的最小值时，称为参数的下限值，在参数的前边加注"L"。通常情况下只给一个，表示上限。

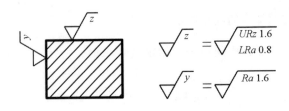

图 8 - 23　图纸空间有限时的简化注法

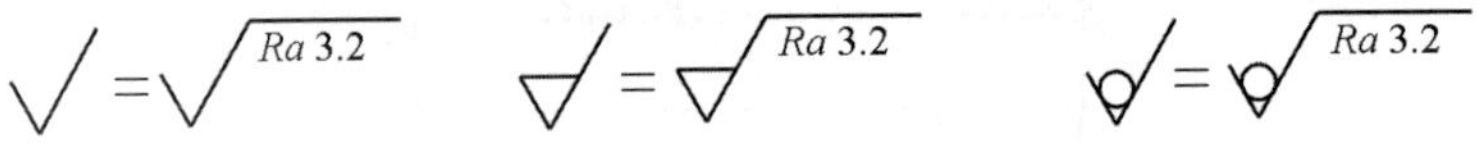

$$\sqrt{} = \sqrt{Ra\,3.2} \qquad \overline{\sqrt{}} = \overline{\sqrt{Ra\,3.2}} \qquad \underset{\bigcirc}{\sqrt{}} = \underset{\bigcirc}{\sqrt{Ra\,3.2}}$$

图 8 - 24　多个同样表面粗糙度要求的简化注法

二、极限与配合

极限与配合是零件图和装配图中一项重要的技术要求，是检验产品质量（品质）的技术指标，也是保证使用性能和零件互换性的前提。

1. 互换性概念

互换性是指从同一规格的产品中，任取一件，不经修配或其他辅助加工，都能顺利地装配到机器上去，并且完全满足规定的性能要求。

现代化大规模生产中，机器或武器装备上的零件，要求具有互换性，以便组织生产和协作，提高劳动生产率，同时也便于零件及其机器或武器装备修理调换。

2. 尺寸公差

由于加工和测量都会产生误差，加工中尺寸要做到完全准确是不可能的。为了保证零件的互换性，工程上是根据机器或武器装备的具体使用性能要求，对零件的尺寸规定一个允许的最大变动量，这个允许的最大变动量称为公差。

（1）基本术语和定义

1）公称尺寸，即由图样规范定义的理想形状要素的尺寸。它是通过各种计算确定的尺寸。如图 8 - 25 中的 $\phi30$。

2）实际尺寸，即实际测量得到的尺寸。它体现了加工误差，也包含着测量误差。

3）极限尺寸，即允许尺寸变动的极限值。其中，允许的最大界限值称为上极限尺寸；允许的最小界限值称为下极限尺寸。零件的实际尺寸只要控制在上极限尺寸和下极限尺寸之间，就能满足互换性要求，即为合格。

如图 8 - 25 所示，上极限尺寸为 $\phi30 - 0.020 = \phi29.980$，下极限尺寸为 $\phi30 - 0.041 = \phi29.958$。

4）尺寸偏差和极限偏差，某一尺寸减其公称尺寸所得的代数差，称为尺寸偏差。

上极限尺寸减其公称尺寸所得的代数差称为上极限偏差，如图中的（ - 0.020）。上极限偏差代号：孔为 ES，轴为 es。

下极限尺寸减其公称尺寸所得的代数差称为下极限偏差，如图中的"－0.041"。下极限偏差代号：孔为 EI，轴为 ei。

上极限偏差和下极限偏差统称为极限偏差。偏差可以是正值、负值或零。

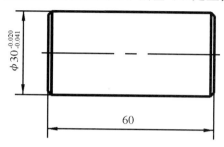

图 8 - 25　圆柱销轴尺寸公差标注

5）尺寸公差（简称公差），即允许尺寸的变动量。它等于上极限尺寸减下极限尺寸，也等于上极限偏差减下极限偏差。公差总是正值，只表示大小。通常孔公差用 Th 表示，轴公差用 Ts 表示。

$$Th = ES - EI \qquad Ts = es - ei$$

图 8 - 25 中，公差 ＝（－0.020）－（－0.041）＝29.980－29.959＝0.021。

图 8 - 26 表示轴和孔的公称尺寸、极限尺寸、上下偏差和公差之间的关系。

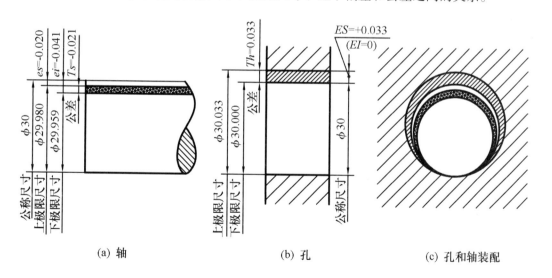

(a) 轴　　　　　　　　(b) 孔　　　　　　　(c) 孔和轴装配

图 8 - 26　公称尺寸、极限尺寸、上下偏差和公差之间的关系

6）公差带图，用图解方法来讨论公差与配合的关系，非常直观。由于公差数值与尺寸数值相差多个数量级，为了简化，一般采用放大画出的代表孔和轴上、下极限偏差的两条直线所围成的图形来表示。这个简化的图形称为公差带图。如图 8 - 27 所示。

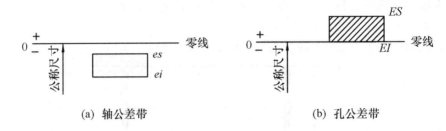

(a) 轴公差带　　　　　　　　　(b) 孔公差带

图 8 - 27　尺寸公差带图

公差带图中，表示公称尺寸并作为确定偏差基准的一条直线定为零线，即零偏差线。通常零线画成水平，正偏差位于零线之上，负偏差位于零线之下。

表示上、下偏差的两条直线（平行于零线）所限定的区域，称为公差带。公差带既表示公差的大小，也可表示上、下偏差相对于零线的位置。

（2）标准公差和基本偏差

为了实现互换性、满足各种配合的要求，减少刀具和量具的规格，国标对"标准公差"和"基本偏差"有规定，如图 8 - 28 所示。

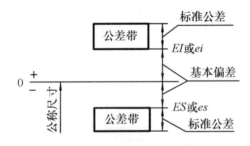

图 8 - 28　标准公差和基本偏差

1）标准公差

标准公差即线性尺寸公差 ISO 代号体系中的任一公差，以字母 IT 表示（代表"国际公差"）。其数值由确定尺寸精确程度的标准公差等级和公称尺寸确定。公差等级分为 20 级，各级标准公差分别以 IT01，IT0，IT1，IT2，…，IT18 来表示，数值表示公差等级，从 IT01 到 IT18，公差等级依次降低，公差依次增大。IT3 ~ IT12 用于有配合要求的尺寸，IT13 ~ IT18 用于不重要的或非配合的尺寸。各级标准公差的数值见附录 D - 1。

值得注意的是，对某一公称尺寸而言，公差等级越高，公差数值越小，尺寸精度越高。而对于同一公差等级，公称尺寸越大，对应的公差数值也越大。

2）基本偏差

基本偏差是用以确定公差带相对于零线位置的上极限偏差或下极限偏差，一般指靠近零线的那个极限偏差。当公差带在零线上方时，基本偏差为下极限偏差；当公差带在零线下方时，基本偏差为上极限偏差。

国家标准对孔和轴分别规定了 28 个基本偏差，大写字母代表孔，A ~ H 为下极限偏差，J ~ ZC 为上极限偏差。JS 对称于零线，其基本偏差为 ± IT/2。小写字母代表轴，a ~ h 为上偏差，j ~ zc 为下偏差，js 对称于零线，其基本偏差为 ± IT/2。如图 8 - 29 所示。图中每个公差带都未封口，这是因为基本偏差只确定公差带的位置，另一端（偏差）与基本偏差的距离即公差大小，由标准公差确定。计算公式为：

$$上极限偏差 = 下极限偏差 + 标准公差$$

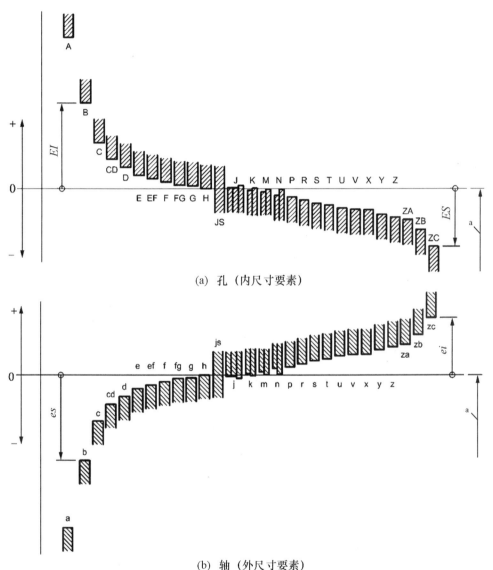

(a)　孔（内尺寸要素）

(b)　轴（外尺寸要素）

图 8 - 29　基本偏差系列

说明：

EI，ES——孔的基本偏差（示例）；

ei，es——轴的基本偏差（示例）。

[a]公称尺寸。

注：根据约定，基本偏差是最接近公称尺寸的那个极限偏差。

公称尺寸小于 3150 mm 的轴和孔的各代号基本偏差的数值分别见附录 D 中的表
D－1 和表 D－2。

3. 配合

公称尺寸相同，相互结合的孔和轴公差带之间的关系，称为配合。

（1）间隙和过盈的概念

孔和轴结合时，它们的实际尺寸不可能完全相等，当 $\phi_{孔} > \phi_{轴}$ 时，它们的关系是间隙；当 $\phi_{孔} < \phi_{轴}$ 时，它们的关系是过盈。因此，间隙和过盈的大小，为孔的尺寸减轴的尺寸。

（2）配合的种类

根据孔和轴结合时公差带相对位置不同，配合分为：间隙配合、过盈配合和过渡配合。

1）间隙配合

孔的公差带完全在轴的公差带之上，孔和轴结合只可能是间隙关系。这种配合称为间隙配合，如图 8－30 所示。

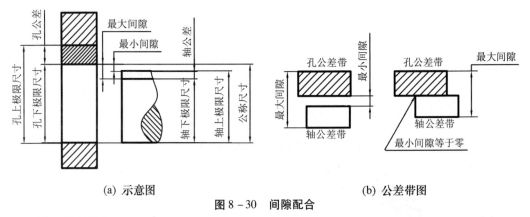

(a) 示意图　　　　　　　　　　　　　　(b) 公差带图

图 8－30　间隙配合

2）过盈配合

孔的公差带完全在轴的公差带之下，孔和轴结合只可能是过盈关系。这种配合称为过盈配合，如图 8－31 所示。

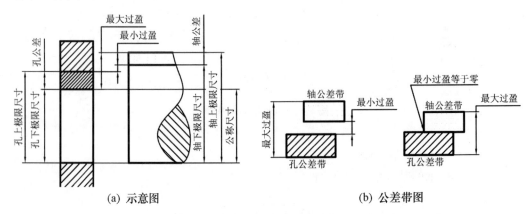

(a) 示意图　　　　　　　　　　　　　　(b) 公差带图

图 8－31　过盈配合

3）过渡配合

孔的公差带与轴的公差带重叠，孔和轴结合既可能是间隙关系，也可能是过盈关系。这种配合称为过渡配合，如图 8 - 32 所示。

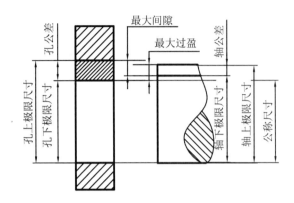

(a) 示意图

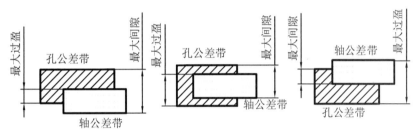

(b) 公差带图

图 8 - 32 过渡配合

（3）配合的基准制

为了方便设计、制造和检验，减少刀具、量具的规格和数量，获得最大的技术经济效果，国标规定了两种配合基准制。

1）基孔制。基本偏差为 H 的孔的公差带与不同基本偏差的轴的公差带形成各种配合制度，称为基孔制，如图 8 - 33 所示。

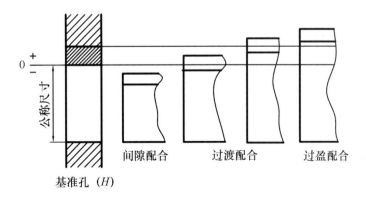

图 8 - 33 基孔制配合示意图

2）基轴制。基本偏差为 h 的轴的公差带与不同基本偏差的孔的公差带形成各种配合制度，称为基轴制，如图 8 – 34 所示。

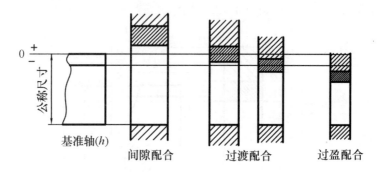

图 8 – 34　基轴制配合示意图

两种基准制中，一般应优先采用基孔制。

（4）常用和优先的公差带和配合

就定义而言，任何基本偏差都可以与任何标准公差相结合，组成不同的公差带。而孔和轴的各种不同的公差带相结合，又可形成各种不同的配合。这必然使公差带和配合增多。如都使用，对生产测量不利，因此必须加以限制。

国家标准规定了优先、常用和一般用途的孔、轴公差带，还规定了基孔制、基轴制的优先、常用配合。设计时，可查阅机械设计手册。选择公差带和配合时，应首先选取优先配合和优先公差带，其次选取常用配合和常用公差带。

4. 公差与配合的标注

在图样上，有配合要求的尺寸，除标注公称尺寸外，还必须注出其公差与配合。

（1）公差带代号

公差带代号由基本偏差标示符和公差等级代号组成。基本偏差标示符见图 8 – 19，公差等级用数字表示。如 H8 表示基本偏差为 H、公差等级为 IT8 的孔的公差带；f7 表示基本偏差为 f、公差等级为 IT7 的轴的公差带。

（2）配合的标注

配合的标注用相互结合的孔和轴的公差带代号组成配合标注来表示，写成分数的形式，分子为孔公差带代号，分母为轴公差带代号。由配合代号可以判定配合的基准制和配合的种类。

（3）公差配合在零件图上的标注

零件图上通常只标注公差或公差带代号，不标注配合。可以根据工程实际按以下三种情况之一标注在图样上。

1）当零件成大批量生产时，标注形式为在公称尺寸后注公差带代号，如图 8 – 35（a）。

2）当零件规模小或单件生产时，标注形式为在公称尺寸后注极限偏差数值，如图 8 – 35（b）。

3）当零件生产规模未知时，两者同时注出，但极限偏差数值在后，并打括号，如图8－35（c）。

标注零件图的尺寸公差时，以下三点需特别注意。

1）当采用极限偏差标注时，偏差数值的数字比公称尺寸数字小一号，下偏差与公称尺寸注在同一底线上，且上、下极限偏差的小数点必须对齐，小数点后的位数必须相同，如图8－35（b）上图。

2）若上、下偏差相同时，偏差只注写一次，并在偏差与公称尺寸之间注出符号"±"，偏差数值与公称尺寸数字高度相同，如50±0.012。

3）若一个偏差数值为零，仍应注出0，0前无正负号，并与下偏差或上偏差小数点前的个位数对齐，如图8－35（b）下图和图8－35（c）下图所示。

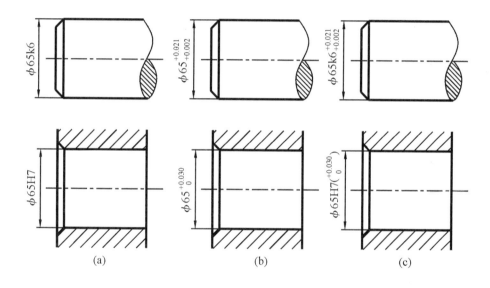

图8－35 零件图上公差的标注

（4）公差配合在装配图上的标注

装配图上只标注公称尺寸和配合代号，不注公差。配合代号以孔、轴公差带代号分数形式注出，如工程图样图8－36中的 $\phi55\frac{H7}{h6}$、$\phi35\frac{H7}{h6}$、$\phi30\frac{H7}{h6}$ 等，亦可写成 $\phi55H7/h6$、$\phi35H7/k6$、$\phi30H7/h6$ 的形式，分子表示孔的公差带代号，分母表示轴的公差带代号。当某零件与滚动轴承配合时，由于滚动轴承是标准件，其配合精度不需在图上注出，因此只需注出与之配合的孔或轴的公差带代号，如图8－36中的两处标注 $\phi55H7$、$\phi30h6$。

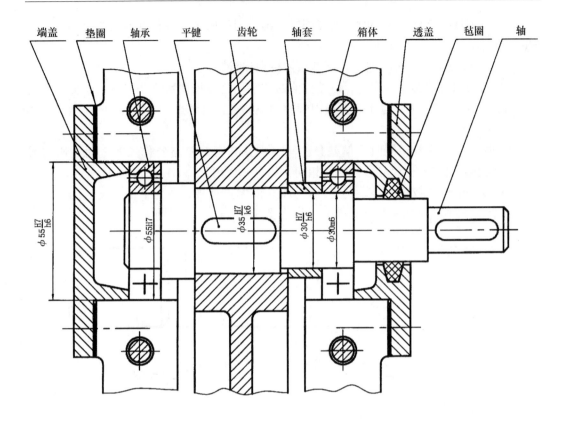

图 8 - 36　装配图上公差配合的标注

三、几何公差简介

1. 几何公差基本概念、分类、特征项目及其符号

零件加工除了有尺寸误差和微观几何形状误差外，还可能产生宏观几何形状误差及位置误差，这种误差也会给零件的互换性或产品性能带来不可忽视的影响。如枪炮的身管如果轴线弯曲，就不能保证射击的准确性。因此，对于某些重要零件，机械加工中除了要控制尺寸误差、表面粗糙度外，还必须控制形状、位置等几何误差，这就是几何公差。

几何公差分为四类：形状公差、位置公差、方向公差和跳动公差。每类几何公差所包含的特征项目和特征项目符号如表 8 - 4 所示。

表8-4 几何公差的几何特征和符号

公差	特征项目	符号	基准要求	公差	特征	符号	基准要求
形状公差	直线度	－	无	方向公差	线轮廓度	⌒	有
	平面度	▱	无		面轮廓度	⌒	有
	圆度	○	无	位置公差	位置度	⊕	有或无
	圆柱度	⌿	无		同轴（同心）度	◎	有
	线轮廓度	⌒	无		对称度	═	有
	面轮廓度	⌒	无		线轮廓度	⌒	有
方向公差	平行度	∥	有		面轮廓度	⌒	有
	垂直度	⊥	有	跳动公差	圆跳动	↗	有
	倾斜度	∠	有		全跳动	↗↗	有

零件上被测要素如直线、平面、圆、圆柱面等的实际形状，相对理想形状的变动量，称为形状误差。形状误差的最大允许值称为形状公差。

零件上被测要素的实际位置相对理想位置的变动量，称为位置误差。位置误差的最大允许值称为位置公差。

零件上实际被测要素的方向相对理想要素的方向变动量，称为方向误差。方向误差的最大允许值称为方向公差。

零件上实际被测要素绕基准轴线回转一周或连续回转时所产生的跳动量，称为跳动误差。跳动误差的最大允许值称为跳动公差。跳动公差又分为圆跳动公差和全跳动公差两种。

2. 几何公差的标注及图样应用实例

几何公差的标注见图8-37所示，其在零件图上的标注见图8-38。

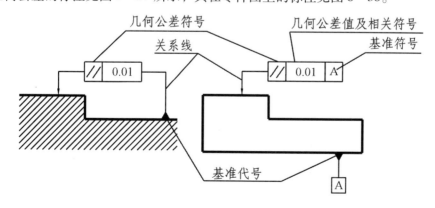

图8-37 几何公差的标注

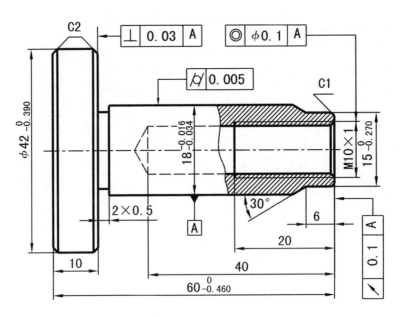

图 8-38　几何公差在零件图上的标注

8.5　零件的工艺结构

零件大多以铸件、锻件为毛坯，再经过机床加工形成完工成品。因此，这些加工的工艺结构须在零件图上注出。

一、铸造工艺结构

1. 铸造圆角

为了防止铸件冷却时产生裂纹或缩孔，并避免脱模时砂型落砂，铸件各表面相交处应有圆角，如图 8-39 所示。

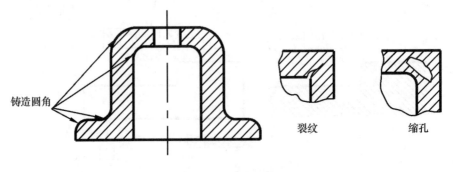

图 8-39　铸造圆角

铸造圆角半径在图样上一般不注出，而集中注写在技术要求中。如图 8 - 47 蜗轮减速箱箱体零件图中的"未注铸造圆角为 $R10$"。

2. 铸件壁厚

铸件壁厚应尽量保持均匀，不同壁厚之间应逐渐过渡。否则在铸件浇铸时由于各部分冷却速度不同而容易产生缩孔或裂纹，影响铸件的质量。如图 8 - 40 所示。

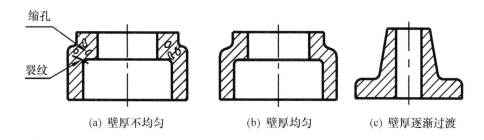

(a) 壁厚不均匀　　　(b) 壁厚均匀　　　(c) 壁厚逐渐过渡

图 8 - 40　铸造壁厚

3. 过渡线

由于工件上铸造圆角的存在，形体表面的交线不十分明显，这种线称为过渡线。过渡线的画法和相贯线的画法相同，按没有圆角的情况求出相贯线的投影，用细实线画出。如图 8 - 41 所示。

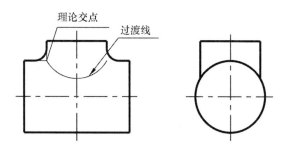

图 8 - 41　过渡线

二、机械加工工艺结构

1. 倒角和倒圆

为便于零件装配和操作安全，常将轴或孔的端部加工成倒角，其画法和尺寸标注如图 8 - 42 所示。倒角一般为 45°，也允许用 30° 或 60°，其宽度 b 按轴（孔）、直径 d（D）查国家标准（GB/T 6403.4—2008）确定，C 表示 45°。

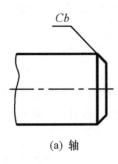

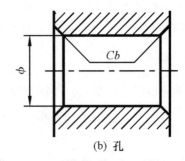

(a) 轴   (b) 孔

图 8-42   轴或孔倒角画法及其标注

为避免因应力集中而产生裂纹，在轴肩处常加工成圆角过渡的形式，称为倒圆。倒圆的画法和尺寸标注如图 8-43 所示。

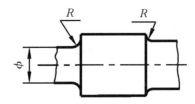

图 8-43   轴上倒圆画法及其标注

2. 螺纹退刀槽和砂轮越程槽

在切削加工特别是在车螺纹和磨削时，为了便于退出刀具或使砂轮可稍越过加工面，或在装配时，为了使相关的零件易于靠紧，常在待加工面末端先车出螺纹退刀槽或砂轮越程槽，如图 8-44、图 8-45 所示，其中 b 为宽度。

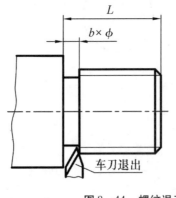

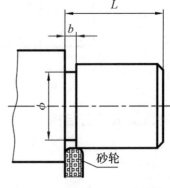

图 8-44   螺纹退刀槽   图 8-45   砂轮越
程槽

3. 钻孔端面

钻孔时，被钻零件的端面应与钻头垂直，以保证钻孔准确，避免钻头折断，如图 8-46 所示。

182

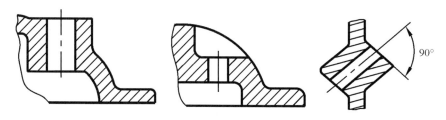

图 8-46 钻孔端面合理性

4. 凸台和凹坑

零件上凡与其他零件接触的表面一般都要进行切削加工，为了减少机械加工量及保证两表面接触良好，应尽量缩小加工面积或接触面积，因此常在零件上设计出凸台、凹坑等结构，如图 8-47 所示。

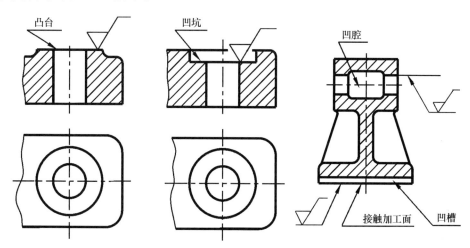

图 8-47 凸台和凹坑的合理性

8.6 阅读零件图

设计、生产和进行技术交流时，都有阅读零件图的环节。阅读零件图时，应读懂各视图，想象出零件的结构形状，了解零件的尺寸和技术要求，以便确定零件的加工方法。

一、阅读零件图的方法和步骤

1. 概括了解

看标题栏，了解零件的名称、材料、数量、比例、重量及编号等，并联系典型零件的分类，对该零件有个初步认识。

2. 分解视图、想象形状

分析每个视图的作用和所采取的表达方法，想象零件的形状。

3. 分析尺寸和了解技术要求

分析零件的定形尺寸、定位尺寸、总体尺寸及尺寸基准。了解表面粗糙度、尺寸公差、几何公差、热处理、表面处理等技术要求。

4. 综合归纳

最后把该零件的形状、结构、尺寸、技术要求等内容综合起来，形成对该零件总的认识。

二、读图实例

例 1 阅读蜗轮减速箱箱体零件图，见图 8－48。

1. 概括了解

阅读标题栏，从标题栏中可以得知该零件的名称、材料、比例等信息。

蜗轮减速箱箱体是蜗轮减速器的主体，为典型的箱体类零件。其内装一对相互啮合的蜗轮蜗杆，并贮有润滑油，由箱盖和轴承盖使其密封。材料代号 HT20－40，即说明该零件是由灰口铸铁浇铸后经加工而成的。图样比例为 1:2。

2. 分析视图、想象形状

箱体按工作位置放置，采用两个基本视图和两个局部视图。结构左右对称，主视图画成半剖视；左视图画成全剖视，由此表达整个箱体内、外的基本形状，可以看清两个互相垂直的圆柱部分的结构，上部大圆柱的内腔是容纳蜗轮的，两端的圆柱孔用于安装蜗轮轴。下部圆柱的轴线与上部圆柱的轴线垂直，其内腔及两端部的通孔用于安装蜗杆。

结合主视图的未剖部分和左视图，可以看出大圆腔前端有 6 个 M8 螺孔，深 20 mm，从主视图的剖视部分和 B 向局部视图，可以看出左右小圆腔两端面各有 3 个 M10 螺纹孔，深亦为 20 mm。前者用于安装箱盖，后者用于安装轴承盖以便密封箱体。上、下两螺孔 M20 和 M14 分别用以注油和放油。主视图的左边还用了局部剖视，以反映底板上的 4 个安装孔，其直径为 $\phi18$，沉孔为 $\phi30$。

A 向局部视图用于表达底板下面的形状和 4 个安装孔的位置。B 向局部视图表达蜗杆轴孔两端的形状。肋板的厚度 13 用重合剖面表示在左视图上。

3. 分析尺寸和技术要求

箱体高度方向的主要尺寸基准为底平面，为了保证蜗轮蜗杆的啮合关系，以蜗轮轴

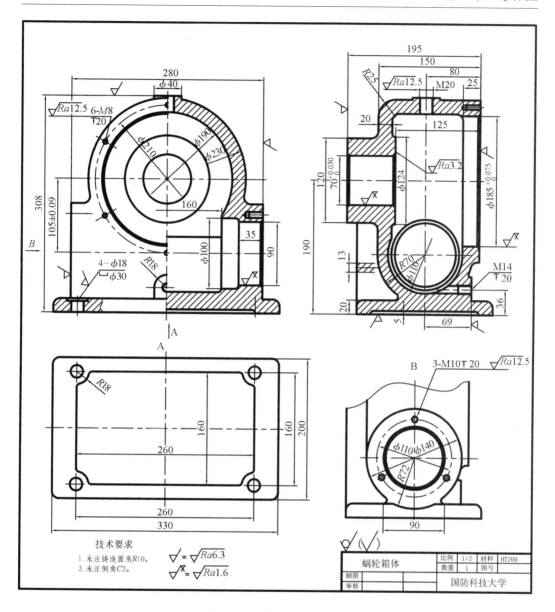

图 8 – 48 蜗轮减速箱箱体零件图

孔轴线为高度方向的辅助基准，注出蜗杆轴孔的轴线定位尺寸。长度方向的基准为箱体对称线，宽度方向的基准为上部大圆柱的前端面。

技术要求表现为尺寸公差和表面粗糙度，主要集中于支承传动轴的轴孔部分。因为这部分的尺寸精度和表面粗糙度将直接影响减速器的使用性能和装配质量，看图时要仔细分析清楚。

此外，对铸造圆角和孔端倒角的具体要求，用文字注写在左下方位置。

4. 综合归纳

综合读图过程中对零件的形状、结构、尺寸、技术要求等内容的分析，想象出该零件。

该零件图视图选择恰到好处，表达简洁，学习时注意效仿。

例2 阅读扳机零件图，见图8－49。

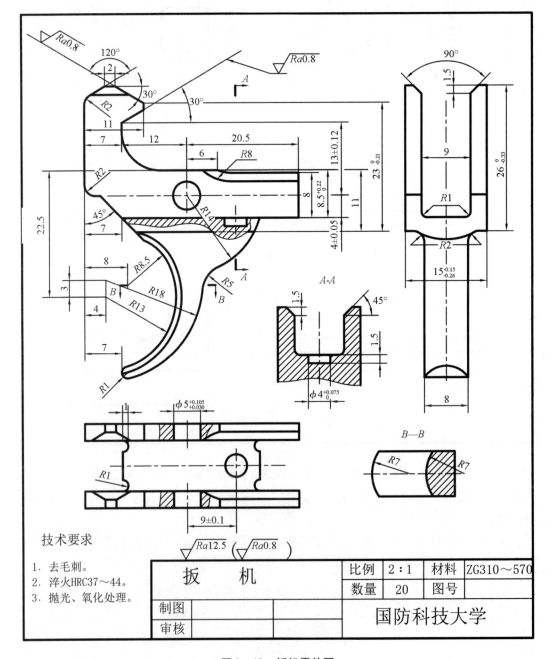

图8－49 扳机零件图

1. 概括了解

此零件名为扳机，系某式冲锋枪击发机上的一个主要零件，绘图比例 2∶1，材料为铸钢。

2. 分析视图、想象形状

视图按工作位置选取，用三个基本视图及 $A-A$、$B-B$ 两个剖视图表达。在主、俯视图上作了局部剖视，其内、外结构形状均表达得比较清楚。

3. 分析尺寸和了解技术要求

扳机用轴销通过孔 $\phi 5^{+0.15}_{+0.030}$ 把它安装在机匣内，并可绕轴销转动，通过上端钩形部位控制击发机的击发动作。

零件前后对称，其宽度方向的尺寸基准优先选取纵向对称线。销孔 $\phi^{+0.105}_{+0.030}$ 的轴线是扳机长度方向和高度方向尺寸的主要基准，各主要尺寸如 12 ± 0.12，13 ± 0.12 等以此基准直接注出；左端面为长度方向尺寸的辅助基准，右端上面为高度方向尺寸的辅助基准。由于零件形状不规范，尺寸基准的选取难度较大，读图时也需要仔细分析。

技术要求中，热处理淬火到洛氏硬度 HRC37～44，以提高其强度、硬度和耐磨性。表面处理为抛光后氧化，以提高表面的抗腐蚀性能。

第 9 章 装配图

机器或部件都是由若干零件按一定的装配关系和技术要求装配而成的。表示机器或部件的工作原理、结构形状、零件之间的装配关系、连接方式的图样，称为装配图，它是生产中的重要技术文件。

9.1 装配图的作用和内容

一、装配图的作用

装配图在生产中具有重要的作用。在设计机器或部件时，一般要先画出装配图，然后以此为依据进行零件设计并画出零件图。在装配机器或部件时，仍需以装配图为依据，按装配关系和技术要求，把零件装配成机器或部件。在使用过程中，又可通过装配图了解、调试、操作和检修机器或部件。由此可知，装配图是设计、制造、使用、维修机器或部件以及进行技术交流的重要文件。

二、装配图的内容

图 9-1 所示为铣刀头轴测图，铣刀头是专用铣床上的一个部件，用来装铣刀盘。装上铣刀盘就可以铣削工件了。结合图 9-2 铣刀头装配图可以看出，一张完整的装配图应包括如下基本内容：

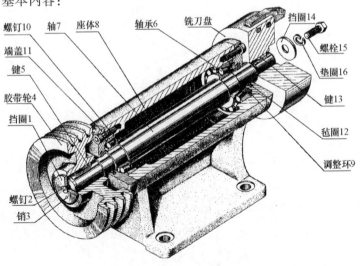

图 9-1 铣刀头轴测图

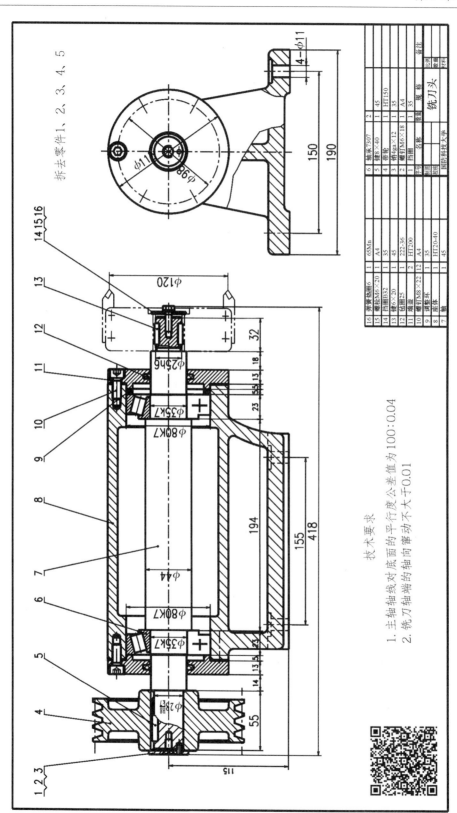

图9-2 铣刀头装配图

技术要求
1. 主轴轴线对底面的平行度公差值为 100∶0.04
2. 铣刀轴轴端的轴向窜动不大于 0.01

16	弹簧垫圈6	1	65Mn		6	轴承7307	2	
15	螺栓M6×20	1	A4		5	键8×40	1	45
14	挡油圈B32	1	35		4	带轮	1	HT150
13	键6×20	1	45		3	销6a×12	1	35
12	毡圈25	1	222-36		2	螺钉M6×18	1	A4
11	端盖	1	HT200		1	挡圈	1	35
10	螺钉M8×22	12	A4		序号	名称	数量	材料
9	调整环	1	35					
8	座体	1	HT20-40			铣刀头		
7	轴	1	45					

1. 一组视图

装配图中的视图用来正确、完整、清晰地表达出机器或部件的工作原理、结构特点、各组成零件的相互位置、装配关系、连接方式以及主要零件的结构形状等。

2. 必要的尺寸

装配图中的尺寸一般标注机器或部件的规格尺寸、装配尺寸、安装尺寸、总体尺寸，以及其他重要尺寸。

（1）性能（规格）尺寸。表示机器或部件性能（规格）的尺寸，在设计时就已经确定，也是设计、了解和选用该机器或部件的依据，如图9-2中铣刀盘的直径$\phi120$、尺寸115等。

（2）装配尺寸。用以保证机器或部件的工作精度和性能的尺寸，如图9-2中的尺寸$\phi35k7$、$\phi80k7$等。

（3）安装尺寸。机器或部件安装时所需的尺寸，如图9-2中的尺寸155、150等。

（4）总体尺寸。表示机器或部件外形轮廓的大小，即总长、总宽和总高。它为包装、运输和安装过程所占的空间大小提供了数据，如图9-2中的外形尺寸418、190等。

（5）其他重要尺寸。设计和装配时需要保证的其他尺寸。如设计时的计算尺寸（见图9-18中的两齿轮中心距36 ± 0.05）、运动零件的极限尺寸、主体零件的重要尺寸等。

在装配图中，对上述五类尺寸，并不是在任何情况下都要全部注出。在标注装配图的尺寸时，应根据所画装配图的具体情况进行分析，标注实际需要的尺寸。

3. 技术要求

用文字或符号说明机器或部件的性能、装配、调试和使用等方面的要求。

4. 零件序号、明细栏及标题栏

在生产实践中，为方便看图和生产管理，在装配图中必须对所示机器或部件中的每种零件、组件进行编号，并在标题栏的上方绘制出相应的明细栏，填写零件的序号、名称、数量、材料和所用标准件的规格代号等内容。

零件的序号是将装配图中各组成零件按一定的格式编号。序号编写的规则（GB/T 4485.2—2003）如下。

（1）序号编写的形式由圆点、指引线、水平基准线（或圆）及数字组成，见图9-3（a）。指引线和水平基准线（或圆）均为细实线，数字写在水平线上方（或圆内），数字高度应比尺寸数字高度大一号，指引线应从所指零件的可见轮廓内引出，并在末端画一圆点，当所指部分不宜画圆点（很薄的零件或涂黑的剖面）时，可在指引线末端画一箭头以代替圆点，见图9-3（b）。

（2）指引线应尽量分布均匀，且彼此不能相交。当通过剖面线区域时，不应与剖面线平行。必要时指引线可曲折一次，见图 9 - 3（c）。

（3）对于一组紧固件（如螺栓、螺母和垫圈）及装配关系清楚的组件可采用公共指引线，见图 9 - 3（d）。

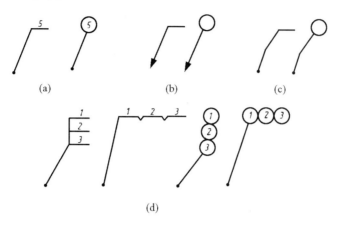

图 9 - 3　零（部）件序号编写方法

明细栏是机器或部件中全部零件的详细目录。它应画在标题栏的上方，零件的序号应按顺序自下而上填写，当向上排列受到位置限制时，可将明细栏的一部分移至紧靠标题栏的左方。国家标准规定的明细栏格式见图 9 - 4，学校一般采用图 9 - 2 中所示的明细栏格式。

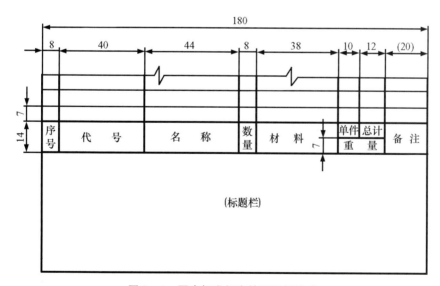

图 9 - 4　国家标准规定的明细栏格式

191

9.2　装配图的常用表达方法

前面讨论过的表达零件的各种方法，在表达机器或部件装配图中也同样适用。例如，可采用各种视图、剖视图、断面图等来表达机器或部件的内外结构及形状。但机器或部件是由多个零件按一定装配关系组合而成的，其装配图主要用来表达工作原理、装配关系和连接方式以及主要零件的结构形状等，因此，与零件图比较，装配图又有一些规定画法和特殊表达方法。

一、装配图的规定画法

（1）两个零件的接触表面、公称尺寸相同的配合面，规定只画一条轮廓线，非接触面和非配合面即使间隙很小，也应画两条轮廓线。

（2）在剖视图中，相邻两零件的剖面线倾斜方向相反；若多个零件装配在一起，无法使剖面线倾斜方向相反时，可用间距大小不同的剖面线来区分零件。

同一零件在各个视图中，剖面线的方向和间距必须保持一致。

（3）在装配图中，实心件（轴、销等）和标准件（螺栓、螺柱、螺钉、垫圈等）沿其轴线剖切时，均按不剖绘制。

（4）在剖视图和断面图中，当剖面宽度小于或等于 2 mm 时，允许将其涂黑代替剖面符号。

二、装配图的特殊表达方法

1. 拆卸画法

（1）拆去某个（些）零件

在装配图中的某个视图上常有一个（些）零件遮挡住零部件的内部构造及其他零件的情况，如需要表达这部分结构或装配关系时，可假想将遮挡零件拆卸后再画，当需要说明时，可在视图上方标注"拆去××"，如图 9 - 5 所示。

（2）沿结合面剖切

在装配图中可假想沿某些零件的结合面剖切。此时，零件结合面区域内不画剖面符号，但在被切断的其他零件的断面上应画上剖面符号，如图 9 - 18 所示。

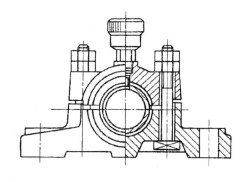

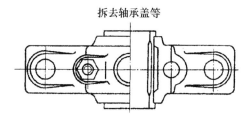

拆去轴承盖等

图 9-5 拆卸画法

2. 假想画法

在装配图中，为了表示运动零件的极限位置，可用双点划线画出它们极限位置的外形图，如图 9-6 所示。

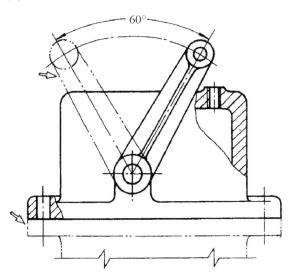

图 9-6 假想画法

3. 夸大画法

绘制直径或厚度小于 2 mm 的孔或薄片零件、细丝弹簧、微小间隙、较小的锥度和斜度时，若按实际尺寸在装配图中很难画出或不明显时，允许该部分不按原比例而夸大画出。

4. 简化画法

在装配图中，零件的工艺结构，如小圆角、倒角、退刀槽等，可不画出。对于若干相同的零件如螺栓连接等，可详细地画出一组或几组，其余的只需用点画线表示其相对位置。

9.3 装配结构合理性简介

在设计和绘制装配图的过程中，应考虑到装配结构的合理性，以保证机器和部件的性能，并给零件的加工和装拆带来方便。确定合理的装配结构，需要丰富的工作经验，并作深入细致的分析。

下面介绍一些常见的装配结构，供画装配图时参考。

1. 零件的接触面和配合面

（1）当轴和孔配合，且轴肩和孔的端面相互接触时，应在接触面制成倒角或在轴肩部切槽，以保证两零件接触良好。图 9 - 7 所示为轴肩和孔的端面相互接触时的正误对照。

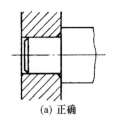 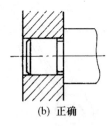 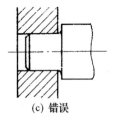

(a) 正确　　　　　　　　(b) 正确　　　　　　　　(c) 错误

图 9 - 7　轴肩与孔配合的结构

（2）当两个零件接触时，在同一方向只能有一对面接触，这样既可满足装配要求，又方便加工制造。当同一方向上有两对或两对以上表面同时接触时，就会发生干涉，给加工带来困难，如图 9 - 8 所示。

2. 防松装置

为了防止机器或部件中的螺纹连接部分由于振动而松脱，需要采用可靠的防松装置。常见的螺纹防松装置有以下几种。

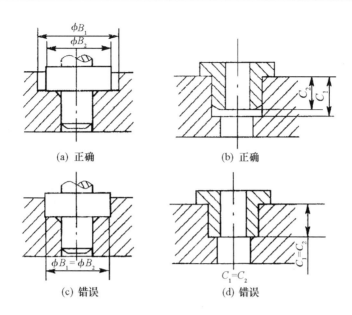

（a）正确　　　　　　　　　（b）正确

（c）错误　　　　　　　　　（d）错误

图 9 - 8　轴与孔配合的结构

（1）双螺母

这种装置是靠两个螺母在拧紧后螺母之间产生轴向力，增加内外螺纹之间的摩擦力来达到防松的目的，如图 9 - 9（a）所示。

（2）弹簧垫圈

由于弹簧垫圈上开有斜口，类似一圈弹簧，当拧紧螺母时，弹簧垫圈被压平而产生较大的轴向力，从而增加螺栓、螺母之间的摩擦力，以防止螺母自动松脱，如图 9 - 9（b）所示。

（3）开口销和六角槽螺母

用开口销直接插入六角槽螺母的槽和螺栓末端的孔中，以防止松脱，如图 9 - 9（c）所示。

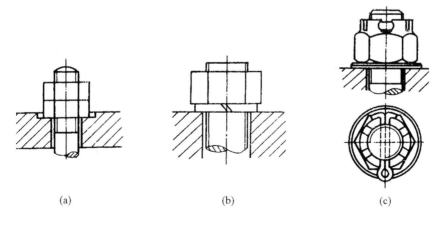

（a）　　　　　　　　　（b）　　　　　　　　　（c）

图 9 - 9　防松装置

195

（4）圆螺母和止退垫圈

将止退垫圈内鼻卡在螺纹轴上的沟槽内，再将它的外齿弯入圆螺母的一个侧槽中，以防止螺母松脱，如图 9 - 10 所示。

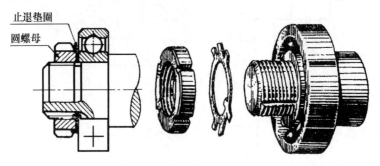

图 9 - 10　用止退垫圈防松

3. 密封装置

为防止外界的灰尘、水等物质进入机体内部，或防止机体内部液体外溢，常需要采用密封装置。

图 9 - 11 所示的密封装置，就是用于泵和阀中的常见密封结构，它依靠螺母、填料压盖将填料压紧，从而起到防漏作用。

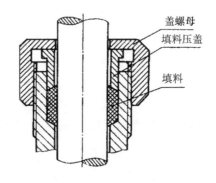

图 9 - 11　密封装置

图 9 - 12 所示为两种常见的滚动轴承密封装置，图 9 - 12 （a）为毡圈式，图 9 - 12 （b）为沟槽式，密封用的毡圈及相应的局部结构（如油沟等）都已标准化。

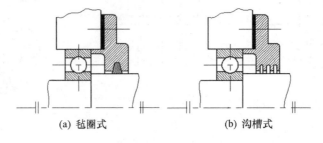

(a) 毡圈式　　　　　　　　(b) 沟槽式

图 9 - 12　滚动轴承的密封装置

4. 考虑装拆方便

在布置螺栓或者螺钉位置时，应考虑扳手的活动范围，如果留的活动空间不足，则扳手无法使用，如图 9 - 13（a）所示；图 9 - 13（b）为正确的结构形式。图 9 - 13（c）所示的结构未留足装拆螺钉的空间，因而无法装拆；图 9 - 13（d）为正确的结构形式。

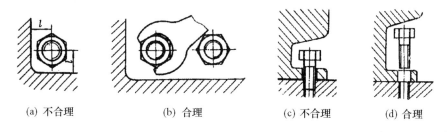

|(a) 不合理|(b) 合理|(c) 不合理|(d) 合理|

图 9 - 13　考虑装拆方便

9.4　部件测绘与装配图的画法

一、部件测绘

对机器进行维护或技术更新时，需要根据现有部件画出草图，然后整理绘制出零件图和装配图，这个过程称为部件测绘。现以图 9 - 14 所示的齿轮油泵为例说明部件测绘的方法与步骤。

1. 阅读资料，了解测绘对象

通过观察和研究部件以及查阅有关产品说明书等资料，了解机器或部件的功能、结构特点、工作原理及零件间的装配关系等。齿轮油泵是依靠一对齿轮的高速转动来提升润滑油压力并输送的一个部件，如图 9 - 14（a）所示。它的工作原理见图 9 - 14（b）。齿轮高速转动时，啮合区右方形成局部真空，压力降低，将油吸入泵中，随着齿轮的转动，吸入的油沿泵体内壁被输送到啮合区的左方，压力升高，从而把高压油输送到机器中需要润滑的地方。为了防止润滑油泄露，泵体与泵盖结合处有密封垫片，主动轴伸出泵体的一端处有填料压盖密封装置。泵体与泵盖用螺钉连接。

2. 拆卸零件并绘制装配示意图

弄清齿轮油泵结构和工作原理后，按以下顺序进行拆卸：泵盖部分，包括螺钉、泵盖和垫片；密封装置部分，包括压紧螺母和填料；泵体部分，包括泵体、齿轮、轴、键。

拆卸完后，画出部件的装配示意图，如图 9 - 15 所示。

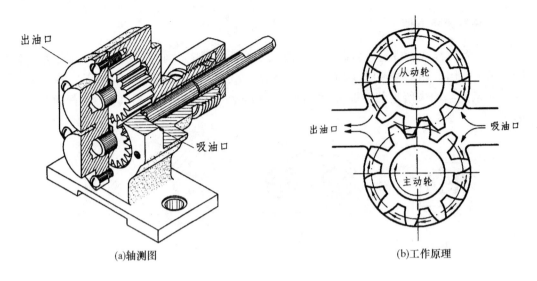

(a)轴测图　　　　　　　　　　　(b)工作原理

图 9 - 14　齿轮油泵及其工作原理

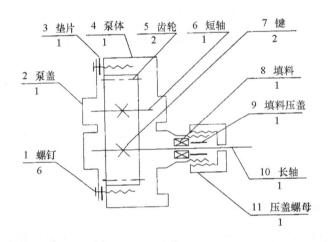

图 9 - 15　齿轮油泵装配示意图

装配示意图中有些零件如轴、齿轮、弹簧等应按 GB/T 4460—2013 中的规定符号表示，其他零件则用简单的线条画出其大致轮廓。装配示意图表明了机器或部件的结构、工作原理和传动路线等，可供画装配图时参考。

3. 画零件草图

零件草图是画机器或部件装配图和零件图的依据。除了标准件外都要画出零件草图。图 9 - 16 为齿轮油泵的各个零件草图。

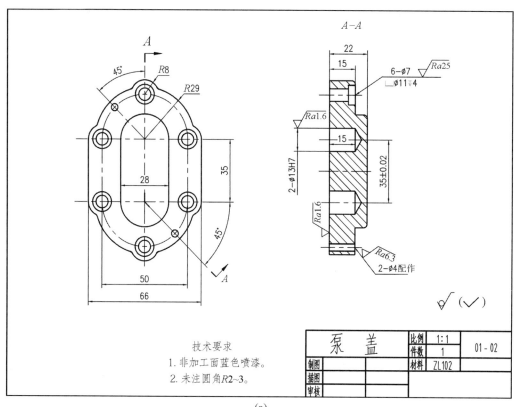

(a)

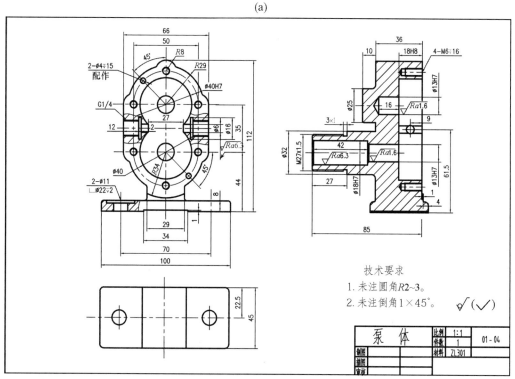

(b)

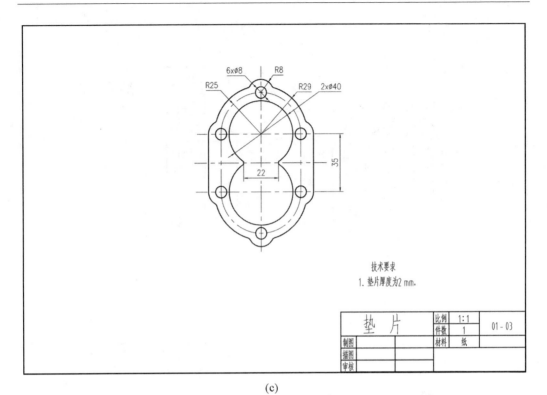

技术要求

1. 垫片厚度为2 mm.

垫 片	比例	1:1	01 - 03
	件数	1	
制图		材料	纸
描图			
审核			

(c)

齿数: Z=18

模数: m=18

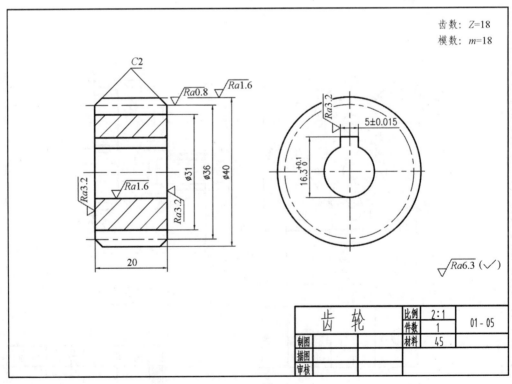

齿 轮	比例	2:1	01 - 05
	件数	1	
制图		材料	45
描图			
审核			

(d)

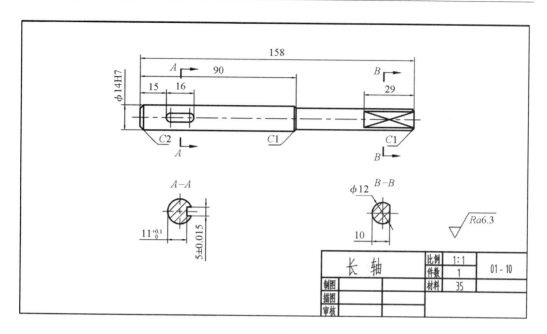

(e)

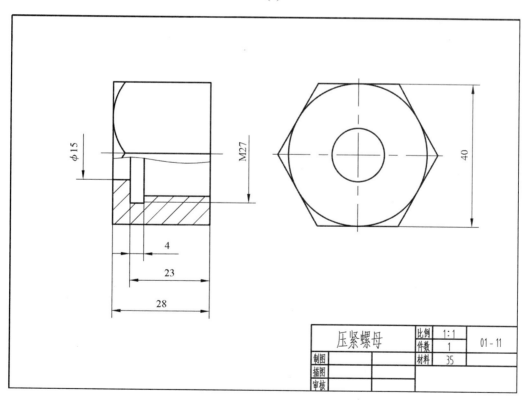

(f)

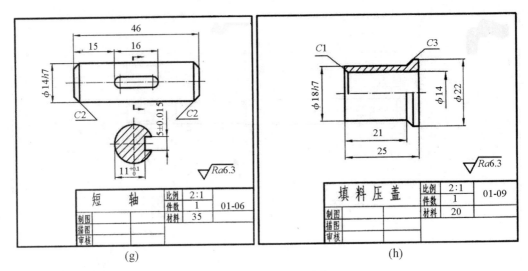

图 9－16　齿轮油泵零件草图

4. 画零件图和装配图

根据零件草图绘制成零件图，根据装配示意图和零件图绘制装配图，装配图的具体画法如下所述。

二、画装配图

由组成机器或部件所需零件的零件图可以拼画出它们的装配图。绘制机器或部件的装配图应力求将装配关系和工作原理表达清楚。下面以齿轮油泵为例介绍画装配图的一般方法。

1. 确定表达方案

根据装配图的作用，详细分析具体部件的结构及工作原理，确定其表达方案。其原则是：在能够表达清楚部件结构及工作原理等因素的前提下，视图的数量越少越好，画图越简单越好。

（1）选择主视图

主视图一般按机器或部件的工作位置放置，并要尽量反映机器或部件的结构特征、装配关系、工作原理、主要零件的基本形状等。在机器或部件中，一般将装配关系密切的零件组称为装配干线。

（2）确定其他视图

其他视图主要是补充表达在主视图中尚未表达或没有表达清楚的地方，其数量和表达方法要结合具体机器或部件而定。

2. 选比例、定图幅

根据已确定的视图表达方案，选取适当的比例和图纸幅面。在图纸上安排各视图的位置时，要留出编写零部件序号、标题栏、明细栏以及注写尺寸和技术要求的位置。

3. 画底稿

先画出各视图的主要轴线、装配干线、对称中心线以及作图基线（主要零件的底面或端面），然后从主视图开始，几个视图配合进行画图。画剖视图时，应以装配干线为准，由里向外逐个画出各个零件，或视情况由外向里将零件按次序逐个画上去。

4. 完成全图

标注尺寸，编写零件序号，填写标题栏、明细栏和技术要求，最后检查、加深，完成全图。

图 9 – 17 表示了齿轮油泵装配图的画图步骤，最终得到的装配图如图 9 – 18 所示。

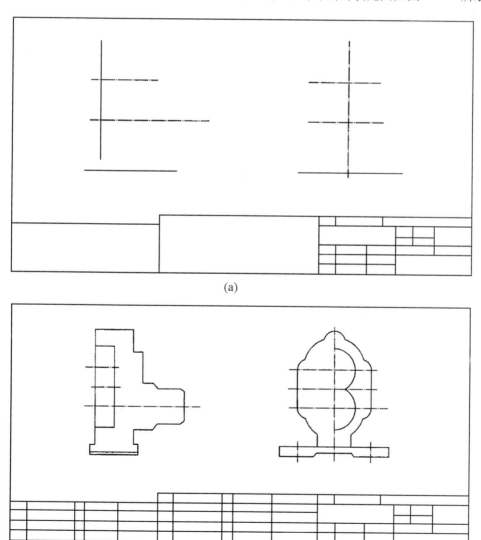

(a)

(b)

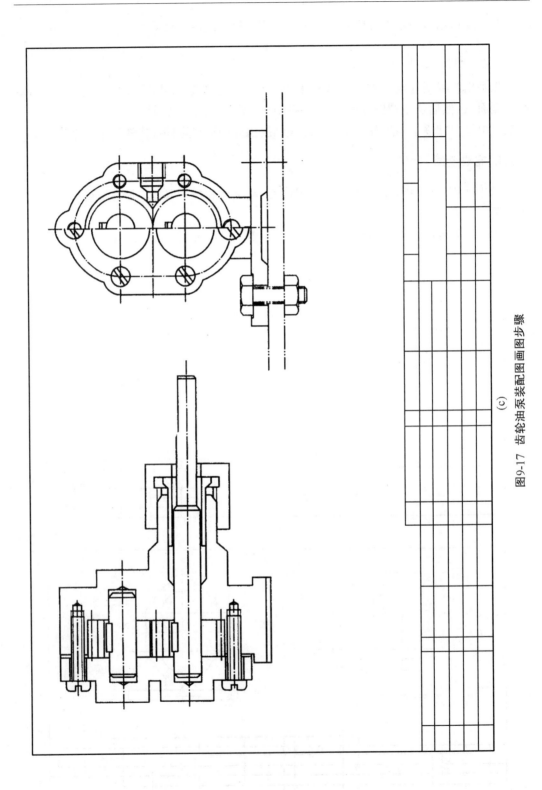

图9-17 齿轮油泵装配图画图步骤

(c)

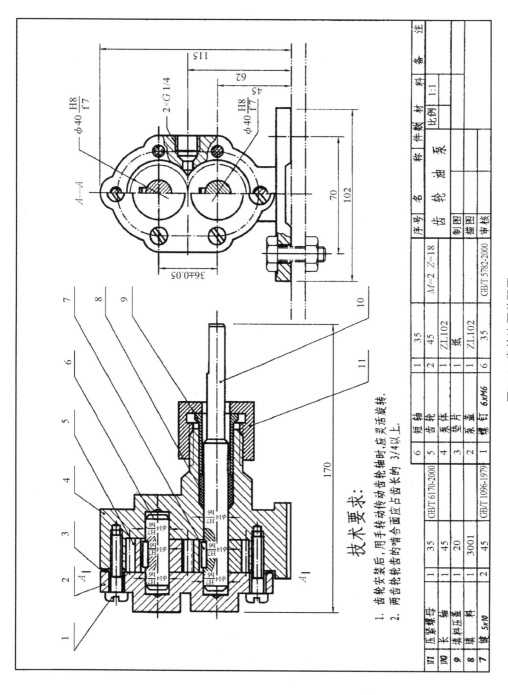

技术要求:

1. 齿轮安装后,用手转动传动齿轮轴时,应灵活旋转.
2. 两齿轮齿的啮合齿面应占齿长的 3/4 以上.

序号	名 称	件数	材 料	备 注
12	压紧螺母	1	35	
11	长轴套	1	45	
10	填料压套	1	20	GB/T 6170-2000
9	填料	1	3001	
8	泵盖	2	45	GB/T 1096-1979
7	键 5x10			
6	短轴	1	35	
5	齿轮	1	45	M=2 Z=18
4	泵体	1	ZL102	
3	垫片纸	1	纸	
2	泵盖	1	ZL102	
1	螺钉 6xM6	6	35	GB/T 5782-2000

制图			比例	1:1
描图				
审核				

图9-18 齿轮油泵装配图

205

9.5　阅读装配图和拆画零件图

在装配和安装机器时，需要看懂装配图；在设计时，应参考同类产品的装配图；在使用、维修和技术交流时，也要经常看装配图，了解机器的用途、工作原理和结构特点。因此，读懂装配图是工程技术人员必须具备的能力。

一、阅读装配图的基本要求

（1）了解机器或部件的性能、用途和工作原理。

（2）弄清各零件间的装配关系、连接方式及拆装顺序。

（3）了解各零件的名称、数量、材料、规格等，并看懂主要零件的结构形状。

二、阅读装配图的方法和步骤

下面以图9－2铣刀头装配图为例，说明阅读装配图的方法和步骤。

1. 概括了解

首先，看标题栏和说明书，了解机器或部件的名称，联系实际知识了解其用途。然后，看明细栏，了解其标准件、非标准件种类及数量，按序号找出各零件的名称、位置和标准件的规格。

从图9－2装配图可以看出，铣刀头由16种零件组成，其中标准件10种，用两个视图来表达。

2. 分析工作原理和装配关系

此铣刀头采用带轮4、轴7、键5、键13等传动件和连接件，使电动机的输出转矩传送到铣刀盘。轴用轴承6、座体8等支承件支承，两端用端盖11调整轴承的松紧并防止轴沿轴向移动；端盖内嵌毡圈12，起密封作用，端盖用螺钉10连接并固紧在座体上；用挡圈1和螺钉2确定带轮4的轴向位置，用销3防止挡圈1转动；用挡圈14、螺栓15和弹簧垫圈16确定铣刀盘的轴向位置，弹簧垫圈16还起到防松的作用。

3. 分析视图

将装配图中各个视图结合起来进行分析，明确视图间的关系，着重弄清各视图表达的内容、所采用的表达方法，了解各视图表达的重点。

铣刀头主视图采用全剖视图，表达了主要装配干线的装配关系，即轴、带轮、座体等水平装配轴线上零件间的装配关系以及假想的铣刀盘与轴的装配关系。仅一个主视图就将铣刀头装配关系表达得比较清楚，为了表达座体外形及宽度方向上的尺寸，增加了左视图。左视图采用拆卸画法，拆去带轮等零件，并在左视图上作了局部剖视，以表达座体底部连接螺栓用的孔的结构等。

4. 分析零件的形状、作用和零件间的装配关系

分析零件的形状、作用是非常重要的，一般与分析和它相邻的零件的装配关系结合起来进行，通常采用下面的方法进行分析：

（1）从标准件、常用件入手，先易后难，最后分析非标准件。因为标准件、常用件特征明显，形状简单，容易看懂。先看懂这些零件并分离出去，为看懂形状复杂的零件提供了方便。

（2）对于非标准件，根据零件序号和剖面线的方向、间距以及投影间的对应关系，确定零件在各个视图中的投影轮廓。结合零件的作用、与相邻零件的装配关系、机械加工工艺要求等想象零件的形状。

从图 9-2 的明细栏可以看出螺钉、螺栓等标准件共 10 种，常用件带轮特征明显，容易看懂；从功能上看，轴的作用是传递动力，与带轮采用键连接，两端采用圆锥滚子轴承支撑，为典型的阶梯轴结构；较复杂的零件为座体，结合左视图可以看出，座体内部为空腔，上端外形为圆柱形，下端有肋板支撑，底部有连接螺栓用的沉孔。对各个零件逐一分析，由易到难，就不难看懂它们的形状了。

5. 归纳总结

在以上分析的基础上，全面分析部件的整体结构形状、技术要求及维护使用注意事项，进一步领会设计意图及加工和装配的技术条件，掌握部件的调整和装拆顺序，以加深对机器或部件的理解和对装配图画法的掌握。

下面再看一个装配图实例。图 9-19 为迫 2 引信的装配图。该引信用于杀伤榴弹和发烟弹中，以引爆弹内炸药。

引信由引信体 10、着发和保险装置、传爆装置等部分组成。其中：着发和保险装置包括击针 11、滑块 4、雷管 17、惯性筒 9、弹簧 8、惯性筒座 6、下钢珠 7、上钢珠 16 等零件；传爆装置包括导爆管 19、传爆管 1 等零件。

击针 11 插在惯性筒座 6 内，惯性筒 9 套住两颗下钢珠 7，将击针 11 卡住，限制击针 11 向上移动；在击针 11 顶部和惯性筒 9 之间，也卡有一个上钢珠 16，使惯性筒 9 压缩弹簧 8，并限制惯性筒 9 向上移动，击针 11 尖端插在滑块 4 孔内，限制滑块 4 左移，从而构成安全保险状态。

引信装到弹头上后，在发射前须拨去 U 形插销 15，取下保险帽 12。

发射时，由于具有很大的向上加速度，上钢珠 16 和惯性筒 9 在向下惯性力的作用下，压迫弹簧 8 并向下移动，当惯性筒 9 下移到与惯性筒座 6 相碰时，上钢珠 16 便落到引信体 10 空腔内，解除了上钢珠 16 对惯性筒 9 的限制。

当炮弹飞出炮口后，减速飞行，在弹簧 8 压力作用下，惯性筒 9 向上运动到与击针 11 顶部相接触，从而解脱对下钢珠 7 的约束，下钢珠 7 落入引信体 10 空腔，击针 11 失去限制，随惯性筒 9 一起向上移动。当击针 11 尖端移出滑块 4 内孔时，又解脱对滑块 4 的限制，在弹簧 18 的作用下，滑块 4 向左移动，使雷管 17 与击针 11 对正，形成待发

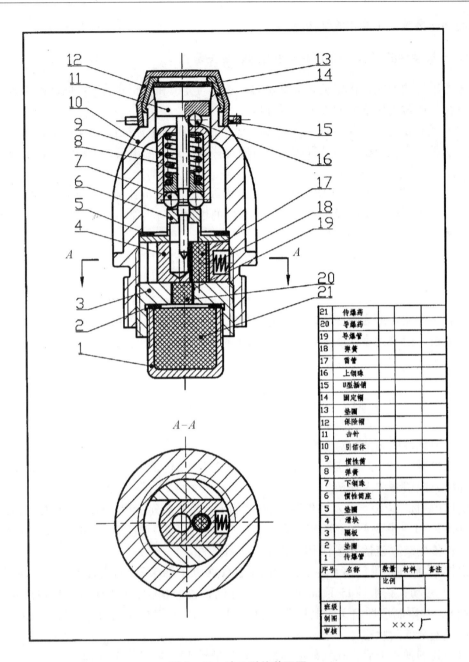

21	传爆药		
20	导爆药		
19	导爆管		
18	弹簧		
17	雷管		
16	上钢珠		
15	U型插销		
14	固定帽		
13	垫圈		
12	保险帽		
11	击针		
10	引信体		
9	惯性筒		
8	弹簧		
7	下钢珠		
6	惯性筒座		
5	垫圈		
4	滑块		
3	隔板		
2	垫圈		
1	传爆管		
序号	名称	数量	材料 备注

比例

班级	
制图	×××厂
审核	

图 9-19 迫 2 引信装配图

状态。

当弹头碰触障碍物时，击针 11 向后刺发雷管 17，引爆导爆药 20 和传爆药 21，从而导致弹体爆炸。

以引信体 10 为例分析该零件的形状、作用。该零件属于箱体类零件，表面为流线型，其中一端为卡环结构，另一端同时具有内管螺纹和外管螺纹结构，内管螺纹同隔板旋合，内部空腔起着容纳着发和保险装置、传爆装置等的作用。该零件为迫 2 引信的主

208

体零件。

三、拆画零件图

根据装配图拆画零件图是在读懂装配图的基础上进行的，既是产品设计中不可少的工作，也是检查读图效果的手段。拆画零件图的方法步骤如下。

1. 分离零件

读懂装配图后，将要拆画的零件分离出来，这是拆画零件图的关键。方法是按照投影关系，找出该零件在有关视图上的轮廓线的范围，根据同一零件在不同视图上剖面线的一致性及不同零件剖面线的差异，将该零件从有关剖视图上分离出来。

2. 重新选择表达方案

零件从装配图上分离出来后，除了想象零件的结构形状，还要考虑零件的表达方案。因为装配图主要表达零件的相互位置、装配关系等，不一定完全符合表达零件的要求，所以在拆画零件图时，零件的视图表达方案必须结合该零件的类别、形状特征、工作位置或加工位置等统一考虑，不能简单地照搬装配图中的方案。另外，装配图上省略的一些工艺结构（如铸造圆角、倒角、退刀槽等），在拆画零件图时也必须画出。

3. 标注完整的尺寸

装配图上虽然没有标注出零件的全部尺寸，但提供了零件全部尺寸的依据。拆图时，零件图上的尺寸可以按下述方法确定：
（1）装配图中已标注的尺寸，可以直接移注到零件图上；
（2）零件上的标准结构，如螺纹、键槽等，应从标准手册中查取；
（3）计算确定的尺寸，如齿轮的齿顶圆、分度圆直径等，应通过计算后标注；
（4）装配图上未标注的尺寸，一般从装配图上按比例量取并取整，然后标注。

4. 关于技术要求

零件各表面的粗糙度等级及其他技术要求，要根据零件的作用及装配关系确定，具体方法可参阅零件图一章。

下面以拆画铣刀头座体为例，说明拆画零件图时应注意的一些问题。

（1）分离零件

根据零件序号 8 和剖面线的方向、间距，在铣刀头装配图（见图 9 - 2）中找出座体的投影，分离出座体的整个轮廓，如图 9 - 20 所示。

（2）确定零件表达方案

根据座体的特点，将装配图的主视方向确定为零件图的主视方向，将装配图的左视方向确定为零件图的左视方向。按照表达完整清晰的要求，将座体轮廓线补完整，同时增加 A 向局部视图，以表达座体底面的形状结构。主视图作全剖视，左视图作局部剖视，如图 9 - 21 所示。

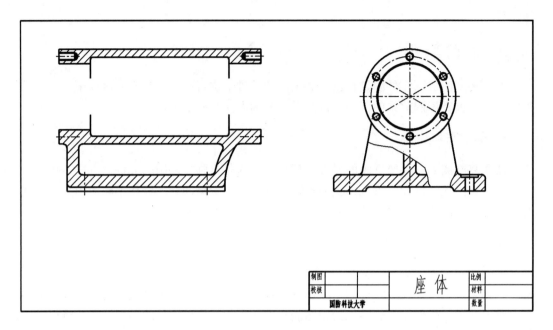

图 9 – 20 拆画座体零件图（一）

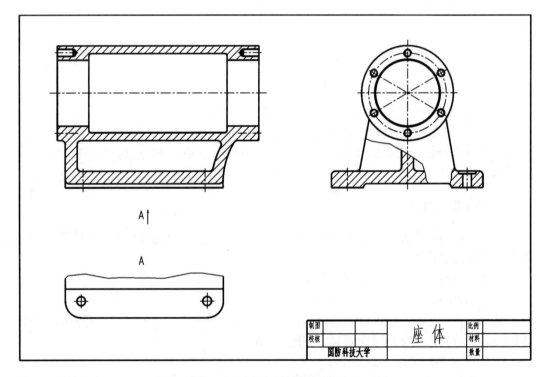

图 9 – 21 拆画座体零件图（二）

（3）尺寸标注

除了装配图上已给的尺寸和一般尺寸可直接从装配图上量取之外，螺纹孔的尺寸应根据螺钉 10 的规格从标准中查取。

（4）技术要求

座体各加工表面的粗糙度的选定，根据各表面的作用、配合关系，从有关表面粗糙度资料中选取，并注明尺寸公差、几何公差要求等。图 9 - 22 为最终得到的拆画出的座体零件工作图。

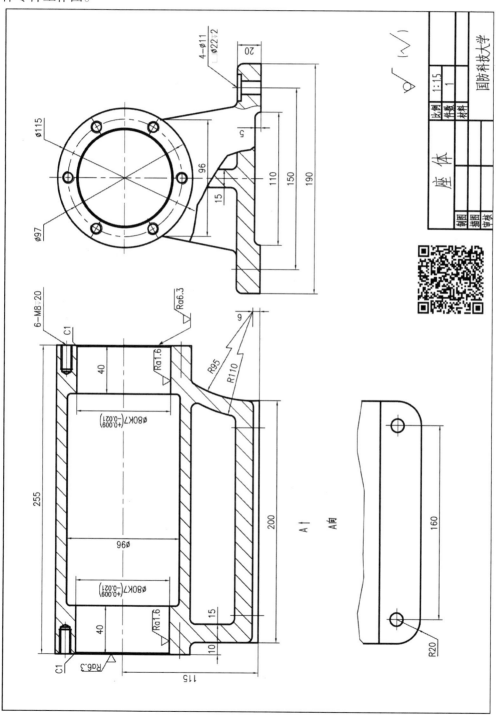

图9-22　拆画座体零件图

图 9 – 23 为从铣刀头装配图中拆画 7 号零件轴的零件图。

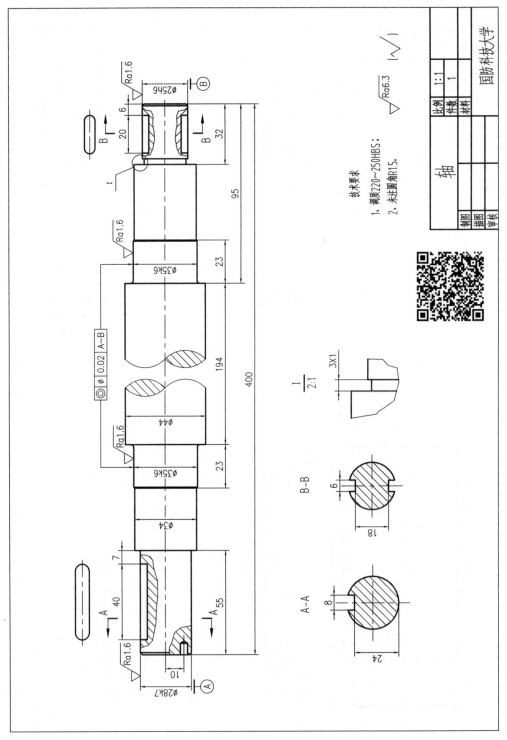

图9-23 铣刀头零件图——轴

下面再看一个拆画零件图实例。图9-24为某小型无人平台驱动轮轴系部分的装配图。该轴系利用电机直接驱动车轮，起着支撑和驱动无人平台的作用。

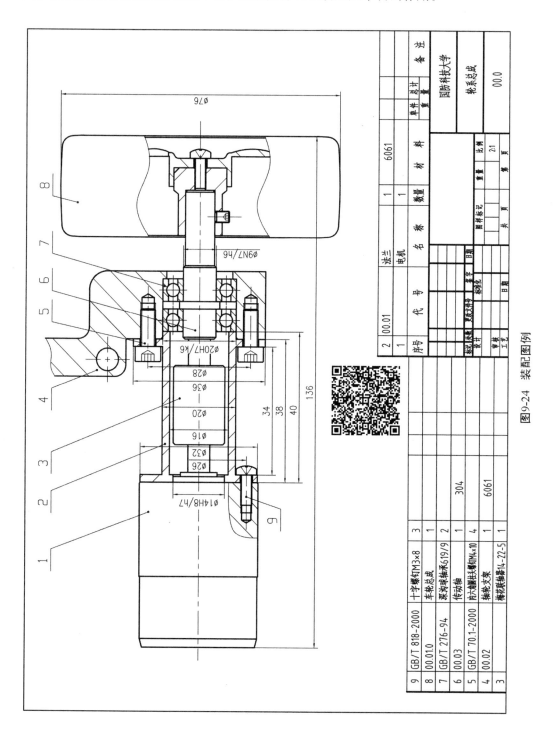

图9-24 装配图例

　　轴系部分由电机 1、支撑部分、传动轴 6 以及车轮部分 8 组成，其中支撑部分包括轮轴支架 4 和法兰 2，法兰 2 通过螺钉安装在轮轴支架 4 上，电机 1 通过螺钉安装在法兰 2 上。传动轴 6 通过一组对置的深沟球轴承安装在轴轮支架 4 上，其一侧通过梅花联轴器 3 连接电机 1 输出轴上，另一侧通过螺钉与车轮部分连接。电机 1 通过传动轴 6 带动车轮 8 转动，实现运动和动力的传递。

　　在轴系部分中，法兰 2 起支撑电机 1 和传递扭矩的重要作用，为该轴系的重要组成零件。法兰 2 为典型轴套类零件，两侧有均匀分布的孔需要表达，且法兰 2 两侧孔的相对位置关系对于电机安装有较大影响，需表达清楚。图 9－25 为法兰零件的第一种表达方案，采用了全剖的主视图来表达，简洁清楚。图 9－26 为法兰零件的第二种表达方案，增加了两个向视图来表达法兰两侧安装的尺寸及位置关系，表达更加清晰明了。

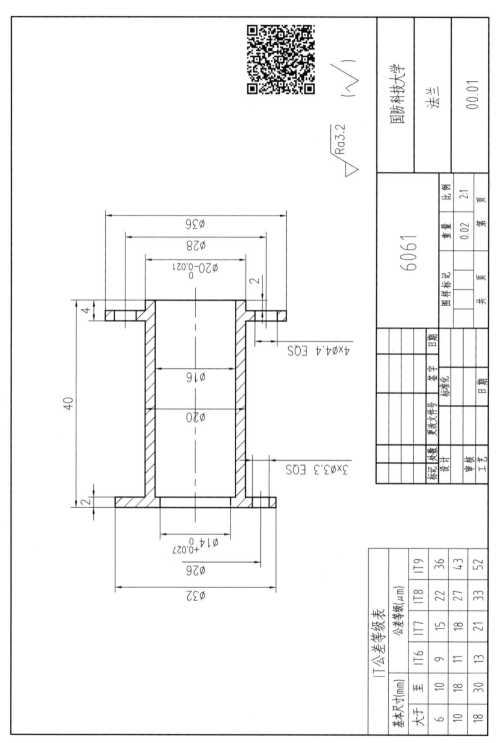

图9-25 法兰零件图——表达方案一

大于	至	IT6	IT7	IT8	IT9
6	10	9	15	22	36
10	18	11	18	27	43
18	30	13	21	33	52

IT公差等级表

基本尺寸(mm)　　公差等级(μm)

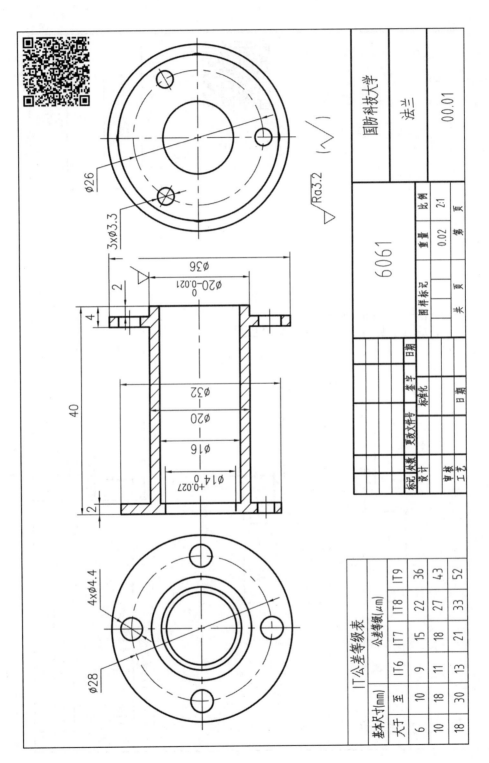

图9-26　法兰零件图——表达方案二

第 10 章 AutoCAD 绘图

计算机绘图是利用计算机对数值进行处理、计算，生成所需的图形信息，并通过输出设备将图形显示或打印出来的技术。随着计算机硬件的发展，计算机绘图软件得到了突飞猛进的发展。国内外成功研制了许多绘图软件，其中 AutoCAD 是一个应用广泛的交互式绘图系统，该软件功能强大，使用方便，是目前国内外最流行的微机绘图软件，在机械、电子、建筑等领域得到了广泛的应用。本章将简单介绍 AutoCAD 软件的使用方法。

10.1 AutoCAD 部分基本操作

一、设置经典界面

1. 初始显示界面

第一次打开 Autodesk AutoCAD 2021 软件的显示界面如图 10-1 所示，点击"开始绘制"进入软件操作界面，如图 10-2 所示。

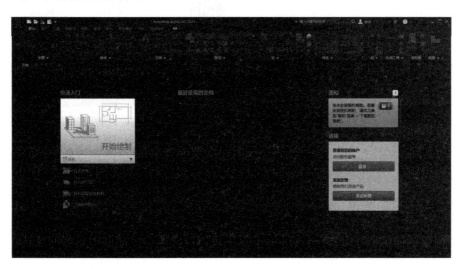

图 10-1　AutoCAD 2021 初始显示界面

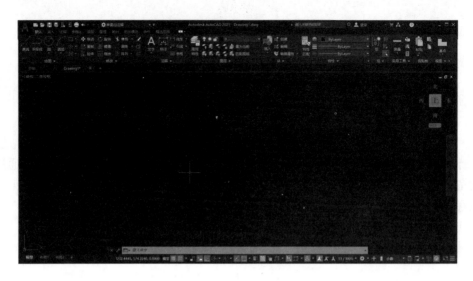

图 10 - 2　软件操作界面

2. 修改软件底色

如图 10 - 3 所示，在绘图区点击鼠标右键，选择"选项"命令，在"选项"对话框中选择"显示"选项卡，打开"颜色"工具卡，将"统一背景"的颜色改成"白色"。

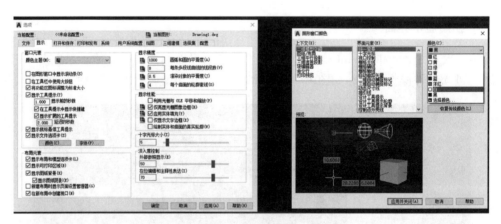

图 10 - 3　修改绘图区背景色

如图 10 - 4 所示，在"显示"选项卡中，将"窗口元素"选项组中的"颜色主题"设置为"明"。

修改为白色底色后的显示界面如图 10 - 5 所示。

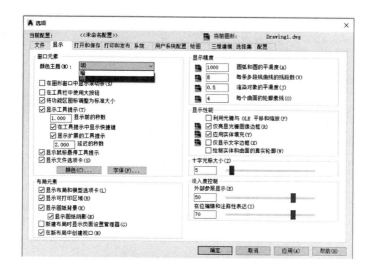

图 10 - 4　颜色主题设置为"明"

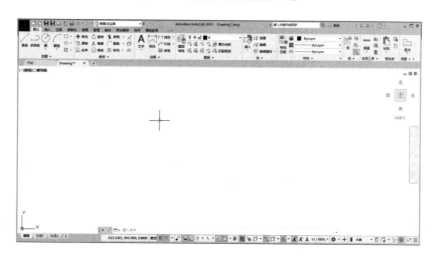

图 10 - 5　显示界面设置为"白色"

3. 显示整洁界面

如图 10 - 6（a）所示，在"选项"对话框中选择"三维建模"选项卡，去掉"显示 ViewCube"选项组中的"二维线框视觉样式"和"所有其他视觉样式"，以及"显示 UCS 图标"选项组中的"二维线框视觉样式"和"所有其他视觉样式"。

如图 10 - 6（b）所示，关闭软件绘图区右侧"导航控制盘"。

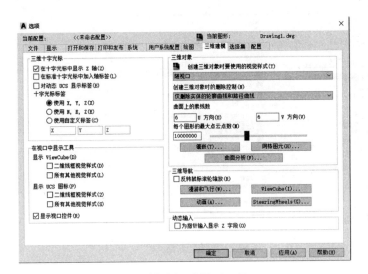

(a) 关闭视口中显示工具   (b) 关闭导航控制盘

图 10 - 6　关闭非主要的显示工具

由此，得到的整洁界面如图 10 - 7 所示。

图 10 - 7　整洁的显示界面

4. 设置经典显示界面

如图 10 - 8 所示，点击顶部右侧的下三角按钮，在下拉列表中依次选中"工作空间""显示菜单栏"。

图 10 - 8　显示"工作空间"和"显示菜单栏"

如图 10 - 9 所示，点击"工具"菜单，在下拉列表中选中"工具栏"，进而在"AutoCAD"目录下依次选中"修改""图层""对象捕捉""标准""标注""样式""特征""绘图"等常用工具。

图 10 - 9　选取常用工具

如图 10 - 10 所示，在工具栏右侧空白处右击，选中"关闭"，关闭"工具显示板组"。

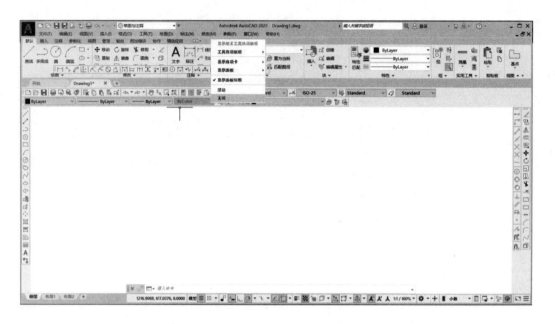

图 10-10 关闭"工具显示板组"

如图 10-11 所示，调整常用工具栏的位置，点击"工作空间"，在下拉列表中选中"将当前工作空间另存为…"，保存当前界面并命名为"经典显示"后就可以直接使用了。

图 10-11 选中"将当前工作空间另存为…"

最终得到的经典显示界面如图 10-12 所示，主要分为标题栏、菜单区、工具条、绘图区、命令提示区和状态栏六个区域。

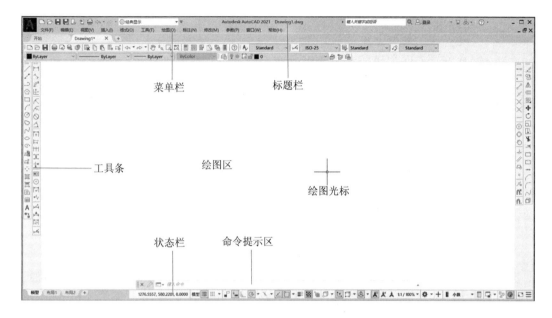

图 10 – 12　经典显示界面

5. 界面简介

（1）标题栏

标题栏位于窗口顶端。

（2）菜单区

菜单区位于标题栏下面，由许多下拉菜单组成。每个菜单后面的括号里有一个字母，那是该菜单的快捷键。按 Alt 键和该字母，和用鼠标单击该菜单一样可以打开该下拉菜单。

（3）工具条

用户除了可以使用菜单中的命令执行 AutoCAD 命令之外，还可以使用工具条来执行某些常用的命令。每个工具条由若干按钮组成。可打开菜单"视图/工具栏"打开工具栏对话框，找到所需的工具条。也可在任一按钮上按右键，在弹出的快捷菜单里选择所需的工具条。

（4）绘图区

屏幕中间最大的一片空白区域就是绘图区，是 AutoCAD 用来画图和显示图形的地方。绘图区域是无限大的，可以通过视图缩放等命令来控制显示大小。

（5）命令提示区

AutoCAD 将用户输入的命令显示在此区域，命令执行后，AutoCAD 在此显示该命令的提示，提示用户下一步该做什么。

（6）状态栏

状态栏在 AutoCAD 屏幕最下面，左侧显示十字光标中心所在位置的坐标值，右侧是几个功能按钮，用鼠标左键单击就能调用该按钮对应功能。也可使用相应的快捷键。

二、快捷键

AutoCAD 定义了许多快捷键，常用的有：F2——文本窗口显示；F3——自动捕捉开关；F6——动态显示坐标开关；F7——栅格点显示开关；F8——正交模式开关；F9——栅格点捕捉模式开关；Esc——中断正在执行的命令，或取消对象的选择状态。

三、绘图环境设置

开始绘制一幅新图时，需要对图纸进行一些初始设置，如绘图界限、绘图单位、图层、颜色、线型、线宽设置等，这是绘图时所必需的基本设置。下面主要介绍绘图界限和绘图单位的设置。

1. 绘图界限

绘图界限是绘图的范围，它定义了画图的区域，便于查看和绘制图形，有利于确定图形绘制的大小、比例、图形之间的距离。命令为"limits"；或单击菜单"格式/图形界限"。命令进行过程如下。

命令：limits　　（按右键或者回车）
重新设置模型空间界限：
指定左下角点或［开（ON）/关（OFF）］<0.0000，0.0000>：（按右键或回车）
指定右上角点<420.0000，297.0000>：（按右键或回车）

提示中还有两个选项的功能如下：
开——打开图形界限检查（不允许画到界限之外）；
关——关闭图形界限检查。
设置绘图界限以后，应立即执行"zoom/all"命令使整个界限全局显示。

2. 绘图单位

AutoCAD 提供了适合任何专业绘图的各种绘图单位，也可使用默认的单位。命令为"units"；或单击菜单"格式/单位"。
此外还有一些系统设置在菜单"工具/选项"中，在此不详述。

四、命令的输入方法

AutoCAD 的输入方法有菜单命令输入、工具条图标方式输入、命令行输入；按输入设备的不同还可分为键盘输入和鼠标输入。鼠标移到绘图区域以外的地方时，鼠标指针会变成空心箭头，此时可用左键选择命令。在绘图区，当光标呈十字形时，可以在屏幕绘图区按下左键，相当于取点；当光标呈小方块时，可以选取图形对象。鼠标右键在不同区域单击会弹出不同的快捷菜单。当一个命令正在进行中时，右键等于回车键。一个命令结束后紧接着按右键等于重复上一个命令。

五、坐标

输入点的坐标时，可以用鼠标左键拾取屏幕上光标所在的点，直接屏幕定位；还可以利用键盘输入点的坐标值，这种方法可分为绝对坐标和相对坐标。

1. 绝对坐标

绝对坐标又可分为直角坐标和极坐标。

直角坐标：输入点的 x、y、z 三个坐标值，在二维绘图中，z 坐标值为 0，只需输入 x、y 两个坐标值，用逗号相隔。

极坐标：输入"距离 < 角度"，此距离是距当前坐标系的原点的距离，角度是与 X 轴正方向的夹角，逆时针方向为正，顺时针方向为负。在绘图区域左下角是原点，水平向右是 X 轴正方向，垂直向上是 Y 轴正方向。

2. 相对坐标

直角坐标和极坐标都可指定为相对坐标。其表示方法是：

相对直角坐标：输入"@ $\triangle x$，$\triangle y$"。

相对极坐标：输入"@ 距离 < 角度"。此距离是距上一点的直线距离，角度是与 X 轴正方向的夹角。

六、图形文件管理

1. 新建文件

输入"new"；或单击菜单"文件/新建"；或单击标准工具条中的 □ 按钮。

2. 打开文件

输入"open"；或单击菜单"文件/打开"；或单击标准工具条中的 按钮。

3. 保存文件

输入"save"，或单击标准工具条中的 按钮。如果当前图形已经命名，系统仍以原来文件名存储该图形，而如果当前图形尚未命名，那么系统将弹出"图形另存为"对话框。还可直接选择菜单"文件/保存"或菜单"文件/另存为"。

4. 退出文件

绘图结束并存储后，点击标题栏中的关闭控制按钮或下拉菜单"文件/退出"，即可退出 AutoCAD 系统。

七、常用的屏幕显示控制命令

标准工具条上的 　　　　　 这几个命令应熟练掌握。分别是平移、缩放、窗口显示、上一个窗口。此外"zoom"命令也应熟练掌握。

八、对象捕捉

对象捕捉是一种点坐标的智能输入方式，这是一种透明操作，不能单独执行，必须是执行某一绘图命令时需要捕捉某一特定点时才能调用。开始绘图之前应进行捕捉设置。方法是选取菜单"工具/草图设置/对象捕捉"，打开对象捕捉设置对话框，从中选取合适的常用捕捉对象。在状态栏的 **对象捕捉** 按钮上点右键打开快捷菜单，选择"设置"，也可打开该对话框。此外，"对象捕捉"工具条也应熟练掌握。

九、定向输入距离

画直线时，取定第一点之后，将鼠标拖出一个方向，然后用键盘输入距离数字，回车或按右键，就可在此方向上画出一段给定距离的直线。用此方法在正交模式下可快速地画出一系列水平和竖直的直线。

10.2　AutoCAD 绘图举例

用 AutoCAD 绘制图形的步骤如下。

（1）建立新的图形文件或打开已有的图形文件。

（2）建立绘图环境：设置图幅；设置图层；设置线型。

（3）绘制图形和修改对象。

（4）保存。

（5）退出。

例1　用 AutoCAD 绘制图 10 – 13 所示图形。

作图步骤如下：

步骤一　绘图环境设置

（1）用 Limits 命令设置图限范围，然后全局预览。命令执行过程如下：

命令：limits　（输入 limits 命令后按右键或回车）

重新设置模型空间界限：

指定左下角点或［开（ON）/关（OFF）］<0.0000，0.0000 >：（直接按右键或回车）

指定右上角点 <420.0000，297.0000 >：（直接按右键或回车）

命令：z（输入 zoom 命令后按右键或回车）

ZOOM

指定窗口的角点，输入比例因子（nX 或 nXP），或者：

［全部（A）/中心（C）/动态（D）/范围（E）/上一个（P）/比例（S）/窗口（W）/对象（O）］ <实时>：a ↵（输入 all 命令后按右键或回车）

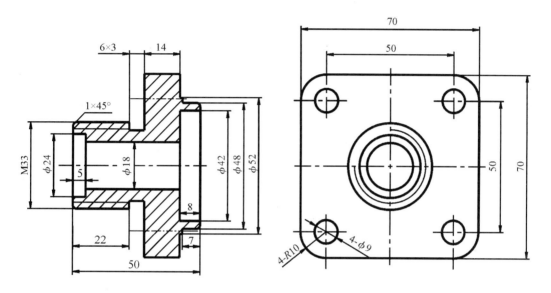

图 10 - 13　示例

（2）用 Layer 命令或在图层工具条上点选 ⬛ 打开图形特性管理器对话框，设置图层。用"New"按钮设置如下图层：

名称	颜色	线型	线宽
0	White	Continuous	——默认
center	White	Center	——默认
dashed	Yellow	Dashed	——默认
hatch	White	Continuous	——默认
solid	Green	Continuous	——0.30 毫米
text	Cyan	Continuous	——默认
thin	White	Continuous	——默认

线型缺省的为"Continuous"，如果要修改线型，可在"Continuous"处单击鼠标左键，若弹出的对话框中没有所需的线型，可点击"加载"装入新的线型。

"线宽"中设置了粗线的只有粗实线图层"solid"。如果没有设置"显示线宽"，屏幕上的所有线都显示为细实线（这不影响打印效果）。设置"显示线宽"的命令在菜单"工具/选项/用户系统配置/显示线宽"中，将"显示线宽"选框选中即可。为了方便说明，本例中该选项是选中的。

（3）进行捕捉设置并进入捕捉模式。打开捕捉设置对话框，一般选取"端点、中点、圆心、交点、垂足"这几个选项。按 F3 键或在状态栏上点取 **对象捕捉** 按钮，进入捕捉模式。

（4）打开正交开关。按 F8 键或在状态栏上点取 **正交** 按钮，进入正交模式。

（5）保存文件（作图过程中应经常保存）。

步骤二 画中心线（见图 10 - 14）

（1）用鼠标在图层工具条上点取下拉框选择 center 图层，使该图层为当前图层。

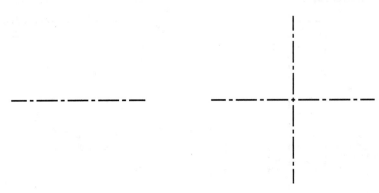

图 10 - 14 步骤二 画中心线

（2）点选绘图工具条上的第一个 ✏ 按钮，或用键盘输入"line"命令，画一条长 58 的直线。命令执行过程如下。

命令：_line 指定第一点：（用鼠标在合适位置点取一点，然后鼠标右移拖出一条水平线）
指定下一点或 ［放弃（U）］：58（输入长度 58 后按右键或回车）
指定下一点或 ［放弃（U）］：（按右键或回车结束直线命令）

（3）再在右边画两条互相垂直、长 75 的直线。注意水平中心线与上一条长 58 的中心线要对齐。命令执行过程可以按如下过程进行。

命令：_line 指定第一点：（用鼠标点取上一条长 58 的中心线的右端点，向右拖出一条水平线）
指定下一点或 ［放弃（U）］：75（输入长度 75 后按右键或回车）
指定下一点或 ［放弃（U）］：75（鼠标向上或向下拖出一条直线，用键盘输入长度 75，按右键或回车）
指定下一点或 ［放弃（U）］：（按右键或回车结束直线命令）

（4）将后两条线移动位置。命令执行过程可以按如下过程进行。
用鼠标选中竖直中心线，该线高亮显示，看起来像虚线，两个端点和中点处出现三个"句柄"。点取中点，该中点处的"句柄"变成红色。移动鼠标，垂直中心线跟着移动，至长 75 的水平中心线的中点处点鼠标左键，垂直中心线就被移动到与水平线中点重合的位置。

用鼠标选中这两条线，在重合的中点上点鼠标左键，表示中点的句柄变成红色。向右移动鼠标，至合适位置处点鼠标左键。现在这两条线放在新的位置，与第一条线分离。

注：

（1）这种方法是利用"句柄"的操作，非常方便，应该掌握。

（2）也可以利用"移动"命令完成上述操作。

（3）选择对象有三种方法：点选、窗选和交叉选。点选是用鼠标直接在单个对象上点左键选择，窗选是在一个位置点鼠标左键，向右上或右下拖出一个窗口，窗口中被全部圈住的对象将被选中；而交叉选是向左上或左下拖出一个窗口，窗口中只要被圈住一部分的对象都将被选中。

步骤三　画方形法兰（见图 10 – 15）

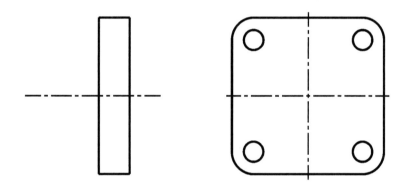

图 10 – 15　步骤三　画方形法兰

（1）用鼠标在图层工具条上点取下拉框选择"solid"图层，使该图层为当前图层。

（2）用直线命令，在正面投影图上画法兰的正面投影轮廓线。命令执行过程可以按如下过程进行。

命令：_line 指定第一点：_nea 到（在捕捉工具条上用鼠标左键点"捕捉到最近点"按钮，在第一条中心线上合适位置选取直线起点）

指定下一点或 ［放弃（U）］：35（鼠标向上拖出一条直线，用键盘输入长度 35，按右键或回车）

指定下一点或 ［放弃（U）］：14（鼠标向右拖出一条直线，用键盘输入长度 14，按右键或回车）

指定下一点或 ［闭合（C）/放弃（U）］：70（鼠标向下拖出一条直线，用键盘输入长度 70，按右键或回车）

指定下一点或 ［闭合（C）/放弃（U）］：14（鼠标向左拖出一条直线，用键盘输

入长度 14，按右键或回车）

指定下一点或［闭合（C）／放弃（U）］：（鼠标向上拖出一条直线，捉住直线链的起点，按左键）

指定下一点或［闭合（C）／放弃（U）］：（按右键或回车结束直线命令）

（3）用直线命令，画法兰的侧面投影轮廓线。命令执行过程可以按如下过程进行。

命令：_line 指定第一点：（鼠标移到法兰正面投影最上方的水平轮廓线的右端点处，会显示捉住"端点"的提示，点左键，捉住该端点为直线起点）

指定下一点或［放弃（U）］：（鼠标向右拖出一条直线，至侧面投影垂直中心线上时会显示捉住"垂足"的提示，按左键）

指定下一点或［放弃（U）］：35（鼠标向右拖出一条直线，用键盘输入长度35，按右键或回车）

指定下一点或［闭合（C）／放弃（U）］：70（鼠标向下拖出一条直线，用键盘输入长度70，按右键或回车）

指定下一点或［闭合（C）／放弃（U）］：70（鼠标向左拖出一条直线，用键盘输入长度70，按右键或回车）

指定下一点或［闭合（C）／放弃（U）］：（鼠标向上拖出一条直线，至最上方直线时会显示捉住"垂足"的提示，按左键）

指定下一点或［闭合（C）／放弃（U）］：（按右键或回车结束直线命令）

（4）用圆角命令，画法兰的一个圆角。命令执行过程可以按如下过程进行。

命令：_fillet（用鼠标在绘图工具栏上点取"圆角"命令 ⌐）
当前设置：模式＝修剪，半径＝0.0000
选择第一个对象或［多段线（P）／半径（R）／修剪（T）／多个（U）］：r（输入字母 r 按右键或回车修改默认圆角半径）
指定圆角半径 <0.0000>：10（输入新的圆角半径10，按右键或回车）
选择第一个对象或［多段线（P）／半径（R）／修剪（T）／多个（U）］：（用鼠标左键点取正方形第一条边）
选择第二个对象：（用鼠标左键点取正方形第二条边，第一个圆角就画好了）

（5）按右键或回车，重复圆角命令，用同样的方法画法兰的其他三个圆角。
注：一个命令结束后马上按右键或回车，等于重复上一个命令。
（6）画法兰上的四个通孔。命令执行过程可以按如下过程进行。

命令：_circle 指定圆的圆心或［三点（3P）／两点（2P）／相切、相切、半径（T）］：（用鼠标左键点击绘图工具栏上的 ⊙ 命令，再将鼠标移动到第一个圆角的圆弧上，出现捉住圆心的提示，将鼠标移到圆心上点击鼠标左键，指定该点为所画圆的圆心）

指定圆的半径或［直径（D）］＜4.0000＞：4.5（输入圆弧半径4.5点右键或回车）

（7）用同样方法画另外三个圆。也可以用"阵列"命令画另外三个圆。

使用阵列命令的方法是：用鼠标左键在绘图工具条上点击▦按钮，在弹出的阵列对话框中选取"矩形阵列"，输入"2行2列"，行偏移为－50，列偏移为50，点"选择对象"按钮，回到绘图区域，点取要阵列的圆，按右键回到对话框中，点击"预览"按钮，观察结果是否正确。正确的话，确定即可。

还可以用"复制"命令画另外三个圆。使用"复制"命令须注意要选择"基点"，基准点一般选择对象的特征点，如圆心、中点、端点等。

步骤四　画法兰左侧的外螺纹（见图10－16）

（1）画最左端面。命令执行过程可以按如下过程进行。

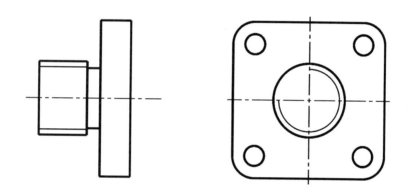

图10－16　步骤四　画法兰左侧的外螺纹

命令：_line 指定第一点：（用鼠标左键点取正面投影法兰的最上轮廓线的左端点）

指定下一点或［放弃（U）］：28（鼠标向左拖出一条直线，用键盘输入长度28，按右键或回车）

指定下一点或［放弃（U）］：33（鼠标向下拖出一条直线，用键盘输入长度33，按右键或回车）

指定下一点或［闭合（C）/放弃（U）］：（按右键或回车结束直线命令）

（2）将垂直的长为33的直线段中点移到中心线上去：选中该直线，捕捉直线段中点用鼠标左键按住不动向下移动，到中心线上时会出现垂足的提示，点鼠标左键即可。此步也可用"移动"命令完成。

（3）删除长为28的直线。

注：删除对象的方法有两种：选中对象，按键盘上的"del"键；或用鼠标点选修改工具条上的第一个"擦除"按钮✐。

（4）画螺纹大径。

用"line"命令画起点为最左端面直线段的上端点，终点落在法兰左端面上的一段直线（采用捕捉垂足的方法）。

（5）画螺纹终止线。可以用"偏移"命令画。命令执行过程如下：

命令：_ offset

指定偏移距离或［通过（T）］＜通过＞：22（用鼠标左键在修改工具条上点击 按钮，输入偏移距离 22 后按右键或回车）

选择要偏移的对象或＜退出＞：（用鼠标左键点取长为 33 的左端面直线段）

指定点以确定偏移所在一侧：（用鼠标左键在该线右边点一下）

选择要偏移的对象或＜退出＞（按鼠标右键或回车结束此命令）

（6）画螺纹小径。

螺纹小径是用细实线表示的，两条细实线之间的距离在制图中画成螺纹大径的 0.85 倍，在这里约为 28。先换到"thin"图层上，然后可以按以下过程进行：

命令：_ line 指定第一点：（用鼠标左键点选正面投影上的水平中心线的左端点）

指定下一点或［放弃（U）］：14（鼠标向上拖出一条直线，用键盘输入长度 14，按右键或回车）

指定下一点或［放弃（U）］：（鼠标向右拖出一条直线，超过螺纹终止线，在合适位置按左键）

指定下一点或［闭合（C）/放弃（U）］：（按鼠标右键或回车结束直线命令）

命令：_ trim

当前设置：投影＝UCS，边＝无

选择剪切边

选择对象：找到 1 个（用鼠标左键在修改工具条上点击剪切按钮 ，先选剪切的边界，用左键点选左端面作为左侧剪切边）

选择对象：找到 1 个，总计 2 个（用左键点选螺纹终止线作为右侧剪切边）

选择对象：（剪切边选完了，按右键结束剪切边的选择）

选择要修剪的对象，或按住 Shift 键选择要延伸的对象，或［投影（P）/边（E）/放弃（U）］：（用鼠标左键在要剪切的螺纹小径线上左侧剪切边之左任意点击一下）

选择要修剪的对象，或按住 Shift 键选择要延伸的对象，或［投影（P）/边（E）/放弃（U）］：（用鼠标左键在要剪切的螺纹小径线上右侧剪切边之右任意点击一下）

选择要修剪的对象，或按住 Shift 键选择要延伸的对象，或［投影（P）/边（E）/放弃（U）］：（按右键或回车结束剪切命令）

命令：_ erase 找到 1 个（删除长为 14 的辅助线）

（7）画退刀槽。

重新回到"solid"图层上。为了将退刀槽局部放大显示，可以用鼠标左键在标准工具条上点击窗口缩放命令 ，在屏幕绘图区域合适位置将退刀槽局部放大。

仍然用偏移命令将螺纹大径线向内偏移一个槽深 3，再用剪切命令将多余的一侧切掉。可以同时将多余的螺纹大径线切掉。命令执行过程与上面类似，不再详述。

（8）完成螺纹部分的正面投影。用镜像命令完成这部分作图过程。

命令：_ mirror

选择对象：指定对角点：找到 3 个（用鼠标左键在修改工具条上点击镜像命令按钮，用窗选的方法选中螺纹大径、螺纹小径、退刀槽）

选择对象：（按右键或回车结束选择对象）

指定镜像线的第一点：指定镜像线的第二点：（用鼠标左键在中心线上选任意两点）

是否删除源对象？［是（Y）/否（N）］＜N＞：（按鼠标右键或回车表示不删除源对象，并结束镜像命令）

（9）在侧面投影面上画螺纹大径圆。

命令：_ circle 指定圆的圆心或［三点（3P）/两点（2P）/相切、相切、半径（T）］：（用鼠标左键在绘图工具条上点击圆命令按钮 ⊙，然后将鼠标移至侧面投影两条中心线的交点上点左键确定圆心）

指定圆的半径或［直径（D）］＜16.5000＞：16.5（用键盘输入半径 16.5 后按右键或回车）

（10）画表示螺纹小径的 3/4 圈细实线圆。

回到"thin"图层上，用上面介绍的方法画半径为 14 的圆，然后以两条中心线为边界剪切掉 1/4。

步骤五　画法兰右侧的凸台（见图 10 - 17）

（1）用鼠标在图层工具条上点取下拉框选择 solid 图层，使该图层为当前图层。

（2）用直线命令画凸台。命令执行过程可以按如下过程进行：

命令：_ line 指定第一点：（选择正面投影上法兰右下点为直线起点）

指定下一点或［放弃（U）］：8（鼠标向右拖出一条直线，用键盘输入凸台高 8，按右键或回车）

指定下一点或［放弃（U）］：（鼠标向上拖出一条直线，捕捉在中心线上的垂足点，按鼠标左键）

指定下一点或［闭合（C）/放弃（U）］：24（鼠标向上拖出一条直线，用键盘输入距离 24，按右键或回车）

指定下一点或［闭合（C）/放弃（U）］：7（鼠标向左拖出一条直线，用键盘输入距离 7，按右键或回车）

指定下一点或［闭合（C）/放弃（U）］：2（鼠标向上拖出一条直线，用键盘输入距离 2，按右键或回车）

指定下一点或［闭合（C）/放弃（U）］：1（鼠标向左拖出一条直线，用键盘输入

距离1，按右键或回车）

指定下一点或 ［闭合（C）/放弃（U）］：（按鼠标右键或回车结束直线命令）

命令：指定对角点：（用交叉选选中上面所画的头两条辅助线）

命令：_ . erase 找到2个（按键盘上的"del"键将之删除）

命令：指定对角点：（用窗选选中刚才所画的4段直线段）

命令：_ mirror 找到4个（在修改工具条上点击镜像命令⚖）

指定镜像线的第一点：指定镜像线的第二点：（用鼠标左键在中心线上任意取两个点）

是否删除源对象？［是（Y）/否（N）］ ＜N＞：（按鼠标右键或回车不删除源对象并结束镜像命令）

注：一些命令的执行过程，可以先选命令，提示"选择对象"后再选择对象；也可以先选择对象，再选择命令。

如图 10 - 17 所示，用剪切命令以各自合适的边界将法兰右侧垂直线和螺纹终止线中间部分切断，准备画中间台阶孔。

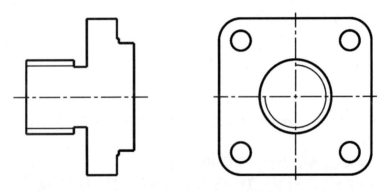

图 10 - 17 步骤五 画法兰右侧的凸台

步骤六 画中间台阶孔（见图 10 - 18）

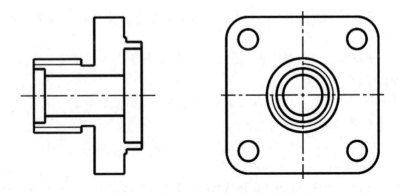

图 10 - 18 步骤六 画中间台阶孔

（1）用直线命令和剪切命令画水平中心线上方的台阶孔轮廓线。命令执行过程略。

（2）用镜像命令将这些线关于中心线镜像。

（3）在侧面投影上画台阶孔的端视图（两个圆），注意投影要对正。

步骤七　画倒角（见图 10 – 19）

（1）先画螺纹左端面的两个倒角。

命令：_ chamfer（在修改工具条上点击倒角命令按钮 ）

（"修剪"模式）当前倒角距离 1 = 0.0000，距离 2 = 0.0000

选择第一条直线或 ［多段线（P）/距离（D）/角度（A）/修剪（T）/方式（M）/多个（U）］: d（用键盘键入字母 d，按右键或回车进入下一步）

指定第一个倒角距离 <0.0000 >: 1（输入新的倒角距离 1，按右键或回车进入下一步）

指定第二个倒角距离 <1.0000 >:（直接按右键或回车）

选择第一条直线或 ［多段线（P）/距离（D）/角度（A）/修剪（T）/方式（M）/多个（U）］:（用点选选择最左端面）

选择第二条直线:（用点选选择螺纹大径，倒角自动画好，命令结束）

（2）直接按右键或回车，重复倒角命令，画左下倒角。

（3）画右侧两个倒角。

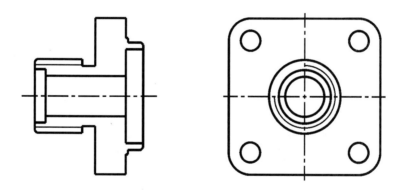

图 10 – 19　步骤七　画倒角

步骤八　检查是否缺线（见图 10 – 20）

法兰四个圆角和通孔处应画中心线。检查所有中心线的长度、位置是否合适（画中心线应超出轮廓线 2 ~ 50 mm），如果不合适，适当调整。

（1）转到 center 图层。

（2）先画左上角的一组互相垂直的中心线。

（3）用镜像命令将这一组中心线关于竖直中心线镜像，画右上角的中心线。

（4）用镜像命令将这两组中心线关于水平中心线镜像，完成四组中心线。

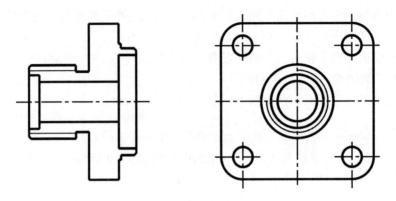

图 10 - 20　步骤八　画小孔中心线

步骤九　画剖面线（见图 10 - 21）

（1）转到 hatch 图层。

（2）在绘图工具条上点击"图案填充"命令按钮███，打开图案填充对话框。在图案样例中选取"ANSI31"，点击"拾取点"选项，回到绘图区，鼠标变成十字形状。用鼠标在要填充的区域（该区域必须是封闭的）内部点一点，可选取多个区域。被选中的区域高亮显示，边框呈虚线。选完区域，按鼠标右键，回到图案填充对话框。点击"预览"，看是否正确。如果剖面线过密或过疏，可在"比例"选项中调整。最后点击"确定"即可。

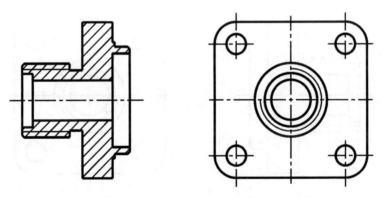

图 10 - 21　步骤九　画剖面线

步骤十　尺寸标注

尺寸标注用到"标注"工具条。另外单击菜单命令"格式/标注样式"可打开标注样式管理器对话框，在此对话框中可对标注样式进行修改。在此不详述。

（1）转到 text 图层。

（2）标注法兰的定形、定位尺寸。水平和竖直的线性尺寸用"线性标注"命令███标注，在圆弧上标注直径用"直径标注"命令███标注，在圆弧上标注半径用"半径标注"命令███标注。注意通孔的尺寸，标完"$\phi 9$"后要用修改文字命令"ddedit"改为"$4 - \phi 9$"。此命令也可在"修改 II"工具条中找到。

（3）标注螺纹大径和螺纹长。用线性标注命令 ⊢⊣ 标注大径后，须将之修改为"M33"，M 是表示普通螺纹的标准代号。

（4）标注退刀槽尺寸。用线性标注命令 ⊢⊣ 标注后，须将之修改为"6×3"。此标注表示退刀槽轴向长度为 6，槽深为 3。

（5）标注右端凸台的尺寸。凸台的直径用线性标注命令 ⊢⊣ 标注后，须将之修改为"ϕ52"和"ϕ48"。符号"ϕ"可用软键盘中希腊字母输入。

（6）标注阶梯孔的直径和长度。注意直径用线性标注命令 ⊢⊣ 标注后，需改为直径尺寸（加注 ϕ）。

（7）标注倒角。倒角标注时，沿斜边画一段延长线，再画一条水平引线，在水平引线上用"多行文字"命令 **A**，写文字"1×45°"。该标注的含义是：倒角的两条直角边长为 1，斜边与轴线夹角为 45°。

（8）检查，标注总长尺寸。见图 10 - 2。

步骤十一　保存

新建一个文件后，应立即保存。在绘图过程中，要注意经常保存。在菜单"工具/选项"中可以设置自动保存。

步骤十二　退出

附录

附录 A　标题栏和明细栏

A.1　标题栏的尺寸与格式

GB/T 10609.1—2008 规定：标题栏的尺寸与格式示例如图 A–1 所示。

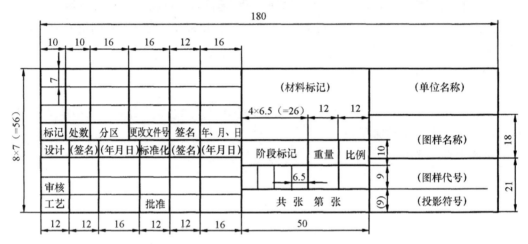

图 A–1　标题栏格式示例

A.2　明细栏的尺寸与格式

GB/T 10609.2—2008 规定：装配图中明细栏各部分的尺寸与格式如图 A–2 所示。

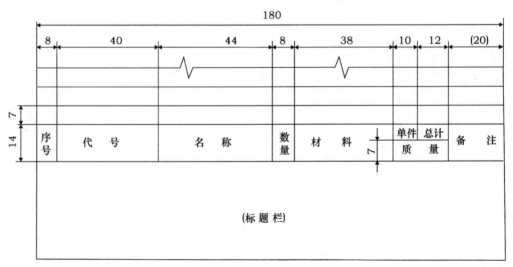

图 A–2　明细栏格式示例

附录 B　螺纹

B.1　普通螺纹

GB/T 192—2003 规定：普通螺纹的基本牙型应符合图 B-1 的规定。

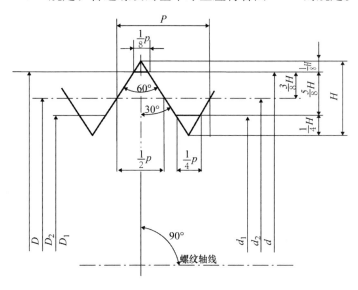

D——内螺纹基本大径（公称直径）；d——外螺纹基本大径（公称直径）；D_2——内螺纹的基本中径；d_2——外螺纹的基本中径；D_1——内螺纹的基本小径；d_1——外螺纹的基本小径；H——原始三角形高度；P——螺距。

图 B-1　普通螺纹基本牙型

GB/T 196—2003 规定：基本尺寸（表 B-1）内的螺纹中径和小径值按下列公式计算，计算数值需圆整到小数点后的第三位。

$$H = \frac{\sqrt{3}}{2}P$$

$$D_2 = D - 2 \times \frac{3}{8}H = D - 0.6\,495P$$

$$d_2 = d - 2 \times \frac{3}{8}H = d - 0.6\,495P$$

$$D_1 = D - 2 \times \frac{5}{8}H = D - 1.0\,825P$$

$$d_1 = d - 2 \times \frac{5}{8}H = d - 1.0\,825P$$

表 B-1　普通螺纹基本尺寸（节选）

mm

公称直径 D 或 d		螺距 P	中径 D_2 或 d_2	小径 D_1 或 d_1	公称直径 D 或 d		螺距 P	中径 D_2 或 d_2	小径 D_1 或 d_1
第一系列	第二系列				第一系列	第二系列			
4		(0.7)	3.545	3.242		18	(2.5)	16.376	15.294
		0.5	3.675	3.459			2	16.701	15.835
							1.5	17.026	16.376
	4.5	(0.75)	4.175	3.959			1	17.350	16.917
5		(0.8)	4.480	4.134	20		(2.5)	18.376	17.294
		0.5	4.675	4.459			2	18.701	17.835
							1.5	19.026	18.376
							1	19.350	18.917
6		(1)	5.350	4.917		22	(2.5)	20.376	19.294
		0.75	5.513	5.188			2	20.701	19.835
							1.5	21.026	20.376
							1	21.350	20.917
8		(1.25)	7.188	6.647	24		(3)	22.051	20.752
		1	7.350	6.917			2	22.701	21.835
		0.75	7.513	7.188			1.5	23.026	22.376
							1	23.350	22.917
10		(1.5)	9.026	8.376		27	(3)	25.051	23.752
		1.25	9.188	8.647			2	25.701	24.835
		1	9.350	8.917			1.5	26.026	25.376
		0.75	9.513	9.188			1	26.350	25.917
12		(1.75)	10.863	10.106	30		(3.5)	27.727	26.211
		1.5	11.026	10.376			2	28.701	27.835
		1.25	11.188	10.647			1.5	29.026	28.376
		1	11.350	10.917			1	29.350	28.917
	14	(2)	12.701	11.835		33	(3.5)	30.727	29.211
		1.5	13.026	12.376			2	31.701	30.835
		1	13.350	12.917			1.5	32.026	31.376
16		(2)	14.701	13.835					
		1.5	15.026	14.376					
		1	15.350	14.917					

注：表中有括号的螺距数值为粗牙螺距。

GB/T 197—2018 规定：完整螺纹标记由螺纹特征代号、尺寸代号、公差带代号及其他有必要做进一步说明的个别信息组成。

普通螺纹的特征代号为 "M"。单线螺纹的尺寸代号为 "公称直径×螺距"，公称直径和螺纹数值单位为毫米。

例如：M24×2，表示公称直径为 24 mm、螺距为 2 mm 的单线细牙螺纹。对粗牙螺纹，可以省略标注其螺距项，例如：M24，表示公称直径为 24 mm、螺距为 3 mm 的单线粗牙螺纹。

对左旋螺纹，应在螺纹标记的最后标注代号 "LH"。

B.2 梯形螺纹

GB/T 5796.1—2005 规定：梯形螺纹的基本牙型及其尺寸应符合图 B-2、表 B-2 的规定。图 B-2 中粗实线代表基本牙型。

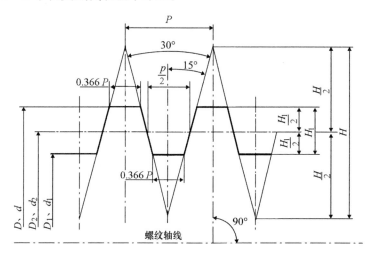

D——基本牙型上的内螺纹大径；d——基本牙型和设计牙型上的外螺纹大径（公称直径）；D_2——基本牙型和设计牙型上的内螺纹中径；d_2——基本牙型和设计牙型上的外螺纹中径；D_1——基本牙型和设计牙型上的内螺纹小径；d_1——基本牙型上的外螺纹小径；P——螺距；H——原始三角形高度；H_1——基本牙型牙高。

图 B-2　梯形螺纹基本牙型

梯形螺纹的标记参照 GB/T 5796.2—2005 规定，例如：

Tr40×7LH-7H，表示公称直径为 40 mm、螺距为 7 mm、中径公差带为 7H 的左旋梯形螺纹；

Tr30×14（P7）-7e，表示公称直径为 30 mm、螺距为 7 mm、中径公差带为 7e 的双线、右旋梯形螺纹。

表 B-2　梯形螺纹基本尺寸（节选）

mm

公称直径 d（外螺纹大径）		螺距 P	外螺纹小径 d_1	外、内螺纹中径 d_2、D_2	内螺纹		公称直径 d（外螺纹大径）		螺距 P	外螺纹小径 d_1	外、内螺纹中径 d_2、D_2	内螺纹	
第一系列	第二系列				大径 D_4	小径 D_1	第一系列	第二系列				大径 D_4	小径 D_1
10		1.5	8.2	9.25	10.3	8.5	32		3	28.5	30.5	32.5	29.0
		2	7.5	9.00	10.5	8.0			6	25.0	29.0	33.0	26.0
									10	21.0	27.0	33.0	22.0
	11	2	8.5	10.0	11.5	9.0		34	3	30.5	32.5	34.5	31.0
		3	7.5	9.5		8.0			6	27.0	31.0	35.0	28.0
12		2	9.5	11.0	12.5	10.0			10	23.0	29.0	35.0	24.0
		3	8.5	10.5		9.0	36		3	32.5	34.5	36.5	33.0
	14	2	11.5	13.0	14.5	12.0			6	29.0	33.0	37.0	30.0
		3	10.5	12.5		11.0			10	25.0	31.0	37.0	26.0
16		2	13.5	15.0	16.5	14.0		38	3	34.5	36.5	38.5	35.0
		4	11.5	14.0		12.0			7	30.0	34.5	39.0	31.0
	18	2	15.5	17.0	18.5	16.0			10	27.0	33.0	39.0	28.0
		4	13.5	16.0		14.0	40		3	36.5	38.5	40.5	37.0
20		2	17.5	19.0	10.5	18.0			7	32.0	36.5	41.0	33.0
		4	15.5	18.0		16.0			10	29.0	35.0	41.0	30.0
	22	3	18.5	20.5	22.5	19.0		42	3	38.5	40.5	42.5	39.0
		5	16.5	19.5	22.5	17.0			7	34.0	38.5	43.0	35.0
		8	13.0	18.0	23.0	14.0			10	31.0	37.0	43.0	32.0
24		3	20.5	22.5	24.5	21.0	44		3	40.5	42.5	44.5	41.0
		5	18.5	21.5	24.5	19.0			7	36.0	40.5	45.0	37.0
		8	15.0	20.0	25.0	16.0			12	31.0	38.0	45.0	32.0
	26	3	22.5	24.5	26.5	23.0		46	3	42.5	44.5	46.5	43.0
		5	20.5	23.5	26.5	21.0			8	37.0	42.0	47.0	38.0
		8	17.0	22.0	27.0	18.0			12	33.0	40.0	47.0	34.0
28		3	24.5	26.5	28.5	25.0	48		3	44.5	46.5	48.5	45.0
		5	22.5	25.5	28.5	23.0			8	39.0	44.0	49.0	40.0
		8	19.0	24.0	29.0	20.0			12	35.0	42.0	49.0	36.0
	30	3	26.5	28.5	30.5	27.0							
		6	23.0	27.0	31.0	24.0							
		10	19.0	25.0	31.0	20.0							

B. 3　55°密封管螺纹

GB/T 7306.1—2000 规定：圆柱内螺纹的设计牙型应符合图 B-3 的规定。

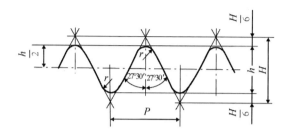

H——原始三角形高度；h——螺纹牙高；r——螺纹牙顶和牙底的圆弧半径；P——螺距。

图 B-3　圆柱内螺纹设计牙型

相关尺寸按下列公式计算：

$$H = 0.960\ 491P$$

$$h = 0.640\ 327P$$

$$r = 0.137\ 329P$$

圆锥外螺纹的设计牙型应符合图 B-4 的规定。其左、右两牙侧的牙侧角相等，螺纹锥度为 1:16。

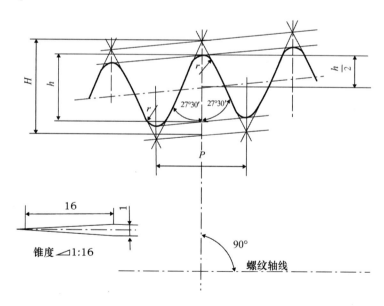

H——原始三角形高度；h——螺纹牙高；r——螺纹牙顶和牙底的圆弧半径；P——螺距。

图 B-4　圆锥外螺纹设计牙型

相关尺寸按下列公式计算：

$$H = 0.960\ 237P$$

$$h = 0.640\ 327P$$

$$r = 0.137\ 278P$$

管螺纹的标记由螺纹特征代号和尺寸代号组成。

螺纹特征代号：Rp 表示圆柱内螺纹；R_1 表示与圆柱内螺纹相配合的圆锥外螺纹。螺纹尺寸代号参照表 B - 3 第 1 栏所规定的分数或整数。当螺纹为左旋时，应在尺寸代号后加注"LH"。表示螺纹副时，螺纹的特征代号为"Rp/R_1"，前面为内螺纹的特征代号，后面为外螺纹的特征代号，中间用斜线分开。

例如：

Rp1 $\dfrac{1}{2}$，表示尺寸代号为 1 $\dfrac{1}{2}$ 的右旋圆柱内螺纹；

$R_1$1 $\dfrac{1}{2}$ – LH，表示尺寸代号为 1 $\dfrac{1}{2}$ 的左旋圆锥外螺纹。

表 B - 3　圆锥外螺纹基本尺寸（节选）

mm

尺寸代号	每25.4mm内的牙数 n	螺距 P	牙高 h	圆弧半径 r ≈	基面上的直径			基准距离（基本）	有效螺纹长度（基本）
					大径 $d = D$	中径 $d_2 = D_2$	小径 $d_1 = D_1$		
1/16	28	0.907	0.581	0.125	7.723	7.142	6.561	4.0	6.5
1/8					9.728	9.147	8.566		
1/4	19	1.337	0.856	0.184	13.157	12.301	11.445	6.0	9.7
3/8					16.662	15.806	14.950	6.4	10.1
1/2	14	1.814	1.162	0.249	20.955	19.793	18.631	8.2	13.2
3/4					26.441	25.279	24.117	9.5	14.5
1	11	2.309	1.479	0.317	33.249	31.770	30.291	10.4	16.8
1 $\frac{1}{4}$					41.910	40.431	38.952	12.7	19.1
1 $\frac{1}{2}$					47.803	46.324	44.845		
2					59.614	58.135	56.656	15.9	23.4
2 $\frac{1}{2}$					75.184	73.705	72.226	17.5	26.7
3					87.884	86.405	84.926	20.6	29.8

B.4　55°非密封管螺纹

GB/T 7307—2001 规定：圆柱管螺纹的设计牙型应符合图 B-5 的规定。其左、右两牙侧的牙侧角相等。

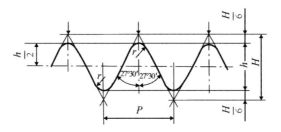

H——原始三角形高度；h——螺纹牙高；r——螺纹牙顶和牙底的圆弧半径；P——螺距。

图 B-5　圆柱管螺纹设计牙型

相关尺寸按下列公式计算：

$$H = 0.960\ 491P$$
$$h = 0.640\ 327P$$
$$r = 0.137\ 329P$$

圆柱管螺纹的标记由螺纹特征代号、尺寸代号和公差等级代号组成。

螺纹特征代号用字母"G"表示。螺纹尺寸代号参照表 B-4 第 1 栏所规定的分数和整数。螺纹公差等级代号：对外螺纹，分 A、B 两级进行标记；对内螺纹，不标记公差等级代号。当螺纹为左旋时，应在外螺纹的公差等级代号或内螺纹的尺寸代号之后加注"LH"。表示螺纹副时，仅需标注外螺纹的标记代号。

例如：

G1$\frac{1}{2}$，表示尺寸代号为 1$\frac{1}{2}$ 的右旋圆柱内螺纹；

G1$\frac{1}{2}$A，表示尺寸代号为 1$\frac{1}{2}$ 的右旋 A 级圆柱外螺纹；

G1$\frac{1}{2}$B-LH，表示表示尺寸代号为 1$\frac{1}{2}$ 的左旋 B 级圆柱外螺纹。

表 B – 4　圆柱管螺纹基本尺寸（节选）

mm

尺寸代号	每25.4mm内的牙数 n	螺距 P	牙高 h	圆弧半径 r ≈	大径 $d = D$	中径 $d_2 = D_2$	小径 $d_1 = D_1$
1/16	28	0.907	0.581	0.125	7.723	7.142	6.561
1/8					9.728	9.147	8.566
1/4	19	1.337	0.856	0.184	13.157	12.301	11.445
3/8					16.662	15.806	14.950
1/2	14	1.814	1.162	0.249	20.955	19.793	18.631
5/8					22.911	21.749	20.587
3/4					26.441	25.279	24.117
7/8					30.201	29.039	27.877
1	11	2.309	1.479	0.317	33.249	31.770	30.291
$1\frac{1}{8}$					37.897	36.418	34.939
$1\frac{1}{4}$					41.910	40.431	38.952
$1\frac{1}{2}$					47.807	46.324	44.845
$1\frac{3}{4}$					53.746	52.267	50.788
2					59.614	58.135	56.656
$2\frac{1}{4}$					65.710	64.231	62.752
$2\frac{1}{2}$					75.184	73.705	72.226
$2\frac{3}{4}$					81.534	80.055	78.576
3					87.884	86.405	84.926
$3\frac{1}{2}$					100.330	98.851	97.372
4					113.030	111.551	110.072

注：（1）本表中的圆柱管螺纹适用于管子、阀门、管接头、旋塞及其他管路附件的螺纹联结；
（2）对内螺纹中径和小径，只规定了一种公差带，不用代号表示，推荐用于低压水、煤气等管路的内螺纹，中径公差等级代号用 D；（3）对外螺纹中径，规定了两种公差等级，A 级和 B 级，对外螺纹大径，只规定了一种公差等级。

B.5　普通螺纹收尾、肩距、退刀槽和倒角

　　GB/T 3 – 1997 规定：外螺纹收尾、肩距、退刀槽的型式与尺寸按图 B – 6 和表 B – 5 的规定。螺纹收尾的牙底圆弧半径不应小于对完整螺纹所规定的最小牙底圆弧半径；外螺纹退刀槽过渡角 a 不应小于 30°。内螺纹收尾、肩距、退刀槽的型式与尺寸按图 B – 7 和表 B – 5 的规定。

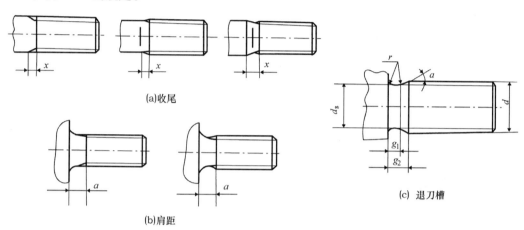

　　x——外螺纹收尾长度；a——外螺纹肩距长度；r——外螺纹退刀槽槽底与槽侧面连接的圆弧半径；d——外螺纹大径（公称直径）；g_2——外螺纹退刀槽总宽度；g_1——外螺纹退刀槽槽底宽度；d_g——外螺纹退刀槽槽底直径。

图 B – 6　外螺纹

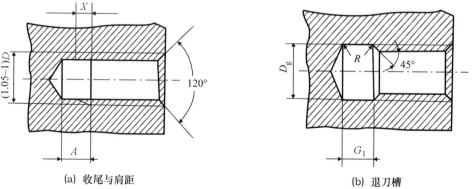

　　X——内螺纹收尾长度；A——内螺纹肩距长度；D——内螺纹大径（公称直径）；R——内螺纹退刀槽槽底与槽侧面连接的圆弧半径；G_1——内螺纹退刀槽槽底宽度；D_g——内螺纹退刀槽槽底直径。

图 B – 7　内螺纹

表 B-5　螺纹收尾、肩距和退刀槽

mm

螺距 P	外螺纹									内螺纹							
	收尾 X max		肩距 a max			退刀槽				收尾 X max		肩距 A		退刀槽			
						g_2 max	g_1 min	r ≈	d_g					G_1		R ≈	D_g
	一般	短的	一般	长的	短的					一般	短的	一般	长的	一般	短的		
0.2	0.5	0.25	0.6	0.8	0.4					0.8	0.4	1.2	1.6				
0.25	0.6	0.3	0.75	1	0.5	0.75	0.4		$d-0.4$	1	0.5	1.5	2				
0.3	0.75	0.4	0.9	1.2	0.6	0.9	0.5		$d-0.5$	1.2	0.6	1.8	2.4				
0.35	0.9	0.45	1.05	1.4	0.7	1.05	0.6		$d-0.6$	1.4	0.7	2.2	2.8				
0.4	1	0.5	1.2	1.6	0.8	1.2	0.6		$d-0.7$	1.6	0.8	2.5	3.2				
0.45	1.1	0.6	1.35	1.8	0.9	1.35	0.7		$d-0.7$	1.8	0.9	2.8	3.6				
0.5	1.25	0.7	1.5	2	1	1.5	0.8	0.2	$d-0.8$	2	1	3	4	2	1	0.2	
0.6	1.5	0.75	1.8	2.4	1.2	1.8	0.9	0.4	$d-1$	2.4	1.2	3.2	4.8	2.4	1.2	0.3	
0.7	1.75	0.9	2.1	2.8	1.4	2.1	1.1	0.4	$d-1.1$	2.8	1.4	3.5	5.6	2.8	1.4	0.4	$D+0.3$
0.75	1.9	1	2.25	3	1.5	2.25	1.2	0.4	$d-1.2$	3	1.5	3.8	6	3	1.5	0.4	
0.8	2	1	2.4	3.2	1.6	2.4	1.3	0.4	$d-1.3$	3.2	1.6	4	6.4	3.2	1.6	0.4	
1	2.5	1.25	3	4	2	3	1.6	0.6	$d-1.6$	4	2	5	8	4	2	0.5	
1.25	3.2	1.6	4	5	2.5	3.75	2	0.6	$d-2$	5	2.5	6	10	5	2.5	0.6	
1.5	3.8	1.9	4.5	6	3	4.5	2.5	0.8	$d-2.3$	6	3	7	12	6	3	0.8	
1.75	4.3	2.2	5.3	7	3.5	5.25	3	1	$d-2.6$	7	3.5	9	14	7	3.5	0.9	
2	5	2.5	6	8	4	6	3.4	1	$d-3$	8	4	10	16	8	4	1	
2.5	6.3	3.2	7.5	10	5	7.5	4.4	1.2	$d-3.6$	10	5	12	18	10	5	1.2	
3	7.5	3.8	9	12	6	9	5.2	1.6	$d-4.4$	12	6	14	22	12	6	1.5	$D+0.5$
3.5	9	4.5	10.5	14	7	10.5	6.2	1.6	$d-5$	14	7	16	24	14	7	1.8	
4	10	5	12	16	8	12	7	2	$d-5.7$	16	8	18	26	16	8	2	
4.5	11	5.5	13.5	18	9	13.5	8	2.5	$d-6.4$	18	9	21	29	18	9	2.2	
5	12.5	6.3	15	20	10	15	9	2.5	$d-7$	20	10	23	32	20	10	2.5	
5.5	14	7	16.5	22	11	17.5	11	3.2	$d-7.7$	22	11	25	35	22	11	2.8	
6	15	7.5	18	24	12	18	11	3.2	$d-8.3$	24	12	28	38	24	12	3	

附录 C　常用的标准件

C.1　六角头螺栓

GB/T 5780—2016 规定：C 级六角头螺栓的型式尺寸如图 C‒1 和表 C‒1 所示。

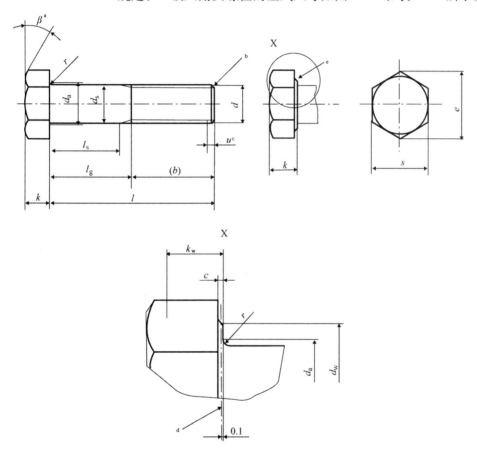

β——倒角（六角头）；r——头下圆角半径；e——对角宽度；s——对边宽度；k——头部高度；u——不完整螺纹的长度；b——螺纹长度；l——公称长度；l_g——支承面至第一扣完整螺纹的距离；l_s——无螺纹杆部长度；k_w——扳拧高度；c——垫圈面高度或法兰或凸缘厚度；d_w——垫圈面（支承面）直径；d_a——支承面内径。

[a]$\beta = 15° \sim 30°$。

[b]无特殊要求的末端。

[c]不完整螺纹的长度 $u \leqslant 2P$。

[d]d_w 的仲裁基准。

[e]允许的垫圈面型式。

图 C‒1　C 级六角头螺栓型式

GB/T 5781—2016 规定：C 级全螺纹六角头螺栓的型式尺寸如图 C – 2 和表 C – 1 所示。

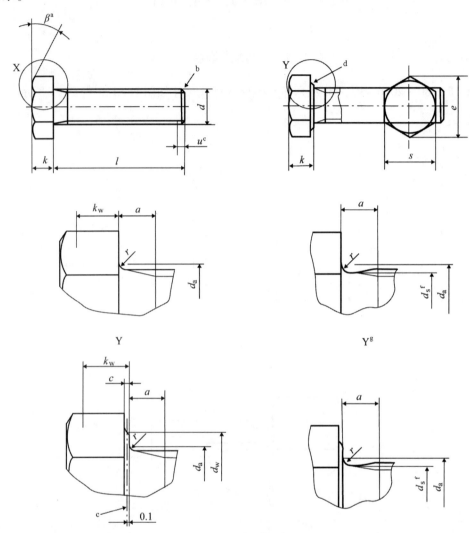

β——倒角（六角头）；d——螺纹基本大径（公称直径）；e——对角宽度；s——对边宽度；k——头部高度；u——不完整螺纹的长度；l——公称长度；k_w——扳拧高度；a——外螺纹肩距长度；d_a——支承面内径；d_s——无螺纹杆径；c——垫圈面高度或法兰或凸缘厚度；d_w——垫圈面（支承面）直径；r——头下圆角半径。

[a]$\beta = 15° \sim 30°$。

[b]无特殊要求的末端。

[c]不完整螺纹的长度 $u \leqslant 2P$。

[d]允许的垫圈面型式。

[e]d_w 的仲裁基准。

[f]允许的形状。

图 C – 2 C 级全螺纹六角头螺栓型式

表 C-1　C 级六角头螺栓规格（节选）

螺纹规格 d		M5	M6	M8	M10	M12	(M14)	M16	(M18)	M20	(M22)	M24	(M27)
$b_{参考}$	$l_{公称} \leqslant 125$	16	18	22	26	30	34	38	42	46	50	54	60
	$125 < l_{公称} \leqslant 200$	22	24	28	32	36	40	44	48	52	56	60	66
	$l_{公称} > 200$	35	37	41	45	49	53	57	61	65	69	73	79
c	max	0.5			0.6				0.8				
d_a	max	6	7.2	10.2	12.2	14.7	16.7	18.7	21.2	24.4	26.4	28.4	32.4
d_s	max	5.48	6.48	8.58	10.58	12.7	14.7	16.7	18.7	20.84	22.84	24.84	27.84
d_w	min	6.74	8.74	11.47	14.47	16.47	19.95	22	24.85	27.7	31.35	33.25	38
e	min	8.63	10.89	14.2	17.59	19.85	22.78	26.17	29.56	32.95	37.29	39.55	45.2
k	公称	3.5	4	5.3	6.4	7.5	8.8	10	11.5	12.5	14	15	17
r	min	0.2	0.25	0.4	0.4	0.6	0.6	0.6	0.6	0.8	1	0.8	1
s	max	8	10	13	16	18	21	24	27	30	34	36	41
l 范围	GB/T 5780	25~50	30~60	40~80	45~100	55~120	60~140	65~160	80~180	80~200	90~220	100~240	110~260
	GB/T 5781	10~50	12~60	16~80	20~100	25~120	30~140	30~160	35~180	40~200	45~220	50~240	55~280

螺纹规格 d		M30	(M33)	M36	(M39)	M42	(M45)	M48	(M52)	M56	(M60)	M64	
$b_{参考}$	$l_{公称} \leqslant 125$	66											
	$125 < l_{公称} \leqslant 200$	72	78	84	90	96	102	108	116				
	$l_{公称} > 200$	85	91	97	103	109	115	121	129	137	145	153	
c	max	0.8		1									
d_a	max	35.4	38.4	42.4	45.4	48.6	52.6	56.6	62.6	67	71	75	
d_s	max	30.84	34	37	40	43	46	49	53.2	57.2	61.2	65.2	
d_w	min	42.75	46.55	51.11	55.86	59.95	64.7	69.45	74.2	78.66	83.41	88.16	
e	min	50.85	55.37	60.79	66.44	71.3	76.95	82.6	88.25	93.56	99.21	104.86	
k	公称	18.7	21	22.5	25	26	28	30	33	35	38	40	
r	min	1	1	1	1	1.2	1.2	1.6	1.6	2	2	2	
s	max	46	50	55	60	65	70	75	80	85	90	95	

（续表）

l 范围	GB/T 5780	120 ~ 300	130 ~ 320	140 ~ 360	150 ~ 400	180 ~ 420	180 ~ 440	200 ~ 480	200 ~ 500	240 ~ 500	240 ~ 500	260 ~ 500	
	GB/T 5781	60 ~ 300	65 ~ 360	70 ~ 360	80 ~ 400	80 ~ 420	90 ~ 440	100 ~ 480	100 ~ 500	110 ~ 500	120 ~ 500	120 ~ 500	
l 系列	10、12、16、20 ~ 50（5 进位）、（55）、60、（65）、70 ~ 160（10 进位）、180、220、240、260、280、300、320、340、360、380、400、420、440、460、480、500												

注：括号内为非优选螺纹规格。

六角头螺栓的标记方法按 GB/T 1237—2000 规定。例如：

螺栓 GB/T 5780 M12×80，表示螺纹规格为 M12、公称长度为 80 mm、性能等级为 4.8 级、表面不经处理、产品等级为 C 级的六角螺栓。

C.2 双头螺柱

双头螺柱的型式尺寸如图 C–3 和表 C–2 所示。

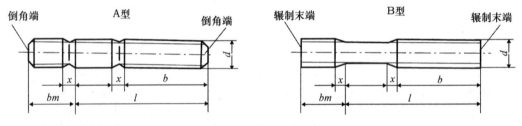

d——螺纹基本大径（公称直径）；b——螺纹长度；l——公称长度；x——螺纹收尾长度；bm——螺柱拧入金属端的螺纹长度。

图 C–3 双头螺柱的型式

螺柱拧入金属端的螺纹长度与基本大径（公称直径）的比例关系对双头螺柱的影响，可参照 GB/T 897—1988《双头螺柱 $bm = 1d$》、GB/T 898—1988《双头螺柱 $bm = 1.25d$》、GB/T 899—1988《双头螺柱 $bm = 1.5d$》、GB/T 900—1988《双头螺柱 $bm = 2d$》。

表 C-2 双头螺柱尺寸（节选）

mm

螺纹规格 d		M5	M6	M8	M10	M12	M16
bm	GB/T 897	5	6	8	10	12	16
	GB/T 898	6	8	10	12	15	20
	GB/T 899	8	10	12	15	18	24
	GB/T 900	10	12	16	20	24	32
d_s		5	6	8	10	12	16
x		1.5P	1.5P	1.5P	1.5P	1.5P	1.5P
$\dfrac{1}{b}$		$\dfrac{16\sim22}{10}$、 $\dfrac{25\sim50}{16}$	$\dfrac{20\sim22}{10}$、 $\dfrac{25\sim30}{14}$、 $\dfrac{32\sim75}{18}$	$\dfrac{20\sim22}{12}$、 $\dfrac{25\sim30}{16}$、 $\dfrac{32\sim90}{22}$	$\dfrac{25\sim28}{14}$、 $\dfrac{30\sim38}{16}$、 $\dfrac{40\sim120}{26}$、 $\dfrac{130}{32}$	$\dfrac{25\sim30}{16}$、 $\dfrac{32\sim40}{20}$、 $\dfrac{45\sim120}{30}$、 $\dfrac{130\sim180}{36}$	$\dfrac{30\sim38}{20}$、 $\dfrac{40\sim55}{30}$、 $\dfrac{60\sim120}{38}$、 $\dfrac{130\sim200}{44}$

螺纹规格 d		M20	M24	M30	M36	M42	M48
bm	GB/T 897	20	24	30	36	42	48
	GB/T 898	25	30	38	45	52	60
	GB/T 899	30	36	45	54	65	72
	GB/T 900	40	48	60	72	84	96
d_s		20	24	30	36	42	48
x		1.5P	1.5P	1.5P	1.5P	1.5P	1.5P
$\dfrac{1}{b}$		$\dfrac{35\sim40}{25}$、 $\dfrac{45\sim65}{35}$、 $\dfrac{70\sim120}{46}$、 $\dfrac{130\sim200}{52}$	$\dfrac{45\sim50}{30}$、 $\dfrac{55\sim75}{45}$、 $\dfrac{80\sim120}{54}$、 $\dfrac{130\sim200}{60}$	$\dfrac{60\sim65}{40}$、 $\dfrac{70\sim90}{50}$、 $\dfrac{95\sim120}{60}$、 $\dfrac{130\sim200}{72}$、 $\dfrac{210\sim250}{85}$	$\dfrac{65\sim75}{45}$、 $\dfrac{80\sim110}{60}$、 $\dfrac{120}{78}$、 $\dfrac{130\sim200}{84}$、 $\dfrac{210\sim300}{91}$	$\dfrac{65\sim80}{50}$、 $\dfrac{85\sim110}{70}$、 $\dfrac{120}{90}$、 $\dfrac{130\sim200}{96}$、 $\dfrac{210\sim300}{109}$	$\dfrac{80\sim90}{60}$、 $\dfrac{95\sim110}{80}$、 $\dfrac{120}{102}$、 $\dfrac{130\sim200}{108}$、 $\dfrac{210\sim300}{121}$
l（系列）		16、(18)、20、(22)、25、(28)、30、(32)、35、(38)、40、45、50、(55)、60、(65)、70、(75)、80、(85)、90、(95)、100、110、120、130、140、150、160、170、180、190、200、210、220、230、240、250、260、280、300					

注：（1）括号内的规格尽可能不采用；（2）P 为螺距；（3）$d_2 \approx$ 螺纹中径。

双头螺柱的标记方法按 GB/T 1237—2000 规定。例如：

螺柱 GB/T 897 M10×50，表示两端均为粗牙普通螺纹、基本大径（公称直径）为 10 mm、公称长度为 50 mm、性能等级为 4.8 级、表面不经处理、产品等级为 B 级、螺柱拧入金属端的螺纹长度等于基本大径（公称直径）的双头螺柱；

螺柱 GB/T 897 AM10－M10×1×50，表示旋入机体一端为粗牙普通螺纹，旋螺母一端为螺距 1 mm 的细牙普通螺纹，基本大径（公称直径）为 10 mm、公称长度为 50 mm、性能等级为 4.8 级、表面不经处理、产品等级为 B 级、螺柱拧入金属端的螺纹长度等于基本大径（公称直径）的双头螺柱；

螺柱 GB/T 897 GM10－M10×50－8.8×Zn·D，表示旋入机体一端为过渡配合螺纹的第一种配合，旋螺母一端为粗牙普通螺纹，基本大径（公称直径）为 10 mm、公称长度为 50 mm、性能等级为 8.8 级、镀锌钝化、产品等级为 B 级、螺柱拧入金属端的螺纹长度等于基本大径（公称直径）的双头螺柱。

C.3　开槽圆柱头螺钉

GB/T 65—2016 规定：开槽圆柱头螺钉的型式尺寸如图 C－4 和表 C－3 所示。

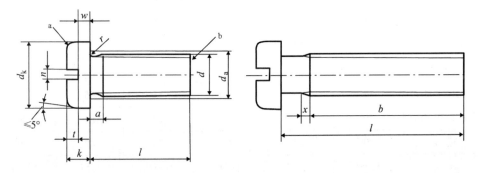

w——扳拧部分和支承面间的厚度；r——头下圆角半径；d——螺纹基本大径（公称直径）；d_a——支承面内径；x——螺纹收尾长度；b——螺纹长度；l——公称长度；k——头部高度；t——内扳拧或开槽深度；a——外螺纹肩距长度；n——开槽宽度；d_k——头部直径。

[a] 圆的或平的。

[b] 辗制末端。

图 C－4　开槽圆柱头螺钉型式

表 C-3　开槽圆柱头尺寸（节选）

mm

螺纹规格 d		M1.6	M2	M2.5	M3	M4	M5	M6	M8	M10
螺距 P		0.35	0.4	0.45	0.5	0.7	0.8	1	1.25	1.5
a	max	0.7	0.8	0.9	1	1.4	1.6	2	2.5	3
b	min	25				38				
d_a	max	2	2.6	3.1	3.6	4.7	5.7	6.8	9.2	11.2
d_k	max	3	3.8	4.5	5.5	7	8.5	10	13	16
k	max	1.10	1.40	1.80	2.00	2.60	3.30	3.9	5.0	6.0
n	nom	0.4	0.5	0.6	0.8	1.2	1.2	1.6	2	2.5
r	min	0.1				0.2		0.25	0.4	
t	min	0.45	0.6	0.7	0.85	1.1	1.3	1.6	2	2.4
w	min	0.4	0.5	0.6	0.75	1.1	1.3	1.6	2	2.4
x	max	0.9	1	1.1	1.25	1.75	2	2.5	3.2	3.8
公称长度 l		2~16	3~20	3~25	4~30	5~40	6~50	8~60	10~80	12~80
l（系列）		2、3、4、5、6、8、10、12、（14）、16、20、25、30、35、40、45、50、（55）、60、（65）、70、（75）、80								

注：（1）尽可能不采用括号内规格。（2）M1.6~M3 的螺钉，公称长度在 30 mm 以内的制出全螺纹，M4~M10 的螺钉，公称长度在 40 mm 以内的制出全螺纹。

开槽圆柱头螺钉的标记方法按 GB/T 1237—2000 规定。例如：

螺钉 GB/T 65 M5×20，表示螺纹规格为 M5、公称长度为 20 mm、性能等级为 4.8 级、表面不经处理、产品等级为 A 级的开槽圆柱头螺钉。

C.4　开槽盘头圆柱螺钉

GB/T 67—2016 规定：开槽盘头圆柱螺钉的型式尺寸如图 C-5 和表 C-4 所示。

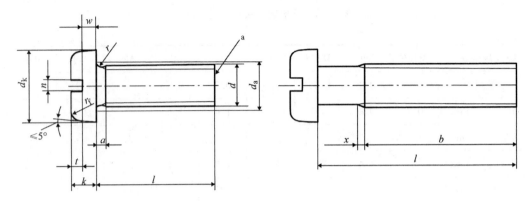

w——扳拧部分和支承面间的厚度；r——头下圆角半径。d——螺纹基本大径（公称直径）；d_a——支承面内径；x——螺纹收尾长度；b——螺纹长度；l——公称长度；k——头部高度；t——内扳拧或开槽深度；r_f——头部球面半径；a——外螺纹肩距长度；n——开槽宽度；d_k——头部直径。

ª辗制末端。

图 C-5　开槽盘头螺钉型式

表 C-4　开槽盘头尺寸（节选）

mm

螺纹规格 d		M1.6	M2	M2.5	M3	M4	M5	M6	M8	M10
螺距 P		0.35	0.4	0.45	0.5	0.7	0.8	1	1.25	1.5
a	max	0.7	0.8	0.9	1	1.4	1.6	2	2.5	3
b	min	25				38				
d_a	max	2	2.6	3.1	3.6	4.7	5.7	6.8	9.2	11.2
d_k	max	3.2	4	5	5.6	8	9.5	12	16	20
k	max	1	1.3	1.5	1.8	2.4	3	3.6	4.8	6
n	公称	0.4	0.5	0.6	0.8	1.2	1.2	1.6	2	2.5
r	min	0.1				0.2		0.25	0.4	
r_f	参考	0.5	0.6	0.8	0.9	1.2	1.5	1.8	2.4	3
t	min	0.35	0.5	0.6	0.7	1	1.2	1.4	1.9	2.4
w	min	0.3	0.4	0.5	0.7	1	1.2	1.4	1.9	2.4
x	max	0.9	1	1.1	1.25	1.75	2	2.5	3.2	3.8
公称长度 l		2~16	2.5~20	3~25	4~30	5~40	6~50	8~60	10~80	12~80
l（系列）		2、2.5、3、4、5、6、8、10、12、(14)、16、20、25、30、35、40、45、50、(55)、60、(65)、70、(75)、80								

注：（1）尽可能不采用括号内规格。（2）M1.6~M3 的螺钉，公称长度在 30 mm 以内的制出全螺纹，M4~M10 的螺钉，公称长度在 40 mm 以内的制出全螺纹。

开槽盘头螺钉的标记方法按 GB/T 1237—2000 规定。例如：

螺钉 GB/T 67 M5×20，表示螺纹规格为 M5、公称长度为 20 mm、性能等级为 4.8 级、表面不经处理、产品等级为 A 级的开槽盘头螺钉。

C.5　内六角圆柱头螺钉

GB/T 70.1—2008 规定：内六角圆柱头螺钉的型式尺寸如图 C-6 和表 C-5 所示。

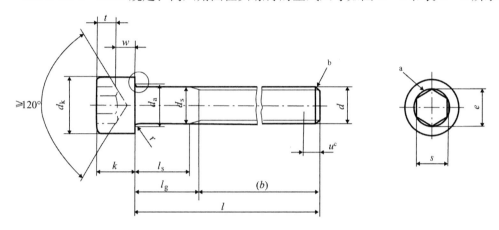

t——内扳拧或开槽深度；w——扳拧部分和支承面间的厚度；d——螺纹基本大径（公称直径）；e——对角宽度；s——对边宽度；u——不完整螺纹的长度；r——头下圆角半径；b——螺纹长度；l——公称长度；l_g——支承面至第一扣完整螺纹的距离；l_s——无螺纹杆部长度；k——头部高度；d_k——头部直径。

[a] 内六角口部允许稍许倒圆或沉孔。

[b] 末端倒角，$d \leqslant M4$ 的为辗制末端，见 GB/T 2。

[c] 不完整螺纹的长度 $u \leqslant 2P$。

图 C-6　内六角圆柱头螺钉型式（节选）

表 C-5　内六角圆柱头螺钉尺寸（节选）

mm

螺纹规格 d	M2.5	M3	M4	M5	M6	M8	M10	M12	（M14）	M16
螺距 P	0.45	0.5	0.7	0.8	1	1.25	1.5	1.75	2	2
b　参考	17	18	20	22	24	28	32	36	40	44
d_k　max（对光滑头部）	4.5	5.5	7	8.5	10	13	16	18	21	24
k　max	2.5	3	4	5	6	8	10	12	14	16
t　min	1.1	1.3	2	2.5	3	4	5	6	7	8

（续表）

螺纹规格 d		M2.5	M3	M4	M5	M6	M8	M10	M12	（M14）	M16
s	公称	2	2.5	3	4	5	6	8	10	12	14
e	min	2.303	2.873	3.443	4.583	5.723	6.863	9.149	11.429	13.716	15.996
r	min	0.1		0.2		0.25		0.4		0.6	
公称长度 l		4~25	5~30	6~40	8~50	10~60	12~80	16~100	20~120	25~140	25~160
l（系列）		2.5、3、4、5、6、8、10、12、16、20、25、30、35、40、45、50、55、60、65、70、80、90、100、110、120、130、140、150、160									

注：（1）尽可能不采用括号内规格。（2）M2.5~M3 的螺钉，在公称长度 20 mm 以内的制出全螺纹；M4~M5 的螺钉，在公称长度 25 mm 以内的制出全螺纹；M6 的螺钉，在公称长度 30 mm 以内的制出全螺纹；M8 的螺钉，在公称长度 35 mm 以内的制出全螺纹；M10 的螺钉，在公称长度 40 mm 以内的制出全螺纹；M12 的螺钉，在公称长度 50 mm 以内的制出全螺纹；M14 的螺钉，在公称长度 55 mm 以内的制出全螺纹；M16 的螺钉，在公称长度 60 mm 以内的制出全螺纹。

内六角圆柱头螺钉的标记方法按 GB/T 1237—2000 规定。例如：

螺钉 GB/T 70.1 M5×20，表示螺纹规格为 M5、公称长度为 20 mm、性能等级为 8.8 级、表面氧化、产品等级为 A 级的内六角圆柱头螺钉。

C.6　开槽沉头螺钉

GB/T 68—2016 规定：开槽沉头螺钉的型式尺寸如图 C-7 和表 C-6 所示。

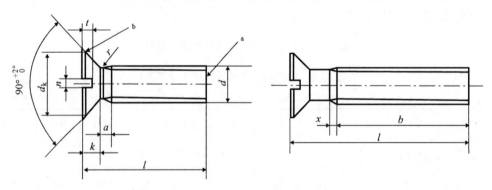

t——内扳拧或开槽深度；r——头下圆角半径；d——螺纹基本大径（公称直径）；b——螺纹长度；l——公称长度；x——螺纹收尾长度；a——外螺纹肩距长度；k——头部高度；n——开槽宽度；d_k——头部直径。

a 辗制末端。

b 圆的或平的。

图 C-7　开槽沉头螺钉型式

表 C-6　开槽沉头螺钉尺寸（节选）

mm

螺纹规格 d	M1.6	M2	M2.5	M3	M4	M5	M6	M8	M10
螺距 P	0.35	0.4	0.45	0.5	0.7	0.8	1	1.25	1.5
a　max	0.7	0.8	0.9	1	1.4	1.6	2	2.5	3
b　min	25				38				
d_k　max（实际值）	3	3.8	4.7	5.5	8.4	9.3	11.3	15.8	18.3
k　max	1	1.2	1.5	1.65	2.7		3.3	4.65	5
n　nom	0.4	0.5	0.6	0.8	1.2		1.6	2	2.5
r　max	0.4	0.5	0.6	0.8	1	1.3	1.5	2	2.5
t　max	0.5	0.6	0.75	0.85	1.3	1.4	1.6	2.3	2.6
x　max	0.9	1	1.1	1.25	1.75	2	2.5	3.2	3.8
公称长度 l	2.5~16	3~20	4~25	5~30	6~40	8~50	8~60	10~80	12~80
l（系列）	2.5、3、4、5、6、8、10、12、(14)、16、20、25、30、35、40、45、50、(55)、60、(65)、70、(75)、80								

注：（1）尽可能不采用括号内规格。（2）M1.6~M3 的螺钉，公称长度在 30 mm 以内的制出全螺纹，M4~M10 的螺钉，公称长度在 40 mm 以内的制出全螺纹。

开槽沉头螺钉的标记方法按 GB/T 1237—2000 规定。例如：

螺钉 GB/T 68 M5×20，表示螺纹规格为 M5、公称长度为 20 mm、性能等级为 4.8 级、表面不经处理、产品等级为 A 级的开槽沉头螺钉。

C.7　开槽紧定螺钉

相关标准规定：（部分）开槽紧定螺钉的型式尺寸如图 C-8 和表 C-7 所示。

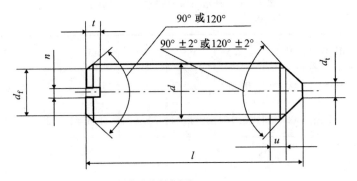

(a) 开槽锥端紧定螺钉(GB/T 71—2018)

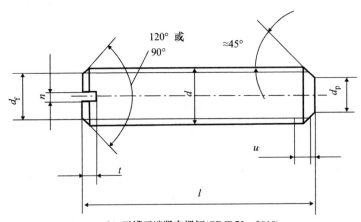

(b) 开槽平端紧定螺钉(GB/T 73—2018)

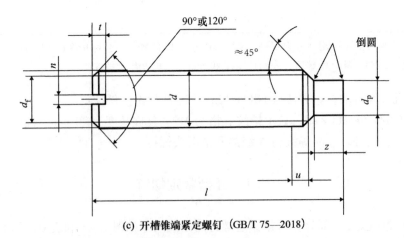

(c) 开槽锥端紧定螺钉（GB/T 75—2018）

t——内扳拧或开槽深度；d——螺纹基本大径（公称直径）；d_t——截锥端直径；u——不完整螺纹的长度；l——公称长度；d_f——倒角面的直径；n——开槽宽度；d_p——平端或圆柱端或钻尖直径；z——圆柱端或导向端长度。

图 C－8　（部分）开槽紧定螺钉型式

表 C-7　开槽紧定螺钉尺寸（节选）

mm

螺纹规格 d		M1.6	M2	M2.5	M3	M4	M5	M6	M8	M10	M12
螺距 P		0.35	0.4	0.45	0.5	0.7	0.8	1	1.25	1.5	1.75
n	公称	0.25			0.4		0.6	0.8	1	1.2	1.6	2
t	max	0.74	0.84	0.95	1.05	1.42	1.63	2	2.5	3	3.6
d_t	max	0.16	0.2	0.25	0.3	0.4	0.5	1.5	2	2.5	3
d_p	max	0.8	1	1.5	2	2.5	3.5	4	5.5	7	8.5
z	max	1.05	1.25	1.5	1.75	2.25	2.75	3.25	4.3	5.3	6.3
l	GB/T 71	2~8	3~10	3~12	4~16	6~20	8~25	8~30	10~40	12~50	14~60
	GB/T 73	2~8	2~10	2.5~12	3~16	4~20	5~25	6~30	8~40	10~50	12~60
	GB/T 75	2.5~8	3~10	4~12	5~16	6~20	8~25	8~30	10~40	12~50	14~60
l 系列		2、2.5、3、4、5、6、8、10、12、(14)、16、20、25、30、35、40、45、50、(55)、60									

注：尽可能不采用括号内规格。

开槽紧定螺钉的标记方法按 GB/T 1237—2000 规定。例如：

螺钉 GB/T 71 M5×12，表示螺纹规格为 M5、公称长度为 12 mm、钢制、硬度等级 14H 级、表面不经处理、产品等级为 A 级的开槽锥端紧定螺钉；

螺钉 GB/T 73 M5×12，表示螺纹规格为 M5、公称长度为 12 mm、钢制、硬度等级为 14H 级、表面不经处理、产品等级为 A 级的开槽平端紧定螺钉；

螺钉 GB/T 75 M5×12，表示螺纹规格为 M5、公称长度为 12 mm、钢制、硬度等级 14H 级、表面不经处理、产品等级为 A 级的开槽圆柱端紧定螺钉。

C.8　六角螺母

GB/T 41—2016 规定：C 级六角螺母型式如图 C-9（a）所示。GB/T 6170—2015 规定：1 型六角螺母型式如图 C-9（b）所示。六角螺母尺寸如表 C-8 所示。

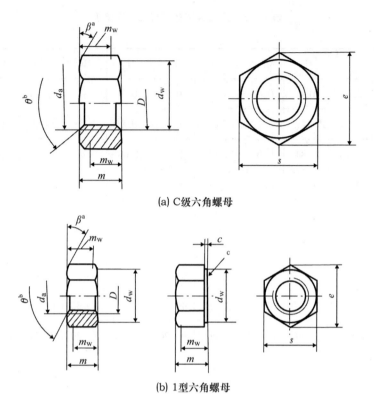

(a) C级六角螺母

(b) 1型六角螺母

β——倒角；m_w——扳拧高度；D——螺纹基本大径（公称直径）；d_w——支承面大径；e——对角宽度；s——对边宽度；m——螺母高度或无有效力矩型螺母高度；d_a——沉孔直径；θ——沉头角。

[a] $\beta = 15° \sim 30°$。

[b] $\theta = 90° \sim 120°$。

[c] 要求垫圈面型式时，应在订单中注明。

图 C-9　六角螺母型式

GB/T 6172.1—2016 规定：六角薄螺母的型式尺寸如图 C-10 和表 C-8 所示。

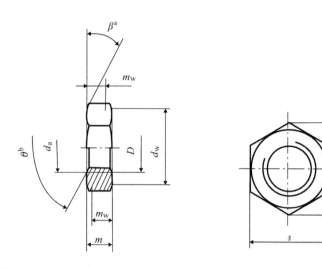

β——倒角；m_w——扳拧高度；D——螺纹基本大径（公称直径）；d_w——支承面大径；e——对角宽度；s——对边宽度；m——螺母高度或无有效力矩型螺母高度；d_a——沉孔直径；θ——沉头角。

　$^a\beta = 15° \sim 30°$。

　$^b\theta = 110° \sim 120°$。

图 C - 10　六角薄螺母型式

表 C - 8　六角螺母尺寸（节选）

mm

螺纹规格 D		M3	M4	M5	M6	M8	M10	M12	M16	M20	M24	M30	M36
e min	GB/T 41			8.63	10.89	14.20	17.59	19.85	26.17	32.95	39.55	50.85	60.79
	GB/T 6170	6.01	7.66	8.79	11.05	14.38	17.77	20.03	26.75	32.95	39.55	50.85	60.79
	GB/T 6172.1												
s max	GB/T 41			8	10	13	16	18	24	30	36	46	55
	GB/T 6170	5.5	7	8	10	13	16	18	24	30	36	46	55
	GB/T 6172.1												
m max	GB/T 41			5.6	6.4	7.9	9.5	12.2	15.9	19	22.3	26.4	31.9
	GB/T 6170	2.4	3.2	4.7	5.2	6.8	8.4	10.8	14.8	18	21.5	25.6	31
	GB/T 6172.1	1.8	2.2	2.7	3.2	4	5	6	8	10	12	15	18

注：（1）A 级用于 $D \leqslant 16$；B 级用于 $D > 16$。（2）对 GB/T 41 允许内倒角，根据 GB/T 6170，$\theta = 90° \sim 120°$；根据 GB/T 6172，$\theta = 110° \sim 120°$。

六角螺母的标记方法按 GB/T 1237—2000 规定。例如：

螺母 GB/T 41 M12，表示螺纹规格为 M12、性能等级为 5 级、表面不经处理、产品等级为 C 级的 1 型六角螺母；

螺母 GB/T 6170 M12，表示螺纹规格为 M12、性能等级为 8 级、表面不经处理、产品等级为 A 级的 1 型六角螺母；

螺母 GB/T 6172.1 M12，表示螺纹规格为 M12、性能等级为 04 级、表面不经处理、产品等级为 A 级、倒角的六角薄螺母。

C.9 六角开槽螺母

GB/T 6178—1986 规定：A 级和 B 级的 1 型六角开槽螺母的型式尺寸如图 C-11 和表 C-9 所示。

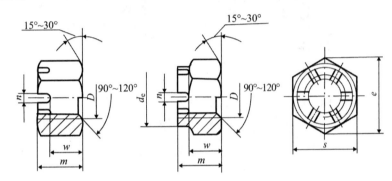

D——螺纹基本大径（公称直径）；d_e——皇冠直径；n——开槽宽度；e——对角宽度；s——对边宽度；m——螺母高度或无有效力矩型螺母高度。

图 C-11 六角开槽螺母型式

表 C-9 六角开槽螺母尺寸（节选）

mm

螺纹规格 D		M4	M5	M6	M8	M10	M12	M (14)	M16	M20	M24	M30	M36
d_e	max									28	34	42	50
e	min	7.66	8.79	11.05	14.38	17.77	20.03	23.35	26.75	32.95	39.55	50.85	60.79
m	max	5	6.7	7.7	9.8	12.4	15.8	17.8	20.8	24	29.5	34.6	40
n	min	1.2	1.4	2	2.5	2.8	3.5		4.5		5.5	7	
s	max	7	8	10	13	16	18	21	24	30	36	46	55
w	max	3.2	4.7	5.2	6.8	8.4	10.8	12.8	14.8	18	21.5	25.6	31
开口销		1×10	1.2×12	1.6×14	2×16	2.5×20	3.2×22	3.2×25	4×28	4×36	5×40	6.3×50	6.3×63

注：(1) 尽可能不采用括号内规格。(2) A 级用于 $D \leqslant 16$；B 级用于 $D > 16$。

六角开槽螺母的标记方法按 GB/T 1237—2000 规定。例如：螺母 GB/T 6178 M5，表示螺纹规格为 M5、性能等级为 8 级、表面不经处理、产品等级为 A 级的 1 型六角开槽螺母。

C.10　垫圈

GB/T 848—2002 规定：A 级小垫圈的型式如图 C－12（a）所示。GB/T 97.1—2002 规定：A 级小垫圈的型式如图 C－12（b）所示。GB/T 97.2—2002 规定：A 级倒角型小垫圈的型式如图 C－12（c）所示。垫圈尺寸如表 C－10 所示。

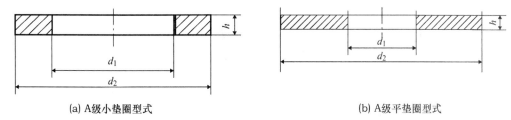

(a) A级小垫圈型式　　　　　　　　　　　　　　(b) A级平垫圈型式

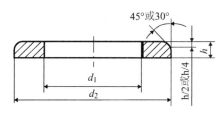

(c) A级倒角型平垫圈型式

h——垫圈高度；d_1——孔径；d_2——轴径。

图 C－12　垫圈型式

表 C－10　垫圈尺寸（节选）

mm

公称尺寸（螺纹规格 d）		1.6	2	2.5	3	4	5	6	8	10	12	(14)	16	20	24	30	36
d_1 min	GB/T 848	1.7	2.2	2.7	3.2	4.3	5.3	6.4	8.4	10.5	13	15	17	21	25	31	37
	GB/T 97.1	1.7	2.2	2.7	3.2	4.3	5.3	6.4	8.4	10.5	13	15	17	21	25	31	37
	GB/T 97.2						5.3	6.4	8.4	10.5	13	15	17	21	25	31	37
d_2 max	GB/T 848	3.5	4.5	5	6	8	9	11	15	18	20	24	28	34	39	50	60
	GB/T 97.1	4	5	6	7	9	10	12	16	20	24	28	30	37	44	56	66
	GB/T 97.2						10	12	16	20	24	28	30	37	44	56	66
h 公称	GB/T 848	0.3			0.5		1		1.6		2		2.5		3		4	5
	GB/T 97.1	0.3			0.5		0.8	1		1.6	2		2.5		3		4	5
	GB/T 97.2						1		1.6		2		2.5		3		4	5

垫圈的标记方法按 GB/T 1237—2000 规定。例如：

垫圈 GB/T 848 8，表示小系列、公称规格为 8 mm、钢制、硬度等级为 200HV 级、表面不经处理、产品等级为 A 级的平垫圈；

垫圈 GB/T 848 8 A2，表示小系列、公称规格为 8 mm、A2 组不锈钢制、硬度等级为 200HV 级、表面不经处理、产品等级为 A 级的平垫圈；

垫圈 GB/T 97.1 8，表示标准系列、公称规格为 8 mm、钢制、硬度等级为 200HV 级、表面不经处理、产品等级为 A 级的平垫圈；

垫圈 GB/T 97.1 8 A2，表示标准系列、公称规格为 8 mm、A2 组不锈钢制、硬度等级为 200HV 级、表面不经处理、产品等级为 A 级的平垫圈；

垫圈 GB/T 97.2 8，表示标准系列、公称规格为 8 mm、钢制、硬度等级为 200HV 级、表面不经处理、产品等级为 A 级的倒角型平垫圈；

垫圈 GB/T 97.2 8 A2，表示标准系列、公称规格为 8 mm、A2 组不锈钢制、硬度等级为 200HV 级、表面不经处理、产品等级为 A 级的倒角型平垫圈。

C.11　弹簧垫圈

相关标准规定：弹簧垫圈的型式如图 C–13 所示，尺寸如表 C–11 所示。

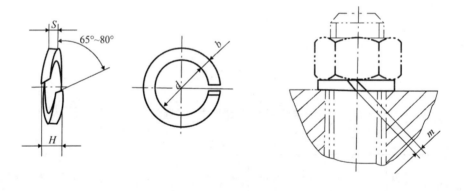

图 C–13　弹簧垫圈型式

表 C-11 弹簧垫圈尺寸（节选）

mm

规格（螺纹大径）		3	4	5	6	8	10	12	(14)	16	(18)	20	(22)	24	(27)	30
d min		3.1	4.1	5.1	6.1	8.1	10.2	12.2	14.2	16.2	18.2	20.2	22.5	24.5	27.5	30.5
H min	GB/T 93	1.6	2.2	2.6	3.2	4.2	5.2	6.2	7.2	8.2	9	10	11	12	13.6	15
	GB/T 859	1.2	1.6	2.2	2.6	3.2	4	5	6	6.4	7.2	8	9	10	11	12
$S(b)$ 公称	GB/T 93	0.8	1.1	1.3	1.6	2.1	2.6	3.1	3.6	4.1	4.5	5	5.5	6	6.8	7.5
S 公称	GB/T 859	0.6	0.8	1.1	1.3	1.6	2	2.5	3	3.2	3.6	4	4.5	5	5.5	6
b 公称	GB/T 859	1	1.2	1.5	2	2.5	3	3.5	4	4.5	5	5.5	6	7	8	9
$m \leqslant$	GB/T 93	0.4	0.55	0.65	0.8	1.05	1.3	1.55	1.8	2.05	2.25	2.5	2.75	3	3.4	3.75
	GB/T 859	0.3	0.4	0.55	0.65	0.8	1	1.25	1.5	1.6	1.8	2	2.25	2.5	2.75	3

注：（1）尽可能不采用括号内规格；（2）m 应大于 0。

垫圈的标记方法按 GB/T 1237—2000 规定。例如：垫圈 GB/T 93 16，表示公称规格为 16 mm 的标准型弹簧垫圈；垫圈 GB/T 859 16，表示公称规格为 16 mm 的轻型弹簧垫圈。

C.12 普通平键型式尺寸

GB/T 1096—2003 规定：宽度为 2～100 mm 的普通 A 型、B 型、C 型的平键的型式如图 C-14 所示，尺寸如表 C-12 所示。

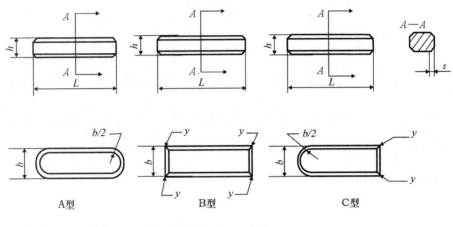

h——高度；L——长度；s——倒角或倒圆；b——宽度。

图 C-14　平键型式

注：$y \leqslant s_{max}$。

表 C-12　平键尺寸（节选）

mm

b（基本尺寸）	2	3	4	5	6	8	10	12	14	16	18	20	22	25
h（基本尺寸）	2	3	4	5	6	7	8		9	10	11	12	14	14
倒角或倒圆 s	0.16~0.25			0.25~0.4			0.40~0.60					0.60~0.80		
L	6~20	6~36	8~45	10~56	14~70	18~90	22~110	28~140	36~160	45~180	50~200	56~220	63~250	70~280
L系列	6、8、10、12、14、18、20、22、25、28、32、36、40、45、50、56、63、70、80、90、100、110、125、140、160、180、200、220、250、280													

普通型平键的标记方法按 GB/T 1096 规定。例如：

GB/T 1096 键 $16 \times 10 \times 100$，表示宽度为 16 mm、高度为 10 mm、长度为 100 mm 的普通 A 型平键；

GB/T 1096 键 B $16 \times 10 \times 100$，表示宽度为 16 mm、高度为 10 mm、长度为 100 mm 的普通 B 型平键；

GB/T 1096 键 C $16 \times 10 \times 100$，表示宽度为 16 mm、高度为 10 mm、长度为 100 mm 的普通 C 型平键。

C.13　普通型、导向型平键键槽的剖面尺寸与公差

GB/T 1095—2003 规定：宽度为 2～100 mm 的普通型、导向型平键键槽的剖面尺寸如图 C-15 所示，公差如表 C-13 所示。

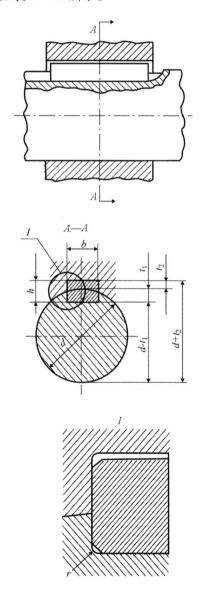

b——宽度；t_1——轴深度；t_2——毂深度；h——高度；d——公称直径；r——半径。

图 C-15　平键键槽剖面尺寸

表 C-13　普通平键键槽的尺寸与公差（节选）

mm

轴 公称直径 d	键 公称尺寸 b×h	键槽 宽度 b 公称尺寸	松联结 轴 H9	松联结 毂 D10	正常联结 轴 N9	正常联结 毂 JS9	紧密联结 轴和毂 P9	深度 轴 t₁ 公称尺寸	轴 t₁ 极限偏差	深度 毂 t₂ 公称尺寸	毂 t₂ 极限偏差	半径 r min	半径 r max
自 6~8	2×2	2	+0.025 / 0	+0.060 / +0.020	-0.004 / -0.029	±0.0125	-0.006 / -0.031	1.2	+0.1 / 0	1.0	+0.1 / 0	0.08	0.16
>8~10	3×3	3	+0.025 / 0	+0.060 / +0.020	-0.004 / -0.029	±0.0125	-0.006 / -0.031	1.8	+0.1 / 0	1.4	+0.1 / 0	0.08	0.16
>10~12	4×4	4	+0.030 / 0	+0.078 / +0.030	0 / -0.030	±0.015	-0.012 / -0.042	2.5	+0.1 / 0	1.8	+0.1 / 0	0.16	0.25
>12~17	5×5	5	+0.030 / 0	+0.078 / +0.030	0 / -0.030	±0.015	-0.012 / -0.042	3.0	+0.1 / 0	2.3	+0.1 / 0	0.16	0.25
>17~22	6×6	6	+0.030 / 0	+0.078 / +0.030	0 / -0.030	±0.015	-0.012 / -0.042	3.5	+0.1 / 0	2.8	+0.1 / 0	0.16	0.25
>22~30	8×7	8	+0.036 / 0	+0.098 / +0.040	0 / -0.036	±0.018	-0.015 / -0.051	4.0		3.3		0.25	0.40
>30~38	10×8	10	+0.036 / 0	+0.098 / +0.040	0 / -0.036	±0.018	-0.015 / -0.051	5.0		3.3		0.25	0.40
>38~44	12×8	12	+0.043 / 0	+0.120 / +0.050	0 / -0.043	±0.0215	-0.018 / -0.061	5.0		3.3		0.25	0.40
>44~50	14×9	14	+0.043 / 0	+0.120 / +0.050	0 / -0.043	±0.0215	-0.018 / -0.061	5.5		3.8		0.25	0.40
>50~58	16×10	16	+0.043 / 0	+0.120 / +0.050	0 / -0.043	±0.0215	-0.018 / -0.061	6.0	+0.2 / 0	4.3	+0.2 / 0	0.25	0.40
>58~65	18×11	18	+0.043 / 0	+0.120 / +0.050	0 / -0.043	±0.0215	-0.018 / -0.061	7.0	+0.2 / 0	4.4	+0.2 / 0	0.40	0.60
>65~75	20×12	20	+0.052 / 0	+0.149 / +0.065	0 / -0.052	±0.026	-0.022 / -0.074	7.5		4.9		0.40	0.60
>75~85	22×14	22	+0.052 / 0	+0.149 / +0.065	0 / -0.052	±0.026	-0.022 / -0.074	9.0		5.4		0.40	0.60
>85~95	25×14	25	+0.052 / 0	+0.149 / +0.065	0 / -0.052	±0.026	-0.022 / -0.074	9.0		5.4		0.40	0.60
>95~110	28×16	28	+0.052 / 0	+0.149 / +0.065	0 / -0.052	±0.026	-0.022 / -0.074	10.0		6.4		0.40	0.60
>110~130	32×18	32	+0.062 / 0	+0.180 / +0.080	0 / -0.062	±0.031	-0.026 / -0.088	11.0		7.4		0.70	1.0
>130~150	36×20	36	+0.062 / 0	+0.180 / +0.080	0 / -0.062	±0.031	-0.026 / -0.088	12.0		8.4		0.70	1.0
>150~170	40×22	40	+0.062 / 0	+0.180 / +0.080	0 / -0.062	±0.031	-0.026 / -0.088	13.0		9.4		0.70	1.0
>170~200	45×25	45	+0.062 / 0	+0.180 / +0.080	0 / -0.062	±0.031	-0.026 / -0.088	15.0		10.4		0.70	1.0
>200~230	50×28	50	+0.062 / 0	+0.180 / +0.080	0 / -0.062	±0.031	-0.026 / -0.088	17.0		11.4		0.70	1.0
>230~260	56×32	56	+0.074 / 0	+0.220 / +0.100	0 / -0.074	±0.037	-0.032 / -0.106	20.0	+0.3 / 0	12.4	+0.3 / 0	1.2	1.6
>260~290	63×32	63	+0.074 / 0	+0.220 / +0.100	0 / -0.074	±0.037	-0.032 / -0.106	20.0		12.4		1.2	1.6
>290~330	70×36	70	+0.074 / 0	+0.220 / +0.100	0 / -0.074	±0.037	-0.032 / -0.106	22.0		14.4		1.2	1.6
>330~380	80×40	80	+0.074 / 0	+0.220 / +0.100	0 / -0.074	±0.037	-0.032 / -0.106	25.0		15.4		1.2	1.6
>380~440	90×45	90	+0.087 / 0	+0.260 / +0.120	0 / -0.087	±0.0435	-0.037 / -0.124	28.0		17.4		2.0	2.5
>440~500	100×50	100	+0.087 / 0	+0.260 / +0.120	0 / -0.087	±0.0435	-0.037 / -0.124	31.0		19.5		2.0	2.5

注：$(d-t)$ 和 $(d+t_1)$ 两组组合尺寸的极限偏差按相应的 t 和 t_1 的极限偏差选取，但 $(d-t)$ 极限偏差值应取负号（-）。

C.14 圆柱销

GB/T 119.1—2000 规定:公称直径为 0.6 ~ 50 mm、公差为 m6 和 h8、材料为不淬硬钢和奥氏体不锈钢的圆柱销的型式如图 C‑16 所示,尺寸如表 C‑14 所示。

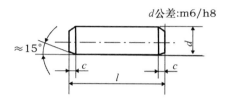

*d*公差:m6/h8

图 C‑16 圆柱销型式

表 C‑14 圆柱销尺寸(节选)

mm

d(公称)	0.6	0.8	1	1.2	1.5	2	2.5	3	4	5
c≈	0.12	0.16	0.20	0.25	0.30	0.35	0.40	0.50	0.63	0.80
l	2 ~ 6	2 ~ 8	4 ~ 10	4 ~ 12	4 ~ 16	6 ~ 20	6 ~ 24	8 ~ 30	8 ~ 40	10 ~ 50

d(公称)	6	8	10	12	16	20	25	30	40	50
c≈	1.2	1.6	2.0	2.5	3.0	3.5	4.0	5.0	6.3	8.0
l	12 ~ 60	14 ~ 80	18 ~ 95	22 ~ 140	26 ~ 180	35 ~ 200	50 ~ 200	60 ~ 200	80 ~ 200	95 ~ 200

| *l* 系列 | 2、3、4、5、6、8、10、12、14、16、18、20、22、24、26、28、30、32、35、40、45、50、55、60、65、70、75、80、85、90、95、100、120、140、160、180、200 | | | | | | | | | |

注:(1)销的材料为不淬硬钢和奥氏体不锈钢。(2)公称长度大于 200 mm,按 20 mm 递增。(3)表面粗糙度:公差为 m6 时,$Ra \leqslant 0.8$ μm;公差为 h8 时,$Ra \leqslant 1.6$ μm。

圆柱销的标记方法按 GB/T 1237—2000 规定。例如:

销 GB/T 119.1 6m6 × 30,表示公称直径为 6 mm、公差为 m6、公称长度为 30 mm、材料为钢、不经淬火、表面不经处理的圆柱销;

销 GB/T 119.1 6m6 × 30 ‑ A1,表示公称直径为 6 mm、公差为 m6、公称长度为 30 mm、材料为 A1 组奥氏体不锈钢、表面简单处理的圆柱销。

C. 15　圆锥销

GB/T 117—2000 规定：公称直径为 0.6 ~ 50 mm、A 型和 B 型的圆锥销的型式如图 C – 17 所示，尺寸如表 C – 15 所示。

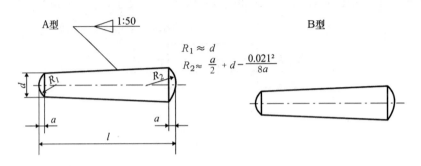

$$R_1 \approx d$$
$$R_2 \approx \frac{a}{2} + d - \frac{0.021^2}{8a}$$

图 C – 17　圆锥销型式

表 C – 15　圆锥销尺寸（节选）

mm

d（公称）	0.6	0.8	1	1.2	1.5	2	2.5	3	4	5
$a \approx$	0.08	0.1	0.12	0.16	0.2	0.25	0.3	0.4	0.5	0.63
l（商品规格范围公称长度）	4 ~ 8	5 ~ 12	6 ~ 16	6 ~ 20	8 ~ 24	10 ~ 35	10 ~ 35	12 ~ 45	14 ~ 55	18 ~ 60
d（公称）	6	8	10	12	16	20	25	30	40	50
$a \approx$	0.8	1	1.2	1.6	2	2.5	3	4	5	6.3
l（商品规格范围公称长度）	22 ~ 90	22 ~ 120	26 ~ 160	32 ~ 180	40 ~ 200	45 ~ 200	50 ~ 200	55 ~ 200	60 ~ 200	65 ~ 200
l 系列	2、3、4、5、6、8、10、12、14、16、18、20、22、24、26、28、30、32、35、40、45、50、55、60、65、70、75、80、85、90、95、100、120、140、160、180、200									

圆柱销的标记方法按 GB/T 1237—2000 规定。例如：销 GB/T 117 6 × 30，表示公称直径为 6 mm、公称长度为 30 mm、材料为 35 钢、热处理硬度为 28 ~ 38HRC、表面氧化处理的 A 型圆锥销。

C.16 开口销

GB/T 91—2000 规定：公称直径为 0.6 ~ 50 mm 的开口销的型式如图 C-18 所示，尺寸如表 C-16 所示。

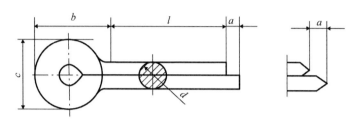

图 C-18 开口销型式

表 C-16 开口销尺寸（节选）

mm

	公称	0.6	0.8	1	1.2	1.6	2	2.5	3.2	4	5	6.3	8	10	13
d	min	0.4	0.6	0.8	0.9	1.3	1.7	2.1	2.7	3.5	4.4	5.7	7.3	9.3	12.1
	max	0.5	0.7	0.9	1	1.4	1.8	2.3	2.9	3.7	4.6	5.9	7.5	9.5	12.4
c	max	1	1.4	1.8	2	2.8	3.6	4.6	5.8	7.4	9.2	11.8	15	19	24.8
	min	0.9	1.2	1.6	1.7	2.4	3.2	4	5.1	6.5	8	10.3	13.1	16.6	21.7
$b\approx$		2	2.4		3	3.2	4	5	6.4	8	10	12.6	16	20	26
a	max		1.6			2.5			3.2		4			6.3	

注：（1）销孔的公称直径等于 $d_{公称}$；（2）根据使用需要，由供需双方协议，可采用 $d_{公称}$ 为 3.6 mm 的规格；（3）$a_{min} = \frac{1}{2}a_{max}$。

圆柱销的标记方法按 GB/T 1237—2000 规定。例如：销 GB/T 91 5×50，表示公称规格为 5 mm、公称长度为 50 mm、材料为 Q215 或 Q235、表面不经处理的开口销。

C.17　轴承类型代号

GB/T 272—2017 规定，轴承类型代号如表 C–17 所示。

表 C–17　轴承类型代号

mm

代号	轴承类型	6	深沟球轴承
0	双列角接触球轴承	7	角接触球轴承
1	调心球轴承	8	推力圆柱滚子轴承
2	调心滚子轴承和推力调心滚子轴承	N	圆柱滚子轴承，双列或多列用字母 NN 表示
3	圆锥滚子轴承	U	外球面球轴承
4	双列深沟球轴承	QJ	四点接触球轴承
5	推力球轴承	C	长弧面滚子轴承（圆环轴承）

C.18　深沟球轴承

GB/T 276—2013 规定：深沟球轴承的结构型式如图 C–19 所示，外形尺寸如表 C–18 所示。

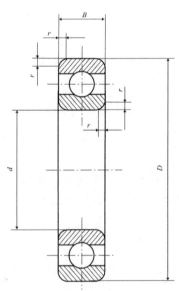

B——轴承宽度；*r*——内、外圈倒角尺寸；*D*——轴承外径；*d*——轴承内径。

图 C–19　深沟球轴承结构型式

表 C–18　深沟球轴承外形尺寸（节选）

mm

轴承型号	外形尺寸			轴承型号	外形尺寸		
	d	D	B		d	D	B
6004	20	42	12	6304	20	52	15
6005	25	47	12	6305	25	62	17
6006	30	55	13	6306	30	72	19
6007	35	62	14	6307	35	80	21
6008	40	68	15	6308	40	90	23
6009	45	75	16	6309	45	100	25
6010	50	80	16	6310	50	110	27
6011	55	90	18	6311	55	120	29
6012	60	95	18	6312	60	130	31
6013	65	100	18	6313	65	140	33
6014	70	110	20	6314	70	150	35
6015	75	115	20	6315	75	160	37
6016	80	125	22	6316	80	170	39
6017	85	130	22	6317	85	180	41
6018	90	140	24	6318	90	190	43
6019	95	145	24	6319	95	200	45
6020	100	150	24	6320	100	215	47
6204	20	47	14	6404	20	72	19
6205	25	52	15	6405	25	80	21
6206	30	62	16	6406	30	90	23
6207	35	72	17	6407	35	100	25
6208	40	80	18	6408	40	110	27
6209	45	85	19	6409	45	120	29
6210	50	90	20	6410	50	130	31
6211	55	100	21	6411	55	140	33
6212	60	110	22	6412	60	150	35
6213	65	120	23	6413	65	160	37
6214	70	125	24	6414	70	180	42
6215	75	130	25	6415	75	190	45
6216	80	140	26	6416	80	200	48
6217	85	150	28	6417	85	210	52
6218	90	160	30	6418	90	225	54
6219	95	170	32	6419	95	240	55
6220	100	180	34	6420	100	250	58

左侧上部分为 10 系列，下部分为 02 系列；右侧上部分为 03 系列，下部分为 04 系列。

深沟球轴承的标记示例：滚动轴承 6012 GB/T 276—2013。

C.19　圆锥滚子轴承

GB/T 297—2015 规定：单列圆锥滚子轴承的结构型式如图 C-20 所示，外形尺寸如表 C-19 所示。

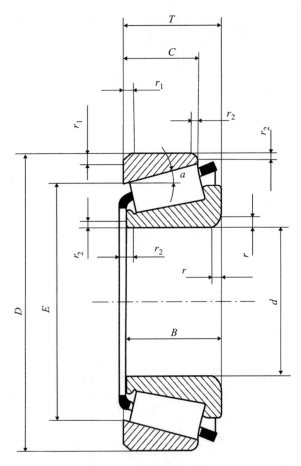

T——轴承宽度；C——外圈宽度；r_1——外圈背面倒角尺寸；r_2——外圈和内圈前面倒角尺寸；r——内圈背面倒角尺寸；d——轴承内径；B——内圈宽度；E——外圈背面内径；D——轴承外径。

图 C-20　圆锥滚子轴承结构型式

表 C−19　圆锥滚子轴承外形尺寸（节选）

mm

轴承类型	外形尺寸					轴承类型	外形尺寸				
	d	D	T	B	C		d	D	T	B	C
30204	20	47	15.25	14	12	32204	20	47	19.25	18	15
30205	25	52	16.25	15	13	32205	25	52	19.25	18	16
30206	30	62	17.25	16	14	32206	30	62	21.25	20	17
30207	35	72	18.25	17	15	32207	35	72	24.25	23	19
30208	40	80	19.75	18	16	32208	40	80	24.75	23	19
30209	45	85	20.75	19	16	32209	45	85	24.75	23	19
02系列 30210	50	90	21.75	20	17	22系列 32210	50	90	24.75	23	19
30211	55	100	22.75	21	18	32211	55	100	26.75	25	21
30212	60	110	23.75	22	19	32212	60	110	29.75	28	24
30213	65	120	24.75	23	20	32213	65	120	32.75	31	27
30214	70	125	26.25	24	21	32214	70	125	33.25	31	27
30215	75	130	27.25	25	22	32215	75	130	33.25	31	27
30216	80	140	28.25	26	22	32216	80	140	35.25	33	28
30217	85	150	30.50	28	24	32217	85	150	38.50	36	30
30218	90	160	32.50	30	26	32218	90	160	42.50	40	34
30219	95	170	34.50	32	27	32219	95	170	45.50	43	37
30220	100	180	37	34	29	32220	100	180	49	46	39
30304	20	52	16.25	15	13	32304	20	52	22.25	21	18
30305	25	62	18.25	17	15	32305	25	62	25.25	24	20
30306	30	72	20.75	19	16	32306	30	72	28.75	27	23
30307	35	80	22.75	21	18	32307	35	80	32.75	31	25
30308	40	90	25.25	23	20	32308	40	90	35.25	33	27
30309	45	100	27.25	25	22	32309	45	100	38.25	36	30
03系列 30310	50	110	29.25	27	23	23系列 32310	50	110	42.25	40	33
30311	55	120	31.50	29	25	32311	55	120	45.50	43	35
30312	60	130	33.50	31	26	32312	60	130	48.50	46	37
30313	65	140	36	33	28	32313	65	140	51	48	39
30314	70	150	38	35	30	32314	70	150	54	51	42
30315	75	160	40	37	31	32315	75	160	58	55	45
30316	80	170	42.50	39	33	32316	80	170	61.50	58	48
30317	85	180	44.50	41	34	32317	85	180	63.50	60	49
30318	90	190	46.50	43	36	32318	90	190	67.50	64	53
30319	95	200	49.50	45	38	32319	95	200	71.50	67	55
30320	100	215	51.50	47	39	32320	100	215	77.50	73	60

圆锥滚子轴承的标记示例：滚动轴承 30205 GB/T 297—2015。

C.20　推力球轴承

GB/T 301—2015 规定：单向推力球轴承的结构型式如图 C–21（a）所示，双向推力球轴承的结构型式如图 C–21（b）所示；外形尺寸如表 C–20 所示。

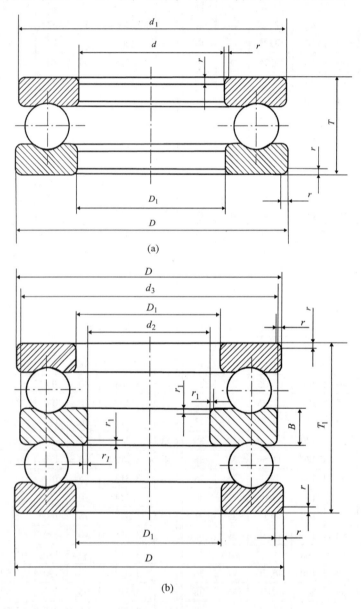

(a)

(b)

d_1——单向轴承轴圈外径；d——单向轴承轴圈内径；r——座圈和单向轴承圈背面倒角尺寸；T——单向轴承高度；D_1——座圈内径；D——座圈外径；d_3——双向轴承中圈外径；d_2——双向轴承中圈内径；T_1——双向轴承高度；B——双向轴承中圈高度。

图 C–21　推力球轴承结构型式

表 C – 20　推力球轴承外形尺寸（节选）

mm

轴承类型		外形尺寸				轴承类型		外形尺寸			
		d	D	T	D_{1smin}	d_{1smax}		d	D	T	D_{1smin}	d_{1smax}

轴承类型		d	D	T	D_{1smin}	d_{1smax}	轴承类型		d	D	T	D_{1smin}	d_{1smax}
单向推力球轴承11系列	51104	20	35	10	21	35	单向推力球轴承13系列	51304	20	47	18	22	47
	51105	25	42	11	26	42		51305	25	52	18	27	52
	51106	30	47	11	32	47		51306	30	60	21	32	60
	51107	35	52	12	37	52		51307	35	68	24	37	68
	51108	40	60	13	42	60		51308	40	78	26	42	78
	51109	45	65	14	47	65		51309	45	85	28	47	85
	51110	50	70	14	52	70		51310	50	95	31	52	95
	51111	55	78	16	57	78		51311	55	105	35	57	105
	51112	60	85	17	62	85		51312	60	110	35	62	110
	51113	65	90	18	67	90		51313	65	115	36	67	115
	51114	70	95	18	72	95		51314	70	125	40	72	125
	51115	75	100	19	77	100		51315	75	135	44	77	135
	51116	80	105	19	82	105		51316	80	140	44	82	140
	51117	85	110	19	87	110		51317	85	150	49	88	150
	51118	90	120	22	92	120		51318	90	155	50	93	155
	51120	100	135	25	102	135		51320	100	170	55	103	170
单向推力球轴承12系列	51204	20	40	14	22	40	单向推力球轴承14系列	51405	25	60	24	27	60
	51205	25	47	15	27	47		51406	30	70	28	32	70
	51206	30	52	16	32	52		51407	35	80	32	37	80
	51207	35	62	18	37	62		51408	40	90	36	42	90
	51208	40	68	19	42	68		51409	45	100	39	47	100
	51209	45	73	20	47	73		51410	50	110	43	52	110
	51210	50	78	22	52	78		51411	55	120	48	57	120
	51211	55	90	25	57	90		51412	60	130	51	62	130
	51212	60	95	26	62	95		51413	65	140	56	68	140
	51213	65	100	27	67	100		51414	70	150	60	73	150
	51214	70	105	27	72	105		51415	75	160	65	78	160
	51215	75	110	27	77	110		51416	80	170	68	83	170
	51216	80	115	28	82	115		51417	85	180	72	88	177
	51217	85	125	31	88	125		51418	90	190	77	93	187
	51218	90	135	35	93	135		51420	100	210	85	103	205
	51220	100	150	38	103	150		51422	110	230	95	113	225

注：表中轴承类型已按 GB/T 272 – 93 "滚动轴承代号方法" 编号，其中 51100、51200、51300 和 51400
　　型分别相当于 GB 301 中的 8100、8200、8300 和 8400 型。

深沟球轴承的标记示例：滚动轴承 51210 GB/T 301—2015。

附录 D 极限与配合

D.1 标准公差数值

公称尺寸至 3150 mm 的标准公差数值如表 D-1 所示，节选自 GB/T 1800.1。

表 D-1 标准公差数值（节选）

公称尺寸 mm		标 准 公 差 等 级																	
大于	至	IT1	IT2	IT3	IT4	IT5	IT6	IT7	IT8	IT9	IT10	IT11	IT12	IT13	IT14	IT15	IT16	IT17	IT18
		μm											mm						
−	3	0.8	1.2	2	3	4	6	10	14	25	40	60	0.1	0.14	0.25	0.4	0.6	1	1.4
3	6	1	1.5	2.5	4	5	8	12	18	30	48	75	0.12	0.18	0.3	0.48	0.75	1.2	1.8
6	10	1	1.5	2.5	4	6	9	15	22	36	58	90	0.15	0.22	0.36	0.58	0.9	1.5	2.2
10	18	1.2	2	3	5	8	11	18	27	43	70	110	0.18	0.27	0.43	0.7	1.1	1.8	2.7
18	30	1.5	2.5	4	6	9	13	21	33	52	84	130	0.21	0.33	0.52	0.84	1.3	2.1	3.3
30	50	1.5	2.5	4	7	11	16	25	39	62	100	160	0.25	0.39	0.62	1	1.6	2.5	3.9
50	80	2	3	5	8	13	19	30	46	74	120	190	0.3	0.46	0.74	1.2	1.9	3	4.6
80	120	2.5	4	6	10	15	22	35	54	87	140	220	0.35	0.54	0.87	1.4	2.2	3.5	5.4
120	180	3.5	5	8	12	18	25	40	63	100	160	250	0.4	0.63	1	1.6	2.5	4	6.3
180	250	4.5	7	10	14	20	29	46	72	115	185	290	4.6	0.72	1.15	1.85	2.9	4.6	7.2
250	315	6	8	12	16	23	32	52	81	130	210	320	0.52	0.81	1.3	2.1	3.2	5.2	8.1
315	400	7	9	13	18	25	36	57	89	140	230	360	0.57	0.89	1.4	2.3	3.6	5.7	8.9
400	500	8	10	15	20	27	40	63	97	155	250	400	0.63	0.97	1.55	2.5	4	6.3	9.7
500	630	9	11	16	22	32	44	70	110	175	280	440	0.7	1.1	1.75	2.8	4.4	7	11
630	800	10	13	18	25	36	50	80	125	200	320	500	0.8	1.25	2	3.2	5	8	12.5
800	1000	11	15	21	28	40	56	90	140	230	360	560	0.9	1.4	2.3	3.6	5.6	9	14
1000	1250	13	18	24	33	47	66	105	165	260	420	660	1.05	1.65	2.6	4.2	6.6	10.5	16.5
1250	1600	15	21	29	39	55	78	125	195	310	500	780	1.25	1.95	3.1	5	7.8	12.5	19.5
1600	2000	18	25	35	46	65	92	150	230	370	600	920	1.5	2.3	3.7	6	9.2	15	23
2000	2500	22	30	41	55	78	110	175	280	440	700	1100	1.75	2.8	4.4	7	11	17.5	28
2500	3150	26	36	50	68	96	135	210	330	540	860	1350	2.1	3.3	5.4	8.6	13.5	21	33

注：（1）公称尺寸大于 500 mm 的 IT1 至 IT5 的标准公差数值为试行的；（2）公称尺寸小于或等于 1 mm 时，无 IT14 至 IT18。

D.2 轴的基本偏差数值

轴的基本偏差数值如表 D-2 所示，节选自 GB/T 1800.1。

表 D-2 轴的基本偏差数值　　　　　μm

公称尺寸 mm		基本偏差数值														
		上极限偏差 es												下极限偏差 ei		
		所有公差等级												IT5 和 IT6	IT7	IT8
大于	至	a	b	c	cd	d	e	ef	f	fg	g	h	js	js	js	
−	3	−270	−140	−60	−34	−20	−14	−10	−6	−4	−2	0	偏差 = ±IT n/2，式中 n 是 IT 值数	−2	−4	−6
3	6	−270	−140	−70	−46	−30	−20	−14	−10	−6	−4	0		−2	−4	
6	10	−280	−150	−80	−56	−40	−25	−18	−13	−8	−5	0		−2	−5	
10	14	−290	−150	−95		−50	−32		−16		−6	0		−3	−6	
14	18															
18	24	−300	−160	−110		−65	−40		−20		−7	0		−4	−8	
24	30															
30	40	−310	−170	−120		−80	−50		−25		−9	0		−5	−10	
40	50	−320	−180	−130												
50	65	−340	−190	−140		−100	−60		−30		−10	0		−7	−12	
65	80	−360	−200	−150												
80	100	−380	−220	−170		−120	−72		−36		−12	0		−9	−15	
100	120	−410	−240	−180												
120	140	−460	−260	−200		−145	−85		−43		−14	0		−11	−18	
140	160	−520	−280	−210												
160	180	−580	−310	−230												
180	200	−660	−340	−240		−170	−100		−50		−15	0		−13	−21	
200	225	−740	−380	−260												
225	250	−820	−420	−280												
250	280	−920	−480	−300		−190	−110		−56		−17	0		−16	−26	
280	315	−1050	−540	−330												
315	355	−1200	−600	−360		−210	−125		−62		−18	0		−18	−28	
355	400	−1350	−680	−400												
400	450	−1500	−760	−440		−230	−135		−68		−20	0		−20	−32	
450	500	−1650	−840	−480												
500	560					−260	−145		−76		−22	0				
560	630															
630	710					−290	−160		−80		−24	0				
710	800															
800	900					−320	−170		−86		−26	0				
900	1000															
1000	1120					−350	−195		−98		−28	0				
1120	1250															
1250	1400					−390	−220		−110		−30	0				
1400	1600															
1600	1800					−430	−240		−120		−32	0				
1800	2000															
2000	2240					−480	−260		−130		−34	0				
2240	2500															
2500	2800					−520	−290		−145		−38	0				
2800	3150															

（续表）

μm

基本偏差数值

下极限偏差 ei

k		所有公差等级													
IT4和IT7	≤IT3<IT7	m	n	p	r	s	t	u	v	x	y	z	za	zb	zc
0	0	+2	+4	+6	+10	+14		+18		+20		+26	+32	+40	+60
+1	0	+4	+8	+12	+15	+19		+23		+28		+35	+42	+50	+80
+1	0	+6	+10	+15	+19	+23		+28		+34		+42	+52	+67	+97
+1	0	+7	+12	+18	+23	+28		+33		+40		+50	+64	+90	+130
									+39	+45		+60	+77	+108	+150
+2	0	+8	+15	+22	+28	+35		+41	+47	+54	+63	+73	+98	+136	+188
							+41	+48	+55	+64	+75	+88	+118	+160	+218
+2	0	+9	+17	+26	+34	+43	+48	+60	+68	+80	+94	+112	+148	+200	+274
							+54	+70	+81	+97	+114	+136	+180	+242	+325
+2	0	+11	+20	+32	+41	+53	+66	+87	+102	+122	+144	+172	+226	+300	+405
					+43	+59	+75	+102	+120	+146	+174	+210	+274	+360	+480
+3	0	+13	+23	+37	+51	+71	+91	+124	+146	+178	+214	+258	+335	+445	+585
					+54	+79	+104	+144	+172	+210	+254	+310	+400	+525	+690
+3	0	+15	+27	+43	+63	+92	+122	+170	+202	+248	+300	+365	+470	+620	+800
					+65	+100	+134	+190	+228	+280	+340	+415	+535	+700	+900
					+68	+108	+146	+210	+252	+310	+380	+465	+600	+780	+1000
+4	0	+17	+31	+50	+77	+122	+166	+236	+284	+350	+425	+520	+670	+880	+1150
					+80	+130	+180	+258	+310	+385	+470	+575	+740	+960	+1250
					+84	+140	+196	+284	+340	+425	+520	+640	+820	+1050	+1350
+4	0	+20	+34	+56	+94	+158	+218	+315	+385	+475	+580	+710	+920	+1200	+1550
					+98	+170	+240	+350	+425	+525	+650	+790	+1000	+1300	+1700
+4	0	+21	+37	+62	+108	+190	+268	+390	+475	+590	+730	+900	+1150	+1500	+1900
					+114	+208	+294	+435	+530	+660	+820	+1000	+1300	+1650	+2100
+5	0	+23	+40	+68	+126	+232	+330	+490	+595	+740	+920	+1100	+1450	+1850	+2400
					+132	+252	+360	+540	+660	+820	+1000	+1250	+1600	+2100	+2600
0	0	+26	+44	+78	+150	+280	+400	+600							
					+155	+310	+450	+660							
0	0	+30	+50	+88	+175	+340	+500	+740							
					+185	+380	+560	+840							
0	0	+34	+56	+100	+210	+430	+620	+940							
					+220	+470	+680	+1050							
0	0	+40	+66	+120	+250	+520	+780	+1150							
					+260	+580	+840	+1300							
0	0	+48	+78	+140	+300	+640	+960	+1450							
					+330	+720	+1050	+1600							
0	0	+58	+92	+170	+370	+820	+1200	+1850							
					+400	+920	+1350	+2000							
0	0	+68	+110	+195	+440	+1000	+1500	+2300							
					+460	+1100	+1650	+2500							
0	0	+76	+135	+240	+550	+1250	+1900	+2900							
					+580	+1400	+2100	+3200							

注：（1）公称尺寸小于或等于 1 mm 时，基本偏差 a 和 b 均不采用；（2）公差带 js7 至 js11，若 ITn 值数是奇数，则取偏差 $= \pm \dfrac{ITn - 1}{2}$。

D.3　孔的基本偏差数值

孔的基本偏差数值如表 D-3 所示，节选自 GB/T 1800.1。

表 D-3　孔的基本偏差数值（节选）　　　　　　　μm

公称尺寸 mm		基本偏差均值																				
		下极限偏差 EI												上极限偏差 ES								
		所有公差等级												J			K		M		N	
大于	至	A	B	C	CD	D	E	EF	F	FG	G	H	JS	IT6	IT7	IT8	≤IT8	>IT8	≤IT8	>IT8	≤IT8	>IT8
–	3	+270	+140	+60	+34	+20	+14	+10	+6	+4	+2	0		+2	+4	+6	0	0	-2	-2	-4	-4
3	6	+270	+140	+70	+46	+30	+20	+14	+10	+6	+4	0		+5	+6	+10	-1+Δ		-4+Δ	-4	-8+Δ	0
6	10	+280	+150	+80	+56	+40	+25	+18	+13	+8	+5	0		+5	+8	+12	-1+Δ		-6+Δ	-6	-10+Δ	0
10	14	+290	+150	+950		+50	+32		+16		+6	0		+6	+10	+15	-1+Δ		-7+Δ	-7	-12+Δ	0
14	18	+290	+150	+950		+50	+32		+16		+6	0		+6	+10	+15	-1+Δ		-7+Δ	-7	-12+Δ	0
18	24	+300	+160	+110		+65	+40		+20		+7	0		+8	+12	+20	-2+Δ		-8+Δ	-8	-15+Δ	0
24	30	+300	+160	+110		+65	+40		+20		+7	0		+8	+12	+20	-2+Δ		-8+Δ	-8	-15+Δ	0
30	40	+310	+170	+120		+80	+50		+25		+9	0		+10	+14	+24	-2+Δ		-9+Δ	-9	-17+Δ	0
40	50	+320	+180	+130		+80	+50		+25		+9	0		+10	+14	+24	-2+Δ		-9+Δ	-9	-17+Δ	0
50	65	+340	+190	+140		+100	+60		+30		+10	0		+13	+18	+28	-2+Δ		-11+Δ	-11	-20+Δ	0
65	80	+360	+200	+150		+100	+60		+30		+10	0		+13	+18	+28	-2+Δ		-11+Δ	-11	-20+Δ	0
80	100	+380	+220	+170		+120	+72		+36		+12	0		+16	+22	+34	-3+Δ		-13+Δ	-13	-23+Δ	0
100	120	+410	+240	+180		+120	+72		+36		+12	0		+16	+22	+34	-3+Δ		-13+Δ	-13	-23+Δ	0
120	140	+460	+260	+200		+145	+85		+43		+14	0		+18	+26	+41	-3+Δ		-15+Δ	-15	-27+Δ	0
140	160	+520	+280	+210		+145	+85		+43		+14	0		+18	+26	+41	-3+Δ		-15+Δ	-15	-27+Δ	0
160	180	+580	+310	+230		+145	+85		+43		+14	0		+18	+26	+41	-3+Δ		-15+Δ	-15	-27+Δ	0
180	200	+660	+340	+240		+170	+100		+50		+15	0	偏差=±ITn/2 式中IT n 是IT值数	+22	+30	+47	-4+Δ		-17+Δ	-17	-31+Δ	0
200	225	+740	+380	+260		+170	+100		+50		+15	0		+22	+30	+47	-4+Δ		-17+Δ	-17	-31+Δ	0
225	250	+820	+420	+280		+170	+100		+50		+15	0		+22	+30	+47	-4+Δ		-17+Δ	-17	-31+Δ	0
250	280	+920	+480	+300		+190	+110		+56		+17	0		+25	+36	+55	-4+Δ		-20+Δ	-20	-34+Δ	0
280	315	+105	+540	+330		+190	+110		+56		+17	0		+25	+36	+55	-4+Δ		-20+Δ	-20	-34+Δ	0
315	355	+120	+600	+360		+210	+125		+62		+18	0		+29	+39	+60	-4+Δ		-21+Δ	-21	-37+Δ	0
355	400	+135	+680	+400		+210	+125		+62		+18	0		+29	+39	+60	-4+Δ		-21+Δ	-21	-37+Δ	0
400	450	+150	+760	+440		+230	+135		+68		+20	0		+33	+43	+66	-5+Δ		-23+Δ	-23	-40+Δ	0
450	500	+165	+840	+480		+230	+135		+68		+20	0		+33	+43	+66	-5+Δ		-23+Δ	-23	-40+Δ	0
500	560					+260	+145		+76		+22	0					0		26		44	
560	630					+260	+145		+76		+22	0					0		26		44	
630	710					+290	+160		+80		+24	0					0		30		50	
710	800					+290	+160		+80		+24	0					0		30		50	
800	900					+320	+170		+86		+26	0					0		34		56	
900	1000					+320	+170		+86		+26	0					0		34		56	
1000	1120					+350	+195		+98		+28	0					0		40		65	
1120	1250					+350	+195		+98		+28	0					0		40		65	
1250	1400					+390	+220		+110		+30	0					0		48		78	
1400	1600					+390	+220		+110		+30	0					0		48		78	
1600	1800					+430	+240		+120		+32	0					0		58		92	
1800	2000					+430	+240		+120		+32	0					0		58		92	
2000	2240					+480	+260		+130		+34	0					0		68		110	
2240	2500					+480	+260		+130		+34	0					0		68		110	
2500	2800					+520	+290		+145		+38	0					0		76		135	
2800	3150					+520	+290		+145		+38	0					0		76		135	

（续表）

μm

基本偏差数值 上极限偏差 ES（P 列为 ≤IT7；R 至 ZC 为公差等级大于 IT7，在大于 IT7 的相应数值上增加一个 Δ 值）｜Δ 值 标准公差等级

P (≤IT7)	R	S	T	U	V	X	Y	Z	ZA	ZB	ZC	IT3	IT4	IT5	IT6	IT7	IT8
-6	-10	-14		-18		-20		-26	-32	-40	-60	0	0	0	0	0	0
-12	-15	-19		-23		-28		-35	-42	-50	-80	1	1.5	1	3	4	6
-15	-19	-23		-28		-34		-42	-52	-67	-97	1	1.5	2	3	6	7
-18	-23	-28		-33		-40		-50	-64	-90	-130	1	2	3	3	7	9
					-39	-45		-60	-77	-108	-150						
-22	-28	-35		-41	-47	-54	-63	-73	-98	-136	-188	1.5	2	3	4	8	12
			-41	-48	-55	-64	-75	-88	-118	-160	-218						
-26	-34	-43	-48	-60	-68	-80	-94	-112	-148	-200	-274	1.5	3	4	5	9	14
			-54	-70	-81	-97	-114	-136	-180	-242	-325						
-32	-41	-53	-66	-87	-102	-122	-144	-172	-226	-300	-405	2	3	5	6	11	16
	-43	-59	-75	-102	-120	-146	-174	-210	-274	-360	-480						
-37	-51	-71	-91	-124	-146	-179	-214	-258	-335	-445	-585	2	4	5	7	13	19
	-54	-79	-104	-144	-172	-210	-254	-310	-400	-525	-690						
-43	-63	-92	-122	-170	-202	-248	-300	-365	-470	-620	-800	3	4	6	7	15	23
	-65	-100	-134	-190	-228	-280	-340	-415	-535	-700	-900						
	-68	-108	-146	-210	-252	-310	-380	-465	-600	-780	-1000						
-50	-77	-122	-166	-236	-284	-350	-425	-520	-670	-880	-1150	3	4	6	9	17	26
	-80	-130	-180	-258	-310	-385	-470	-575	-740	-960	-1250						
	-84	-140	-196	-284	-340	-425	-520	-640	-820	-1050	-1350						
-56	-94	-158	-218	-315	-385	-475	-580	-710	-920	-1200	-1550	4	4	7	9	20	29
	-98	-170	-240	-350	-425	-525	-650	-790	-1000	-1300	-1700						
-62	-108	-190	-268	-390	-475	-590	-730	-900	-1150	-1500	-1900	4	5	7	11	21	32
	-114	-208	-294	-435	-530	-660	-820	-1000	-1300	-1650	-2100						
-68	-123	-232	-330	-490	-595	-740	-920	-1100	-1450	-1850	-2400	5	5	7	13	23	34
	-132	-252	-360	-540	-660	-820	-1000	-1250	-1600	-2100	-2600						
-78	-150	-280	-400	-600													
	-155	-310	-450	-600													
-88	-175	-340	-500	-740													
	-185	-380	-560	-840													
-100	-210	-430	-620	-940													
	-220	-470	-680	-1050													
-120	-250	-520	-780	-1150													
	-260	-580	-810	-1300													
-140	-300	-640	-960	-1450													
	-330	-720	-1050	-1600													
-170	-370	-820	-1200	-1850													
	-400	-920	-1350	-2000													
-195	-440	-1000	-1500	-2300													
	-460	-1100	-1650	-2500													
-240	-550	-1250	-1900	-2900													
	-580	-1400	-2100	-3200													

注：（1）公称尺寸小于或等于 1 mm 时，基本偏差 A 和 B 及大于 IT8 的 N 均不采用；（2）公差带 JS7 至 JS11，若 ITn 值数是奇数，则取偏差 = $\pm\dfrac{\text{IT}n-1}{2}$；（3）对于小于或等于 IT8 的 K、M、N 和小于或等于 IT7 的 P 至 ZC，所需 Δ 从表内右侧选取，例如，18 ~ 30 mm 段的 K7，Δ = 8 μm，所以 ES = -2 + 8 μm，18 ~ 30 mm 段的 S6，Δ = 4 μm，所以 ES = -35 + 4 = -31 μm；（4）特殊情况：250 mm ~ 315 mm 段的 M6，ES = -9 μm（代替 -11 μm）。

附录 E 常用材料

E.1 常用黑色金属材料

常用的黑色金属材料如表 E-1 所示。

表 E-1 常用黑色金属材料

名称	牌号	性能及应用举例	说 明
普通碳素结构钢	Q215	金属结构件，拉杆，套圈，铆钉，螺栓，短轴，心轴，凸轮（荷载不大），吊钩，垫圈；渗碳零件及焊接件	普通碳素结构钢，"Q"后是数字表示材料屈服极限值
	Q235	金属结构构件，心部强度要求不高的渗碳或氰化零件；吊钩、拉杆、车钩、套圈、汽缸、齿轮、螺栓、螺母、连杆、轮轴、楔、盖及焊接件	
优质碳素结构钢	10	这种钢的屈服点和抗拉强度比较低；塑性和韧性均高，在冷状态下，容易模压成形。一般用于拉杆、卡头、钢管垫片、垫圈、铆钉这种钢焊接性甚好	优质碳素结构钢，牌号的两位数表示平均含碳量的万分数；含碳量≤0.25%的碳钢是低碳钢，含碳量在0.25%~0.60%的碳钢是中碳钢，含碳量>0.60%的碳钢是高碳钢
	15	塑性、韧性、焊接性和冷冲性均极好，但强度较低。用于制造受力不大、韧性要求较高的零件、紧固件、冲模锻件及不要热处理的低负荷零件，如螺栓、螺钉、拉条、法兰盘及化工贮器、蒸汽锅炉等	
	35	具有良好的强度和韧性，用于制造曲轴、转轴、轴销、杠杆、连杆、横梁、星轮、圆盘、套筒、钩环、垫圈、螺钉、螺母等	
	45	调质后具备较好的综合机械性能，用于主轴、连杆、齿轮等受力零件	
	60	这种钢的强度和弹性相当高，用于制造轧辊、轴、弹簧圈、弹簧、离合器、凸轮、钢绳等	
	15Mn	它的性能与15钢相似，但其淬透性更好，强度、韧性比15号更高；焊接性能好，多用于渗碳零件	
	65Mn	强度高，具有一定的塑性与韧性，适宜用作大尺寸的各种扁、圆弹簧，如座板簧、弹簧发条	
碳素工具钢	T8、T8A	有较高的硬度，用于简单模子、冲头等	碳素工具钢，"T"后数字表示含碳量的千分数

（续表）

名称	牌号	性能及应用举例	说　明
低合金高强度结构钢	Q345	桥梁、造船、厂房结构、储油罐、压力容器、机车车辆、起重设备、矿山机械及其他代替 Q235 的焊接结构	普通碳素钢中加入少量合金元素其机械性能较碳素钢高、焊接性、耐腐蚀性、耐磨性较碳素钢好，但经济指标与碳素钢相近
	Q460	中高压容器、车辆、桥梁、起重机等	
合金结构钢	20Mn2	对于截面较小的零件，相当于20Cr钢，可作渗透碳小齿轮、小轴、活塞销、柴油机套筒、气门推杆、钢套等	钢中加入一定量的合金元素，提高了钢的机械性能；也提高了钢的淬透性，保证金属在较大截面上获得高机械性能
	15Cr	船舶主机用螺栓，活塞销，凸轮，凸轮轴汽轮机套环，以及机车用小零件等，用于心部韧性较高的渗碳零件	
	35SiMn	耐磨性、耐疲劳性均佳，适用于作轴、齿轮及重要紧固件	
	20CrMnTi	用于汽车、拖拉机上的重要齿轮和一般强度、韧性均高的减速器齿轮，可用于渗碳处理	
特殊性能钢	1Cr13、15CrMo ZGMn13	用于化工、医疗、模具、航空航天等特殊领域	具有特殊的物理或化学性能，用于特殊环境条件；分为不锈钢、耐热钢、耐磨钢
铸钢	ZG310－570	各种形状的受力件，如联轴器，轮、汽缸、齿轮、齿轮圈及重负荷机架	ZG 是铸钢的代号
灰铸铁	HT150	用于制造端盖、汽轮泵体、轴承座、阀壳、手轮；一般机床底座、床身、滑座、工作台等	"HT"为灰铸铁的代号，后面的数字代表抗拉强度，如 HT200 表示抗拉强度为 200MPa 的灰铸铁
	HT200	用于制造气缸、底架、机体、飞轮、齿条、衬筒、机床有导轨的床身等	
球墨铸铁	QT500－7 QT450－10 QT400－18	与灰铸铁相比具有较高的韧性。广泛用于机械制造零件，如曲轴、齿轮、汽缸套、活塞杯、摩擦片、中低压阀门、千斤顶座、轴承座等	"QT"是球墨铸铁的代号，后面的数字表示强度和延伸率的大小，如 QT500－15 即表示球墨铸铁的抗拉强度为 500MPa，延伸率为 15%
可锻铸铁	KTH300－06	用于受冲击、振动等零件，如汽车零件、农机零件、机床零件以及管道配件等	"KTH""KTB""KTZ"分别是黑心、白心、珠光体可锻铸铁的代号，它们后面的数字分别代表抗拉强度和延伸率
	KTB350－04 KTZ550－04	韧性较低，强度大，耐磨性好，加工性良好，可用于要求较高强度和耐磨性的重要零件如曲轴连杆、齿轮、凸轮轴等	

E.2　常用有色金属材料

常用的有色金属材料如表 E-2 所示。

表 E-2　常用有色金属材料

合金名称	合金牌号	性能及应用举例	说　明
黄铜	H62	适用于各种伸引和弯折制造的受力零件，如销钉、垫圈、螺帽、导管、弹簧、铆钉等	"H" 表示黄铜，62 表示含铜量 60.5% ~63.5%
	ZCuZn38	散热器、垫圈、弹簧、各种网、螺钉及其他零件	"Z" 表示铸，含铜 60% ~63%
	ZCuZn38 Zn2Pb2	用于制造轴瓦、轴套及其他耐磨零件	含铜 57% ~ 60%，锰 1.5% ~ 2.5%，铅 2% ~4%
青铜	ZCuSn3Zn8 Pb6Ni1	锡青铜用于受中等冲击负荷和在液体或半液体滑及耐腐蚀条件下工作的零件，如轴承、轴瓦、螺轮、螺母，以及 1MPa 以下的蒸汽和水配件	含锡 2% ~4%，含锌 6% ~9%，铅 4% ~7%，硅 0.5% ~1%
	ZCuAl10Fe3	铝青铜强度高、减磨性、耐蚀性、受压铸造性均良好。用于在蒸汽和海水条件下工作的零件及受摩擦和腐蚀的零件，如蜗轮衬套等	含铝 8% ~11% 铁 2% ~4%
铸造铝合金	ZL102 ZL203	耐磨性中上等，高气密性、焊接性，切削性，用于制造中等负荷的零件如泵体、汽缸体、支架等	ZL102 表示含硅 10% ~ 13%、余量为铝的铝硅合金
	ZAlSi9Mg ZL104（代号）	用于制造形状复杂的高温静载荷或受冲击作用的大型零件，如风机叶片、气缸头	
变形铝合金	2A01 2A11	硬铝，适用制作中等强度的零件，焊接性能好	2A12 含铜 3.8% ~4.9%、镁 1.2% ~ 1.8%、锰 0.3% ~ 0.9%、余量为铝的硬铝

附录 F　常用热处理和表面处理

常用的热处理和表面处理方法如表 F – 1 所示。

表 F – 1　常用热处理和表面处理方法

热处理方法	解　释	应　用
退　火	退火是将钢件（或钢坯）加热到适当温度，保温一段时间，然后再缓慢地冷下来（一般用炉冷）	用来消除铸锻件的内应力和组织不均匀及晶粒粗大等现象；消除冷轧坯件的冷硬现象和内应力，降低硬度以便切削
正　火	正火是将坯件加热到相变点以上 30 ~ 50℃，保温一段时间，然后在空气中冷却，冷却速度比退火快	用来处理低碳和中碳结构钢件及渗碳机件，使其组织细化增加强度与韧性；减少内应力，改善低碳钢的切削性能
淬　火	淬火是将钢件加热到某一温度，保温一段时间，然后在水、盐水或油中（个别材料在空气中）急冷下来，使其得到高硬度	用来提高钢的硬度和强度；但淬火时会引起内应力使钢变脆，所以淬火后必须回火
表面淬火	表面淬火是使零件表面获得高硬度和耐磨性，而心部则保持塑性和韧性	对于各种在变载荷及摩擦条件下工作的齿轮、凸轮轴、曲轴及销子等，都要经过这种处理
回　火	回火是将淬硬的钢件加热到相变点以下的某一种温度后，保温一定时间，然后在空气中或油中冷却下来	用来消除淬火后的脆性和内应力，提高钢的冲击韧性
调　质	淬火后高温回火，称为调质	用于结构钢，使之获得高的韧性和足够的强度，很多重要零件是经过调质处理的
渗　碳	渗碳是向钢表面渗碳，使低碳钢或低碳合金钢的表面含碳量增高，经过适当热处理，表面层得到高的硬度和耐磨性，提高疲劳强度	为了保证心部的高塑性和韧性，通常对含碳量为 0.08% ~ 0.25% 的低碳钢和低合金钢渗碳，如齿轮、凸轮及活塞销等
氮　化	氮化是向钢表面层渗氮，目前常用气体氮化法，即利用氨气加热时分解的活性氮原子渗入钢中	用于某些含铬、钼或铝的特种钢，以提高硬度和耐磨性，提高疲劳强度及抗蚀能力
氰　化	氰化是同时向钢表面渗碳及渗氮，常用液体碳化法处理，不仅比渗碳处理有较高硬度和耐磨性，而且兼有一定耐磨蚀和较高的抗疲劳能力。在工艺上比渗碳或氮化时间短	增加表面硬度、耐磨性、疲劳强度和耐蚀性；用于要求硬度高、耐磨的中、小型及薄片零件和刀具等
发　黑 发　蓝	使钢的表面形成氧化膜的方法叫"发黑、发蓝"	钢铁的氧化处理（发黑、发蓝）可用来提高其表面抗腐蚀能力和使外表美观，常用于低碳钢、低碳合金钢、热作模具钢制作的齿轮、轴、链条等

参 考 文 献

［1］ 谭建荣，张树有. 图学基础教程［M］. 3 版. 北京：高等教育出版社，2019.

［2］ 张京英，张辉，焦永和. 机械制图［M］. 3 版. 北京：北京理工大学出版社，2017.

［3］ 邹凤楼，梁晓娟. 机械制图［M］. 北京：机械工业出版社，2020.

［4］ 陈循，徐小军，等. 工程制图学习指导［M］. 长沙：国防科技大学出版社，2007.

［5］ 吴佩年，宫娜. 机械制图实用手册［M］. 北京：化学工业出版社，2019.

［6］ 李学京. 机械制图和技术制图国家标准学用指南［M］. 北京：中国质检出版社，中国标准出版社，2013.

［7］ 焦永和. 机械制图手册［M］. 5 版. 北京：机械工业出版社，2012.

［8］ 施岳定. 工程制图学习指导和考试指导［M］. 2 版. 杭州：浙江大学出版社，2014.

［9］ 远方. 工程制图——空间想象训练［M］. 北京：高等教育出版社，2018.

［10］ 毛昕. 工程图学教学思想与方法［M］. 北京：清华大学出版社，2016.

［11］ 清华大学工程图学及计算机辅助设计教研室. 机械制图［M］. 5 版. 北京：高等教育出版社，2006.

［12］ 毛平淮. 互换性与测量技术基础［M］. 3 版. 北京：机械工业出版社，2017.

［13］ 胡琳，程蓉. Engineering Drawing 工程制图（英汉对照）［M］. 3 版. 北京：机械工业出版社，2019.